Advanced Engineering Mathematics

# 공업수학의 이해

박태희 저

홍릉과학출판사

본 과제(결과물)는 교육과학기술부·지식경제부의 출연금으로 수행한 산학협력중심대학육성 사업의 연구결과입니다.

This work is financially supported by the Ministry of Education, Science and Technology(MEST), the Ministry of Knowledge Economy(MKE) through the fostering project of HUNIC

# 머리말

수학은 공학을 표현하는 언어이다. 따라서 현대 공학에서 다루는 시스템이나 현대 공학의 산물들에 존재하는 복잡한 관계들을 이해하려면 수학이 공학에 어떻게 사용되는가를 이해하는 것이 필수적이다.

본서는 공학에서 사용되는 수학을 처음 배우기 시작하는 학부생들을 위해 서술되었다. 공대에서 오랫동안 전공 분야를 지도해 온 경험을 바탕으로 수학의 기초를 알기 쉽게 접근하였으며, 공학과 수학의 결합을 위해 전공 이론의 예를 들어 설명하였다.

본서의 대부분은 대수학과 미적분학에 관련한 일반적인 내용들이 설명되어 있다. 1장에서는 공학을 다루기 위해 필요한 기본적인 표현들을 다루고 있으며, 2장과 3장에서는 삼각함수 및 벡터, 그리고 4장과 5장에서는 복소수 및 행렬에 관한 내용들을 순서대로 설명하였다. 그리고 6장에서 7장까지는 공학의 기본인 미분과 적분에 관해 설명하고 그 원리 및 물리적인 의미를 다룬다. 8장과 9장에서는 회로 및 시스템 해석법인 미분 방정식과 라플라스 변환에 대해 설명한다. 이와 같이 공학의 기본적인 도구들을 이해하고 나면 이들을 추상적인 주파수 공간까지 확장한 퓨리에 변환을 공부하게 되며, 이를 통해 퓨리에 변환이 실제 공학문제에서 어떻게 사용되고 있는지를 이해할 수 있게 된다. 또한 각 장을 통해 배운 수학적 이론을 이해하기 위해 각 장의 연습문제와 모범답들은 각 장의 뒷부분에 다루었다.

공학자들은 단순한 수학 공식에 빠져서는 안된다. 공학적인 문제들을 잘 파악하여 이를 수학적인 표현으로 옮기고, 수학적 도구들을 이용하여 그 해답을 얻을 수 있어야 한다. 이러한 능력이야말로 공학자들이 갖추어야 할 가장 중요하고도 기본적이며 또한 가장 어려운 부분이라 할 수 있다. 아무쪼록 이 책이 공학을 전공하는 학생들에게 좋은 길잡이가 되길 바라며, 전공에 대한 흥미와 자신감을 갖는 기회가 되었으면 한다. 또한 교재의 내용에 충실하기 위해 노력하였지만 부족한 부분이 많을 것으로 사료되며, 이는 지속적으로 수정 및 보완할 것을 약속드린다.

끝으로 본서가 출판되도록 많은 도움을 주신 동명대학교 HUNIC 사업단과 홍릉과학 출판사 사장님을 비롯한 편집부 여러분께 깊은 감사를 드립니다.

2011. 6. 저자 씀

# 목차

chapter 01

# 기초 다지기



## 1.1 개요

이 장에서는 공학에서 자주 사용되는 지수 법칙과 대수 법칙에 대해 살펴보고, 미분과 적분, 라플라스 변환 등에서 유용하게 사용되는 극한과 부분 분수 전개에 대해 설명한다. 또한 다항식 전개를 위한 이항 정리와 초월 함수를 다항 함수로 표현하는 맥라우린 급수식에 대해 살펴본다.

## 1.2 지수 법칙과 대수 법칙

### 1.2.1 지수 법칙

지수 법칙은 공학에서 다양한 물리량을 계산할 때 자주 사용된다. 물리량은 일반적으로 10의 양의 정수 제곱의 형태로 표현되는 십진 배수와 10의 음의 정수 제곱의 형태인 십진 분수를 사용하여 간결하게 표현되기도 한다.

예를 들어

| | |
|---|---|
| $13000 = 13 \times 10^3$ | : 십진 배수를 이용한 표현 |
| $0.000321 = 321 \times 10^{-6}$ | : 십진 분수를 이용한 표현 |

으로 나타낼 수 있다.

따라서 지수 형태의 값을 계산할 때는 다음과 같은 지수 법칙을 따른다.

**정리 1.1 지수 법칙**

$m$, $n$이 실수일 때

$$a^m a^n = a^{(m+n)}, \quad \frac{a^m}{a^n} = a^{(m-n)}, \quad (a^m)^n = a^{mn}$$

$$(ab)^m = a^m b^m, \quad a^{-m} = \frac{1}{a^m}, \quad a^0 = 1$$

**예제 1.1**

다음의 지수값을 계산하고 그 결과를 지수승 형태로 표시하라.

(a) $(40 \times 10^3) \times (25 \times 10^2)$

(b) $(2 \times 10^{-2}) \times (50 \times 10^3)$

(c) $(3 \times 10^{-10}) \times (2 \times 10^{10})$

(d) $\dfrac{4 \times 10^{-10}}{2 \times 10^3}$

(e) $\dfrac{(2 \times 2^3)^2}{(3 \times 2^{-3})^3}$

(f) $\dfrac{(3 \times 2^{-4})^3}{(2^{-1})^2}$

**풀이.**

(a) $(40 \times 10^3) \times (25 \times 10^2) = 40 \times 25 \times 10^{(3+2)} = 1000 \times 10^5$
$= 10^3 \times 10^5 = 10^{(3+5)} = 10^8$

(b) $(2 \times 10^{-2}) \times (50 \times 10^3) = 100 \times 10^{(-2+3)} = 10^2 \times 10^1 = 10^{(2+1)} = 10^3$

(c) $(3 \times 10^{-10}) \times (2 \times 10^{10}) = 6 \times 10^{(-10+10)} = 6 \times 10^0 = 6$

(d) $\dfrac{4 \times 10^{-10}}{2 \times 10^3} = 2 \times 10^{(-10-3)} = 2 \times 10^{-13}$

(e) $\dfrac{(2 \times 2^3)^2}{(3 \times 2^{-3})^3} = \dfrac{2^2 \times 2^{3 \cdot 2}}{3^3 \times 2^{-3 \cdot 3}} = \dfrac{4 \times 2^6}{27 \times 2^{-9}} = \dfrac{4}{27} \times 2^{(6-(-9))} = \dfrac{4}{27} \times 2^{15}$

(f) $\dfrac{(3\times 2^{-4})^3}{(2^{-1})^2}=\dfrac{3^3\times 2^{-4\cdot 3}}{2^{-1\cdot 2}}=\dfrac{27\times 2^{-12}}{2^{-2}}=27\times 2^{(-12-(-2))}=27\times 2^{-10}$

**예제 1.2**

40kΩ의 저항에 2mA의 전류가 흐를 때 저항에서 소모되는 전력은 얼마인가?

**풀이.**

$$\begin{aligned}P=RI^2 &=(40\times 10^3)\times(2\times 10^{-3})^2=40\times 10^3\times 4\times 10^{-6}\\ &=160\times 10^{-3}=16\times 10^{-2}\\ &=0.16\ \ [\mathrm{W}]\end{aligned}$$

### 1.2.2 대수 법칙

대수(logarithm)는 $\log_a x$의 형태로 표시되며, 지수 형태의 값을 대수 형태로 나타내면 다음과 같다.

$x=1$일 때 $\log_{10}x=\log_{10}10^0=0\log_{10}10=0,$

$x=10$일 때 $\log_{10}x=\log_{10}10=1,$

$x=100$일 때 $\log_{10}x=\log_{10}100=\log_{10}10^2=2\log_{10}10=2,$

$x=1000$일 때 $\log_{10}x=\log_{10}1000=\log_{10}10^3=3\log_{10}10=3$

즉 다음의 관계가 성립함을 알 수 있다.

$$x=a^y \Leftrightarrow \log_a x=y \ \ (a>0, a\neq 0,\ x>0)$$

여기서 $a$를 밑수라 하며, $\log_a x$는 $a$를 밑수로 하는 대수라 한다. 이때 $x$가 밑수 $a$와 같을 때는 1이 되며, 1에 대한 대수는 0이다.

$$\log_a a=1,\ \log_a 1=0$$

대수는 아래와 같이 밑수 $a=10$인 상용대수와 $a=e$인 자연 대수가 있으며, 이를 간단히 $\log x$와 $\ln x$로 나타내기도 한다.

| 상용대수 : $\log_{10} x$ 또는 $\log x$ |
|---|
| 자연대수 : $\log_e x$ 또는 $\ln x$ |

대수식이 주어질 때 다음과 같은 대수(logarithm) 법칙을 이용하면 곱셈식은 덧셈식으로, 나눗셈식은 뺄셈식으로 바뀌게 되므로 복잡한 대수식을 더욱더 간단하고 효과적으로 해결할 수 있다. 특히 구하고자 하는 미지수가 지수 형태인 경우나 복잡한 식으로부터 미분값을 구하고자 할 때, 또는 라플라스 변환을 구할 때 대수 법칙을 이용할 수 있다.

**정리 1.2 대수 법칙**

$$\log_a(x\cdot y)=\log_a x+\log_a y\ ,\quad \log_a\frac{x}{y}=\log_a x-\log_a y\ ,\quad \log_a x^n=n\log_a x$$

$$\log_a b=\frac{\log_n b}{\log_n a}\ ,\quad \log_a b=\frac{1}{\log_b a}\ ,\quad \log_a b\cdot\log_b c=\log_a c$$

**예제 1.3**

다음의 대수값을 계산하라.

(a) $\log_3 27$ (b) $\log_2 16$ (c) $\ln e^3$ (d) $\log_5\sqrt{5}$

**풀이.** (a) $\log_3 27=\log_3 3^3=3\log_3 3=3$

(b) $\log_2 16=\log_2 2^4=4\log_2 2=4$

(c) $\ln e^3=3\ln e=3$

(d) $\log_5\sqrt{5}=\log_5 5^{1/2}=\frac{1}{2}$

**예제 1.4**

$\log_{10}2=0.3010$, $\log_{10}3=0.4771$일 때 다음을 계산하라.

(a) $\log_{10}20$ (b) $\log_{10}\frac{1}{3}$ (c) $\log_{10}2^{10}$ (d) $\log_{10}\sqrt{5}$

**풀이.** (a) $\log_{10}20=\log_{10}(2\cdot10)=\log_{10}2+\log_{10}10=0.3010+1=1.3010$

(b) $\log_{10}\frac{1}{3}=\log_{10}1-\log_{10}3=0-0.4771=-0.4771$

(c) $\log_{10}2^{10}=10\log_{10}2=3.010$

(d) $\log_{10}\sqrt{5}=\log_{10}5^{1/2}=\frac{1}{2}\log_{10}5=\frac{1}{2}\log_{10}\frac{10}{2}=\frac{1}{2}(\log_{10}10-\log_{10}2)$

$$=\frac{1}{2}(1-0.3010)=0.3495$$

**예제 1.5**

다음 식을 간단히 하라.

(a) $\log_3 75+2\log_3\frac{1}{5}$ (b) $\log_2 18+\log_2\frac{8}{3}-\log_2 3$

(c) $\frac{1}{2}\log_2 12-\log_2\sqrt{6}$ (d) $\log_3 18-\log_3\frac{4}{9}+\log_3 6$

**풀이.** (a) $\log_3 75+2\log_3\frac{1}{5}=\log_3 75+\log_3\left(\frac{1}{5}\right)^2=\log_3\left(75\cdot\frac{1}{25}\right)=\log_3 3=1$

(b) $\log_2 18+\log_2\frac{8}{3}-\log_2 3=\log_2\left(18\cdot\frac{8}{3}\right)-\log_2 3=\log_2\frac{48}{3}=\log_2 16=\log_2 2^4=4$

(c) $\frac{1}{2}\log_2 12-\log_2\sqrt{6}=\log_2(12)^{1/2}-\log_2\sqrt{6}=\log_2\frac{\sqrt{12}}{\sqrt{6}}=\log_2\sqrt{\frac{12}{6}}$

$$=\log_2\sqrt{2}=\log_2 2^{1/2}=\frac{1}{2}$$

(d) $\log_3 18-\log_3\frac{4}{9}+\log_3 6=\log_3\left(\frac{18\cdot9}{4}\cdot6\right)=\log_3(243)=\log_3 3^5=5$

**예제 1.6**

다음 방정식의 해를 구하라.

(a) $2\log_2 x - \log_2(x+14) = -2$　　(b) $x^{\log_2 x} = \dfrac{4}{x}$

(c) $\log_2 x + \log_x 2 = \dfrac{5}{2}$　　(d) $\log_2(x-2) - \dfrac{1}{2}\log_2(x-1) = 0$

**풀이.** (a) $\log_2 \dfrac{x^2}{x+14} = -2$, $\dfrac{x^2}{x+14} = 2^{-2}$, 즉 $x^2 = 2^{-2}(x+14)$

따라서 $4x^2 - x - 14 = 0$이므로 $(4x+7)(x-2) = 0$에서 $x = 2$

(b) 주어진 식의 양변에 밑수 2인 로그를 취하면

$(\log_2 x)^2 = \log_2 4 - \log_2 x$, $(\log_2 x)^2 = \log_2 2^2 - \log_2 x$,

$(\log_2 x)^2 + \log_2 x - 2 = 0$

이 식을 인수분해하면 $(\log_2 x - 1)(\log_2 x + 2) = 0$이므로

$x = 2$ 또는 $x = \dfrac{1}{4}$

(c) $\log_2 x + \dfrac{1}{\log_2 x} = \dfrac{5}{2}$에서 $(\log_2 x)^2 - \dfrac{5}{2}(\log_2 x) + 1 = 0$

$\log_2 x = t$라 두고 정리하면 $2t^2 - 5t + 2 = 0$, $(2t-1)(t-2) = 0$이므로

$t = \log_2 x = \dfrac{1}{2}$ 또는 $t = \log_2 x = 2$

따라서 $x = 2^{1/2} = \sqrt{2}$ 또는 $x = 2^2 = 4$

(d) $2\log_2(x-2) = \log_2(x-1)$에서 $\log_2(x-2)^2 = \log_2(x-1)$이므로

$(x-2)^2 = (x-1)$, $x^2 - 4x + 4 = (x-1)$, $x^2 - 5x + 5 = 0$

따라서 $x = \dfrac{5 \pm \sqrt{25-20}}{2} = \dfrac{5 \pm \sqrt{5}}{2}$가 되고

여기서 $x > 2$이어야 하므로 $x = \dfrac{5 + \sqrt{5}}{2}$

## 1.3 다항식의 해

$n$차 다항식의 일반적인 형태는 다음과 같다.

$$P(x) = a_n x^n + a_{n-1} x^{n-1} + \cdots + a_2 x^2 + a_1 x + a_0$$

여기서 $a_n, a_{n-1}, \ldots, a_1, a_0$은 다항식의 계수(coefficient)이다.

다항식의 해를 구한다는 것은 $P(x) = 0$을 만족하는 모든 $x$를 구하는 것이다. 일반적으로 $n$차 다항식은 $n$개의 해를 가진다.

### 1.3.1 2차 다항식의 해

2차 다항식은 $ax^2 + bx + c = 0 (a \neq 0)$의 형태를 가지며, 해를 구하는 가장 일반적인 방법은 인수분해를 이용하거나 완전 제곱근을 이용하는 방법, 또는 근의 공식을 이용하는 것이다.

**정리 1.3 2차 다항식의 해를 구하는 방법**

1. 인수분해 이용 : $a(x-\alpha)(x-\beta) = 0 \Leftrightarrow x = \alpha,\ x = \beta$
2. 완전 제곱근 이용 : $(x-\alpha)^2 = \beta \Leftrightarrow x = \alpha \pm \sqrt{\beta}$
3. 근의 공식 이용 : $x = \dfrac{-b \pm \sqrt{b^2 - 4ac}}{2a}$

**예제 1.7**

주어진 방법에 따라 주어진 2차 다항식의 해를 구하라.

$$2x^2 + x - 1 = 0$$

(a) 인수분해 이용
(b) 완전 제곱근 이용
(c) 근의 공식 이용

**풀이.** (a) 주어진 다항식을 인수분해하면 $(2x-1)(x+1)=0$이므로

해는 $x=\frac{1}{2}$ 또는 $-1$이다.

(b) $2x^2+x-1=0$을 완전 제곱근으로 나타내면

$$2(x^2+\frac{1}{2}x-\frac{1}{2})=0,\ 2\left[(x+\frac{1}{4})^2-\frac{9}{16}\right]=0,\ (x+\frac{1}{4})^2=\frac{9}{16}$$

따라서 $(x+\frac{1}{4})=\pm\sqrt{\frac{9}{16}}=\pm\frac{3}{4}$이므로 $x=-\frac{1}{4}+\frac{3}{4}=\frac{1}{2}$

또는 $x=-\frac{1}{4}-\frac{3}{4}=-1$이다.

(c) 다항식의 계수는 $a=2, b=1, c=-1$이므로 근의 공식에 대입하면 해는 다음과 같다.

$$x=\frac{-1\pm\sqrt{(1)^2-4(2)(-1)}}{2(2)}=\frac{-1\pm\sqrt{9}}{4}=\frac{-1\pm 3}{4}$$

따라서 $x=\frac{1}{2}$ 또는 $-1$이다.

### 1.3.2 3차 다항식의 해

3차 이상의 고차 다항식은 카르다노(Cardano) 공식과 페라리(Ferrari) 공식으로 불리는 일반적인 해법이 있으나 다루기가 매우 어렵다. 따라서 이 교재에서는 주어진 다항식을 만족하는 임의의 해를 구한 후 인수분해를 이용하여 해를 구하는 방법만을 다룬다.

**정리 1.4 3차 다항식의 해를 구하는 방법(인수분해 방법)**

3차 다항식 $f(x)=ax^3+bx^2+cx+d\ (a\neq 0)$에서

1) $f(\alpha)=0$이 되는 $\alpha$가 있다면 $f(\alpha)=(x-\alpha)Q(x)$임을 이용한다.

몫 $Q(x)$는 조립제법 등을 이용하여 구할 수 있으며, 2차 다항식이 된다.

2) 인수분해 가능하다면 $Q(x)$를 인수분해 한다.

**예제 1.8**

$x^3-x^2+x-1=0$의 해를 구하라.

**풀이.** $x=1$을 대입하면 주어진 다항식이 성립하므로 $(x-1)(x^2+bx+c)=0$을 만족하는 $b, c$를 구한다. 따라서 이를 전개하면

$$x^3+(b-1)x^2+(c-b)x-c=0$$

이고, 계수를 비교하면

$$b-1=-1,\ c-b=1,\ c=1$$

이므로 $b=0,\ c=1$이다.

따라서 $(x-1)(x^2+1)=(x-1)(x+j)(x-j)=0$이므로, $x=1$ 또는 $\pm j$이다.

**예제 1.9**

$x^3+3x^2-4=0$의 해를 구하라.

**풀이.** $x=1$을 대입하면 주어진 다항식이 성립하므로 $(x-1)Q(x)$가 되고 $Q(x)$는 아래와 같이 구할 수 있다.

$$Q(x)=x^2+4x+4$$

이때 $Q(x)=(x+2)^2$로 인수분해되므로 $x^3+3x^2-4=(x-1)(x+2)^2=0$이 된다.

따라서 $x=1$ 또는 $x=-2$(중근)이다.

$$\begin{array}{r|l}
 & x^2+4x+4 \quad \leftarrow Q(x) \\
\cline{2-2}
x-1 & x^3+3x^2-4 \\
 & x^3-x^2 \\
\cline{2-2}
 & \quad 4x^2-4 \\
 & \quad 4x^2-4x \\
\cline{2-2}
 & \qquad 4x-4 \\
 & \qquad 4x-4 \\
\cline{2-2}
 & \qquad\quad 0
\end{array}$$

## 1.4 부분분수 전개

다음의 예와 같이 하나의 분수식은 여러개의 분수식의 합으로 전개될 수 있다.

$$\frac{4}{x^2+2x-3} = \frac{1}{(x-1)} - \frac{1}{(x+3)}$$

이때 $\frac{1}{(x-1)}$와 $\frac{1}{(x+3)}$를 $\frac{4}{x^2+2x-3}$의 부분분수(partial fraction)라 한다. 부분분수는 복잡한 분수식을 미분하거나 적분, 라플라스 변환, 그리고 퓨리에 변환할 때 매우 유용하므로 공학에서 중요한 개념이다.

### 1.4.1 진분수의 부분분수 전개

진분수란 분자식의 차수가 분모식의 차수보다 작은 경우를 말한다. 예를 들어

$$\frac{x+1}{x^2-1},\ \frac{1}{x},\ \frac{x^3-2x+1}{x^4+x}$$

등은 모두 진분수이다.

주어진 부분 분수를 전개하고자 할 때는 먼저 진분수인지 가분수인지의 여부를 판단한 후 진분수인 경우에는 다음과 같은 방법을 사용하여 부분분수로 전개한다.

**정리 1.5 대수 법칙**

분자식의 차수를 $m$, 분모식의 차수를 $n$이라 할 때 주어진 분수식이 진분수, 즉 $m<n$이면

1) 먼저 분모식을 인수분해 한다.

2) 인수분해된 각 인자의 차수가

· 1차식이면, 즉 $ax+b$이면 부분 분수의 형태는 $\frac{A}{ax+b}$

· 1차 중근이면, 즉 $(ax+b)^2$이면 부분 분수의 형태는 $\frac{A}{ax+b}+\frac{B}{(ax+b)^2}$

· $n$차식이라면, 즉 $a_nx^n+a_{n-1}x^{n-1}+\cdots+a_0$이라면

부분분수의 형태는 $\frac{Ax^{n-1}+Bx^{n-2}+\cdots+K}{(a_nx^n+a_{n-1}x^{n-1}+\cdots+a_0)}$

3) 주어진 분수식을 2)의 부분분수의 합이라 가정하고 부분분수의 분자식 계수 $A, B, ..., K$를 구한다.

**예제 1.10**

다음에 주어진 분수식을 부분분수로 전개하라.

$$\frac{10x^2+12x+20}{x^3-8}$$

**풀이.** 주어진 분수식은 진분수이므로 정리 1.5에서 설명한 바와 같이 부분분수를 구한다. 먼저 분모식을 인수분해하면

$$x^3-8=(x-2)(x^2+2x+4)$$

가 되므로 인자는 $x-2$, $x^2+2x+4$이다.

첫 번째 인자는 $x-2$와 같이 1차식이므로 부분분수는 $\dfrac{A}{x-2}$가 되고,

두 번째 인자는 2차식 $x^2+2x+4$이므로 부분분수는 $\dfrac{Bx+C}{x^2+2x+4}$이다.

따라서 주어진 분수식은 위의 두 부분분수의 합으로 볼 수 있다.

$$\frac{10x^2+12x+20}{x^3-8}=\frac{A}{x-2}+\frac{Bx+C}{x^2+2x+4}$$

이제 위의 식을 정리하여 계수를 비교하고 $A$와 $B, C$를 구하면 된다.

$$10x^2+12x+20=A(x^2+2x+4)+(x-2)(Bx+C)$$

| | | |
|---|---|---|
| 2차 계수 비교 | : $10=A+B$ | (1) |
| 1차 계수 비교 | : $12=2A-2B+C$ | (2) |
| 상수항 비교 | : $20=4A-2C$ | (3) |

식 (1), (2), (3)으로부터 $A=7, B=3, C=4$가 되고, 따라서 주어진 분수식을 부분분수로 표현하면 아래와 같다.

$$\frac{10x^2+12x+20}{x^3-8}=\frac{7}{x-2}+\frac{3x+4}{x^2+2x+4}$$

**예제 1.11**

아래의 분수식을 부분분수로 전개하라.

$$\frac{1}{(x-1)(x+2)}$$

**풀이.** 주어진 분수식은 진분수이며, 분모식의 인자는 $x-1$, $x+2$임을 알 수 있다. 따라서 첫 번째 인자인 $x-1$에 대한 부분분수는 $\frac{A}{x-1}$이고, 두 번째 인자 $x+2$의 부분분수는 $\frac{B}{x+2}$이다. 따라서 주어진 분수식의 부분분수는 아래와 같다.

$$\frac{1}{(x-1)(x+2)}=\frac{A}{x-1}+\frac{B}{x+2}$$

이제 위의 식을 정리하여 계수를 비교하면

$$1=A(x+2)+B(x-1)$$

$$\text{1차 계수 비교} \quad : 0=A+B \qquad (1)$$

$$\text{상수항 비교} \quad : 1=2A-B \qquad (2)$$

이므로 $A=\frac{1}{3}$, $B=-\frac{1}{3}$이다. 따라서 부분분수로 전개하면

$$\frac{1}{(x-1)(x+2)}=\frac{1}{3}\left(\frac{1}{x-1}-\frac{1}{x+2}\right)$$

가 된다.

### 1.4.2 가분수의 부분분수 전개

가분수란 다음과 같이 분자식의 차수가 분모식의 차수보다 크거나 같은 분수를 의미한다.

$$\frac{2x^3+1}{x^2+2x-1},\ \frac{3x^2+4x-3}{2x^2-x+1},\ \frac{x^2-2x+1}{(x-1)(x+2)}$$

가분수인 경우에는 다음과 같은 방법으로 부분분수를 구한다.

**정리 1.6 가분수의 부분분수 전개**

분자식의 차수를 $m$, 분모식의 차수를 $n$이라 할 때 주어진 분수식이 가분수, 즉 $m \geq n$이면

1) 차수 $m-n$의 다항식이 첫 번째 부분분수가 된다.
2) 진분수의 부분분수가 두 번째 부분분수가 된다.
3) 주어진 분수식을 1)과 2)의 부분분수의 합이라 가정하고 부분분수식에서 미지수 $A, B, \ldots, K$를 구한다.

**예제 1.12**

아래의 분수식을 부분분수로 전개하라.

$$\frac{4x+5}{2x-3}$$

**풀이.** 주어진 분수식은 가분수이며, 분자의 최고 차수가 1, 분모의 최고 차수가 1이므로 0(=1-1)차의 다항식인 상수 $A$가 첫 번째 부분분수가 된다.

또한 분모의 인자는 $2x-3$이므로 두 번째 부분분수는 $\frac{B}{2x-3}$이다. 따라서 주어진 분수식의 부분분수는 아래와 같다.

$$\frac{4x+5}{2x-3}=A+\frac{B}{2x-3}$$

이제 위의 식을 정리하여 계수를 비교하면

$$4x+5=A(2x-3)+B$$

$$\text{1차 계수 비교} \quad : 4=2A \tag{1}$$

$$\text{상수항 비교} \quad : 5=-3A+B \tag{2}$$

이므로 $A=2, B=11$이다. 따라서 부분분수로 전개하면

$$\frac{4x+5}{2x-3}=2+\frac{11}{2x-3}$$

가 된다.

**예제 1.13**

아래의 분수식을 부분분수로 전개하라.

$$\frac{x^3+1}{x^2-4}$$

**풀이.** 주어진 분수식은 가분수이며, 분자의 최고 차수가 3, 분모의 최고 차수가 2이므로 1(=3-2)차 다항식인 $Ax+B$가 첫 번째 부분분수가 된다.
이제 진분수의 부분분수 전개 방법과 동일한 방법으로 두 번째 부분분수를 구한다.
즉, 분모를 인수분해하면 $x^2-4=(x+2)(x-2)$이므로

$x+2$에 대한 부분분수는 $\frac{C}{x+2}$이고, $x-2$에 대한 부분분수는 $\frac{D}{x-2}$이다.

따라서 주어진 분수식의 부분분수는 아래와 같다.

$$\frac{x^3+1}{x^2-4}=Ax+B+\frac{C}{x+2}+\frac{D}{x-2}$$

이제 위의 식을 정리하여 계수를 비교하면

$$x^3+1=(Ax+B)(x^2-4)+C(x-2)+D(x+2)$$

3차 계수 비교 : $1=A$ (1)

2차 계수 비교 : $0=B$ (2)

1차 계수 비교 : $0=-4A+C+D$ (3)

상수항 비교 : $1=-4B-2C+2D$ (4)

이므로 $A=1, B=0, C=\frac{7}{4}, D=\frac{9}{4}$이다. 따라서 부분분수로 전개하면

$$\frac{x^3+1}{x^2-4}=x+\frac{7/4}{(x+2)}+\frac{9/4}{(x-2)}$$

가 된다.

# 1.5 극한

## 1.5.1 함수의 수렴과 발산

함수 $f(x)$에서 $x$가 $a$에 접근할 때 $f(x)$의 값이 특정 값 $\alpha$에 가까워지면 $x\to a$일 때 $f(x)$는 $\alpha$에 수렴(converge)한다고 하고, $\alpha$를 $f(x)$의 극한값 또는 극한(limit)이라 한다.

$$\lim_{x\to a} f(x)=\alpha$$

반면 $x$가 $a$에 접근할 때 $f(x)$의 값이 특정 값에 가까워지지 않으면 $f(x)$는 발산(diverge)한다고 하고, $\infty$를 $f(x)$의 극한이라 한다.

$$\lim_{x\to a} f(x)=\infty$$

또한 $x$의 값이 $-\infty$에서 $a$로 접근할 때 함수 $f(x)$의 값이 $\alpha$에 가까워지면 이를 좌극한(regressive limit)이라 하고, 다음과 같이 나타낸다.

$$\lim_{x \to a^-} f(x) = \alpha$$

마찬가지로 $x$가 $\infty$에서 $a$로 접근할 때 함수 $f(x)$의 값이 $\alpha$에 가까워지면 이를 우극한(progressive limit)이라 하고, 다음과 같이 나타낸다.

$$\lim_{x \to a^+} f(x) = \alpha$$

[그림 1.1]은 $x$가 0에 접근할 때 모두 동일한 값인 $a$에 가까워지는 좌극한과 우극한을 나타낸 것이다.

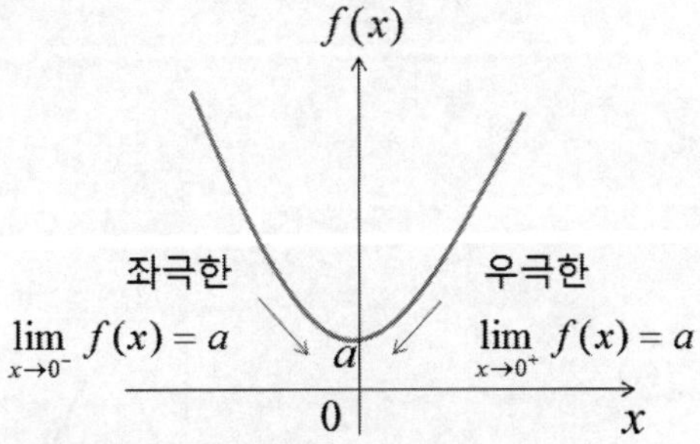


[그림 1.1] 함수의 우극한 및 좌극한

그러나 좌극한값과 우극한값이 항상 일치하는 것은 아니다. 예를 들어 [그림 1.2]와 같은 대부분의 불연속 함수는 좌극한 값과 우극한 값이 다르다. [그림 1.2]의 Gauss 함수는 모든 정수에서 좌극한 값과 우극한 값이 다르므로 극한이 존재하지 않음을 알 수 있다.

$$\lim_{x \to a^-} f(x) \neq \lim_{x \to a^+} f(x) \ : \text{극한값이 존재하지 않는다.}$$

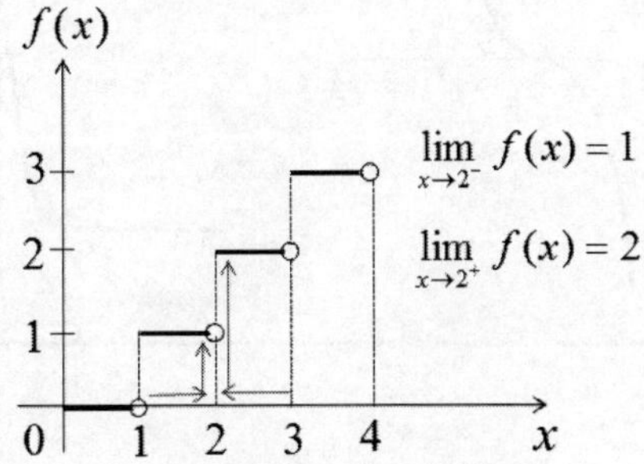


[그림 1.2] Gauss 함수

**예제 1.14**

다음 함수의 극한값을 구하라.

(a) $\lim_{x\to 0} 2^x$  (b) $\lim_{x\to 1} \sin\frac{\pi x}{2}$  (c) $\lim_{x\to 1} \tan\frac{\pi x}{2}$  (d) $\lim_{x\to 0} \frac{1}{x^2}$

**풀이.** (a) $\lim_{x\to 0^-} 2^x = \lim_{x\to 0^+} 2^x = 1$

(b) $\lim_{x\to 1^-} \sin\frac{\pi x}{2} = \lim_{x\to 1^+} \sin\frac{\pi x}{2} = 1$

(c) $\lim_{x\to 1^-} \tan\frac{\pi x}{2} = \infty$, $\lim_{x\to 1^+} \tan\frac{\pi x}{2} = -\infty$

따라서 $\lim_{x\to 1^-} \tan\frac{\pi x}{2} \neq \lim_{x\to 1^+} \tan\frac{\pi x}{2}$ 이므로 극한이 없다

(d) $\lim_{x\to 0^-} \frac{1}{x^2} = \lim_{x\to 0^+} \frac{1}{x^2} = \infty$

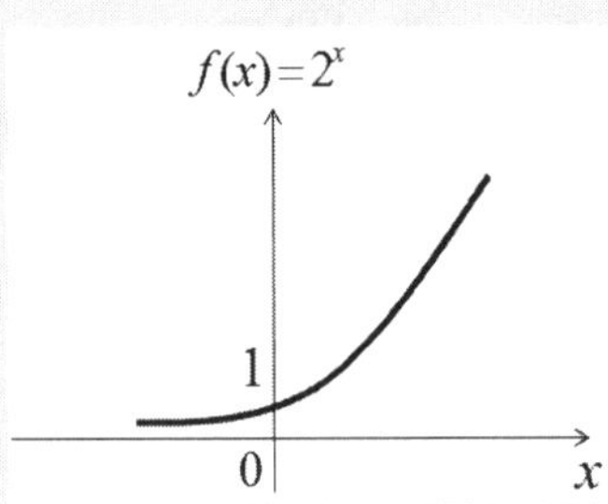


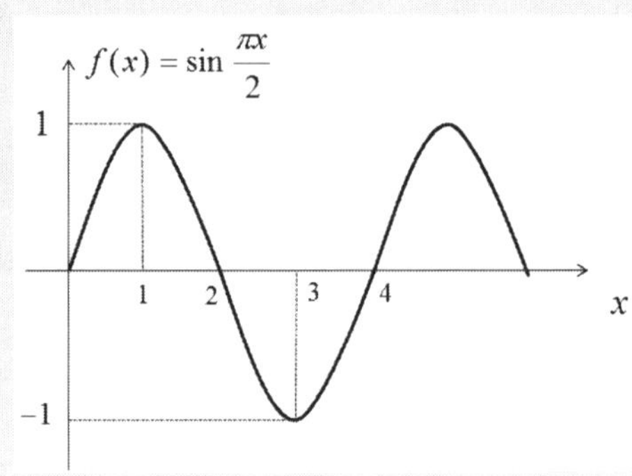


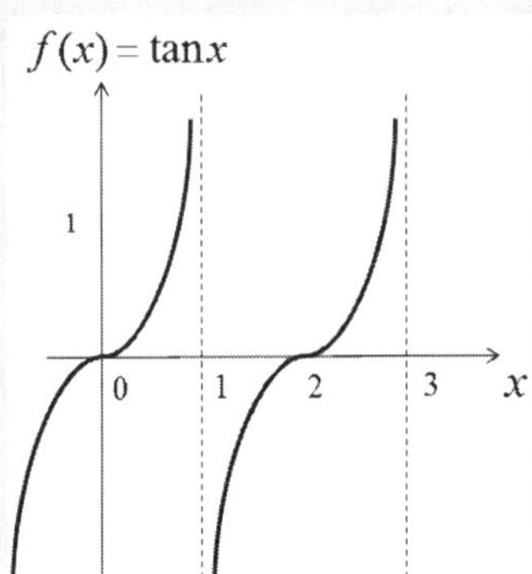


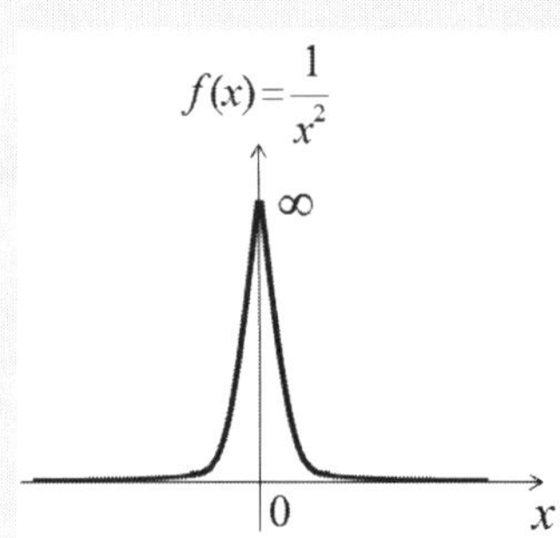

### 1.5.2 분수 함수의 극한값 계산

#### 1.5.2.1 분수 함수의 극한값이 $\frac{0}{0}$ 또는 $\frac{\infty}{\infty}$ 의 형태일 때

함수 $f(x)$, $g(x)$가 주어졌을 때 $x \to a$에 접근할 때 분수식 $\frac{f(x)}{g(x)}$에 대한 극한값이 $\lim_{x \to a} \frac{f(x)}{g(x)} = \frac{0}{0}$의 형태를 가진다면, 분모와 분자식을 각각 인수분해 한 후 약분하고, 약분한 식에 대한 극한값을 구한다.

**예제 1.15**

$\lim_{x \to 1} \frac{x^2+x-2}{x-1}$의 극한값을 구하라.

**풀이.** $\lim_{x \to 1} \frac{x^2+x-2}{x-1}$는 $\frac{0}{0}$의 형태를 가지므로 분모와 분자식을 각각 인수분해하여 정리하면 $\lim_{x \to 1} \frac{(x-1)(x+2)}{x-1} = \lim_{x \to 1}(x+2) = 3$이 된다.

반면 $\lim_{x \to \infty} \frac{f(x)}{g(x)} = \frac{\infty}{\infty}$의 형태를 가진다면 분모의 최고 차수의 항으로 분모와 분자를 각각 나눈 후 극한값을 구한다.

**예제 1.16**

$\lim_{x \to \infty} \frac{x^3-2x^2-1}{2x^2-1}$의 극한값을 구하라.

**풀이.** $\lim_{x \to \infty} \frac{x^3-2x^2-1}{2x^2-1}$는 $\frac{\infty}{\infty}$의 형태를 가지므로 분모의 최고 차수 항인 $x^3$으로 분모와 분자식을 나눈다. 따라서

$$\lim_{x \to \infty} \frac{x-2-\frac{1}{x^2}}{2-\frac{1}{x^2}} = \frac{\infty}{2} = \infty$$이 되므로 발산한다.

### 1.5.2.2 로피탈 정리

분수 함수의 극한값이 $\frac{0}{0}$ 또는 $\frac{\infty}{\infty}$ 의 형태이면, 로피탈(lopital) 정리를 이용하여 극한값을 보다 간단하게 구할 수 있다. 즉, 분모와 분자식을 각각 미분하면서 극한값을 구하되 극한값이 $\frac{0}{0}$ 또는 $\frac{\infty}{\infty}$ 의 형태가 아닐 때까지 로피탈 정리를 반복적으로 수행한다. 따라서 로피탈 정리는 분모와 분자 함수가 모두 미분 가능한 함수일 때만 사용할 수 있다.

**정리 1.7 로피탈(Lopital) 정리**

함수 $f(x)$, $g(x)$가 미분 가능하고, $x \to a$일 때 $\frac{f'(x)}{g'(x)}$의 극한값이 존재할 때 $\lim_{x \to a}\frac{f(x)}{g(x)}$가 $\frac{0}{0}$ 또는 $\frac{\infty}{\infty}$의 형태를 가진다면 다음의 식이 성립된다.

$$\lim_{x \to a}\frac{f(x)}{g(x)} = \lim_{x \to a}\frac{f'(x)}{g'(x)}$$

**예제 1.17**

로피탈 정리를 이용하여 다음의 극한값을 구하라.

(a) $\lim_{x \to 1}\frac{2x^2 - x - 1}{x^2 + 3x - 4}$ (b) $\lim_{x \to 0}\frac{1 - \cos x}{x^2}$ (c) $\lim_{x \to 1}\frac{\log x}{3x - 3}$

(d) $\lim_{x \to 0}\frac{e^x - 2\cos x + 1}{2x}$ (e) $\lim_{x \to 0}\frac{2\tan x}{x^2}$ (f) $\lim_{x \to \infty}\frac{e^{-x} - x}{x^2}$

**풀이.** (a) $\lim_{x \to 1}\frac{(2x^2 - x - 1)'}{(x^2 + 3x - 4)'} = \lim_{x \to 1}\frac{4x - 1}{2x + 3} = \frac{3}{5}$

(b) $\lim_{x \to 0}\frac{(1 - \cos x)'}{(x^2)'} = \lim_{x \to 0}\frac{(\sin x)'}{(2x)'} = \lim_{x \to 0}\frac{\cos x}{2} = \frac{1}{2}$

(c) $\lim_{x \to 1}\frac{(\log x)'}{(3x - 3)'} = \lim_{x \to 1}\frac{\frac{1}{x}}{3} = \frac{1}{3}$

(d) $\lim_{x \to 0}\frac{(e^x - 2\cos x + 1)'}{(2x)'} = \lim_{x \to 0}\frac{e^x + 2\sin x}{2} = \frac{1}{2}$

(e) $\lim_{x\to 0}\dfrac{(2\tan x)'}{(x^2)'}=\lim_{x\to 0}\dfrac{2\sec^2 x}{2x}=\dfrac{2}{0}=\infty$

(f) $\lim_{x\to \infty}\dfrac{(e^{-x}-x)'}{(x^2)'}=\lim_{x\to \infty}\dfrac{-e^{-x}-1}{2x}=\dfrac{-1}{\infty}=0$

## 1.6 이항정리

이항정리(Binomial theorem)는 이항다항식 $(a+b)$의 거듭제곱 $(a+b)^n$을 전개하였을 때 이항계수의 값을 구하는 정리이다.

**정리 1.8 이항정리**

$n$이 양의 정수일 때 $(a+b)^n$을 전개하면 다음과 같다.

$$\begin{aligned}(a+b)^n &= {}_nC_0a^n+{}_nC_1a^{n-1}b+{}_nC_2a^{n-2}b^2+\cdots+{}_nC_ra^{n-r}b^r+\cdots+{}_nC_nb^n\\ &=\binom{n}{0}a^n+\binom{n}{1}a^{n-1}b+\binom{n}{2}a^{n-2}b^2+\cdots+\binom{n}{r}a^{n-r}b^r+\cdots+\binom{n}{n}b^n\\ &=a^n+na^{n-1}b+\frac{n(n-1)}{2!}a^{n-2}b^2+\cdots\\ &\quad+\frac{n(n-1)\cdots(n-r+1)}{r!}a^{n-r}b^r+\cdots+b^n\end{aligned}$$

이를 이항정리라 하고, ${}_nC_0$, ${}_nC_1$, $\cdots$, ${}_nC_n$을 이항계수라 한다.

이때 $a^{n-r}b^r$의 이항계수는 ${}_nC_r=\binom{n}{r}=\dfrac{n!}{r!(n-r)!}$이다.

$(a+b)^n$에 대한 이항정리에서 이항계수를 나열한 것이 [그림 1.3]의 파스칼 삼각형(Pascal's triangle)이다. 즉,

| | |
|---|---|
| $n=1$일 때 $(a+b)^1$의 계수 | 1 1 |
| $n=2$일 때 $(a+b)^2$의 계수 | 1 2 1 |
| $n=3$일 때 $(a+b)^3$의 계수 | 1 3 3 1 |
| $n=4$일 때 $(a+b)^4$의 계수 | 1 4 6 4 1 |
| $n=5$일 때 $(a+b)^5$의 계수 | 1 5 10 10 5 1 |

**[그림 1.3] 파스칼 삼각형**

예를 들어 파스칼 삼각형을 이용하여 $(a+b)^2$, $(a+b)^3$을 전개하면

$$(a+b)^2 = a^2 + 2ab + b^2$$

$$(a+b)^3 = a^3 + 3a^2b + 3ab^2 + b^3$$

이 되고, 이는 다음과 같이 이항 정리로부터 전개된 것과 동일함을 알 수 있다.

$$(a+b)^2 = a^2 + \frac{2\cdot 1}{2!}ab + b^2 = a^2 + 2ab + b^2$$

$$(a+b)^3 = a^3 + \frac{3\cdot 2}{2!}a^2b + \frac{3\cdot 2\cdot 1}{3!}ab^2 + b^3 = a^3 + 3a^2b + 3ab^2 + b^3$$

일반적으로 파스칼 삼각형은 다항식의 차수가 작을 때, 이항정리는 차수가 클 때 주로 사용된다.

**예제 1.18**

이항정리를 사용하여 다음 식을 전개하라.

(a) $(a+b)^4$ (b) $(2x+y)^3$ (c) $(x+2y)^4$

**풀이.** (a) $(a+b)^4 = {}_4C_0a^4b^0 + {}_4C_1a^3b^1 + {}_4C_2a^2b^2 + {}_4C_3a^1b^4 + {}_4C_4a^0b^4$

$$= a^4 + 4a^3b + 6a^2b^2 + 4ab^4 + b^4$$

(b) $(2x+y)^3 = {}_3C_0(2x)^3(y)^0 + {}_3C_1(2x)^2(y)^1 + {}_3C_2(2x)^1(y)^2 + {}_3C_3(2x)^0(y)^3$

$$= 8x^3 + 12x^2y + 6xy^2 + y^3$$

(c) $(x+2y)^4 = {}_4C_0(x)^4(2y)^0 + {}_4C_1(x)^3(2y)^1 + {}_4C_2(x)^2(2y)^2$

$$+ {}_4C_3(x)^1(2y)^3 + {}_4C_4(x)^0(2y)^4$$

$$= x^4 + 8x^3y + 24x^2y^2 + 32xy^3 + 16y^4$$

**예제 1.19**

$\left(3x^2 + \frac{1}{x}\right)^5$를 전개했을 때 $x^4$의 계수는 얼마인가?

**풀이.** $\left(3x^2 + \frac{1}{x}\right)^5 = {}_5C_0(3x^2)^5\left(\frac{1}{x}\right)^0 + {}_5C_1(3x^2)^4\left(\frac{1}{x}\right)^1 + {}_5C_2(3x^2)^3\left(\frac{1}{x}\right)^2$

$$+{}_5C_3(3x^2)^2(\frac{1}{x})^3+{}_5C_4(3x^2)^1(\frac{1}{x})^4+{}_5C_5(3x^2)^0(\frac{1}{x})^5$$

$$=243x^{10}+405x^8x^{-1}+270x^6x^{-2}+90x^4x^{-3}+15x^2x^{-4}+x^{-5}$$

$$=243x^{10}+405x^7+270x^4+90x+15x^{-2}+x^{-5}$$

따라서 $x^4$의 계수는 270이다.

※ 별해

이항 다항식 $(a+b)^n$에서 $a^m b^r$의 계수값만을 구하고자 한다면 ${}_nC_r a^m b^r$을 풀어서 $a^m b^r$의 계수를 취하면 된다. 이때 $m+r=n$임을 주의해야 한다.

예를 들어 $(3x^2+\frac{1}{x})^5$에서 $x^4$의 계수를 구하고자 한다면

${}_5C_2(3x^2)^3(\frac{1}{x})^2=\frac{5!}{2!(5-2)!}\cdot 3^3\cdot x^6\cdot\frac{1}{x^2}=207x^4$ 에서 207이 답이 된다.

**예제 1.20**

$(2x+y)^3$를 전개했을 때 $x^2y$의 계수를 구하라.

**풀이.** ${}_3C_1(2x)^2(y)^1=\frac{3!}{1!(3-1)!}\cdot 2^2\cdot x^2y=12x^2y$

따라서 $x^2y$의 계수는 12이다.

**정리 1.9 $(1+x)^n$의 전개식**

$n$이 양의 정수일 때 이항정리 $(a+b)^n$에서 $a=1$, $b=x$로 두면

$$(1+x)^n={}_nC_0+{}_nC_1x+{}_nC_2x^2+\cdots+{}_nC_rx^r+\cdots+{}_nC_nx^n$$

$$=1+nx+\frac{n(n-1)}{2!}x^2+\cdots+\frac{n(n-1)\cdots(n-r+1)}{r!}x^r+\cdots+x^n$$

**예제 1.21**

$(1+2x)^4$를 전개하라.

**풀이.** $$(1+2x)^4 = 1+4(2x)+\frac{4\cdot 3}{2!}(2x)^2+\frac{4\cdot 3\cdot 2}{3!}(2x)^3+(2x)^4$$
$$= 1+8x+24x^2+32x^3+16x^4$$

## 1.7 테일러 급수와 맥라우린 급수

임의의 함수 $f(x)$는 1, $x$, $x^2$, $x^3$ 등의 차수가 무한한 다항 함수의 형태로 나타낼 수 있다. 이때 $f(x)$를 1차, 2차, 3차 미분한 함수를 각각 $f'(x), f''(x), f'''(x)$라 하면 다음의 식이 성립한다.

**정리 1.10 테일러 급수**

$$f(x) = \lim_{n\to\infty}\sum_{k=0}^{n}\left(\frac{f^{(k)}(a)}{k!}(x-a)^k\right)$$

여기서 $a$는 $f'(a), f''(a), f'''(a)$ 등의 값을 구하기 쉬운 값으로 적절히 정할 수 있으나, 일반적으로 $a=0$인 경우가 가장 편리하다. $a=0$인 경우의 테일러 급수를 특별히 맥라우린 급수(Maclaurin series)라 하며 다음과 같다.

**정리 1.11 맥라우린 급수**

$$f(x) = \lim_{n\to\infty}\sum_{k=0}^{n}\left(\frac{f^{(k)}(0)}{k!}x^k\right) = f(0)+f'(0)x+\frac{f''(0)}{2!}x^2+\frac{f'''(0)}{3!}x^3+\cdots$$

맥라우린 급수는 공학용 계산기가 없더라도 함수값을 근사적으로 구하는데 유용하며, 특히 고차 미분 함수가 순환하는 초월함수를 다항함수로 표현할 수 있다는 점에서도 매우 유용하다. 다음은 사인 함수나 코사인 함수 그리고 지수 함수와 같은 초월 함수를 맥라우린 급수로 전개한 것이다.

$x$가 radian일 때

$$\sin x = x - \frac{1}{3!}x^3 + \frac{1}{5!}x^5 - \frac{1}{7!}x^7 + \cdots$$

$$\cos x = 1 - \frac{1}{2!}x^2 + \frac{1}{4!}x^4 - \frac{1}{6!}x^6 + \cdots$$

$$e^x = 1 + x + \frac{1}{2!}x^2 + \frac{1}{3!}x^3 + \frac{1}{4!}x^4 + \cdots$$

위의 맥라우린 급수식은 $x$가 소각(small angle)일 때 급격히 수렴하게 되며, 다음과 같은 근사값을 얻을 수 있다.

$x$가 소각, 즉 $x \approx 0$일 때

$$\sin x \approx x \ , \quad \cos x \approx 1 - \frac{1}{2!}x^2$$

**예제 1.22**

$\sin(0.75)$의 근사값을 계산하라.

**풀이.** $\sin 0.75 = (0.75) - \frac{1}{3!}(0.75)^3 + \frac{1}{5!}(0.75)^5 - \frac{1}{7!}(0.75)^7 + \cdots$ 로 나타낼 수 있으며, 우항은 점점 0에 가까워짐을 알 수 있다. 따라서 첫 2차항까지만 계산하면 $\sin 0.75 \approx (0.75) - \frac{1}{3!}(0.75)^3 = 0.6797$이다. 이는 실제값인 0.6816에 가까움을 알 수 있다.

# Exercises

1. 다음을 계산하라.

(a) $\dfrac{5^{12}}{5^{25}}$ (b) $(2^{1/4})^8$ (c) $(-3)^{-2}$ (d) $\sqrt{0.001}$

(e) $\sqrt{2}\sqrt{32}$ (f) $81^{3/4}$ (g) $x^{2/3}x^{5/3}$ (h) $xx^{-2/5}$

(i) $8^{4/3}$ (j) $(3^{-2})^{1/4}$

2. 다음을 간략화하라.

(a) $\log x + \log x^3$ (b) $3\ln x + \ln\left(\dfrac{1}{x}\right)$ (c) $\log(xy) + \log x - 2\log y$

(d) $\ln(2x^3) - \ln\left(\dfrac{4}{x^2}\right) + \dfrac{1}{3}\ln 27$ (e) $3\log x + 2\log y$ (f) $6\log t^2 + 4\log t$

(g) $\ln(3y^6) - 2\ln 3 + \ln y$ (h) $\ln(5t+3) - \ln(3t+2)$ (i) $\dfrac{1}{2}\log x^4 - 2\log x$

3. 다음을 계산하라.

(a) $e^x = \dfrac{1}{2}$ (b) $e^{2x+3} = 0.75$ (c) $\dfrac{e^x}{e^x+2} = 0.5$ (d) $e^{2x} = 7e^x$

(e) $e^x(5-e^x) = 6$ (f) $e^x - 7 + \dfrac{12}{e^x} = 0$ (g) $\sqrt{e^{2x}} = 2$ (h) $e^{2x} - 3e^x + 2 = 0$

4. 다음에 주어진 다항식의 해를 구하라.

(a) $\dfrac{y}{2} - 1 = 3$ (b) $x^2 + 4x - 21 = 0$ (c) $2x^2 - x - 1 = 0$ (d) $3x^2 = 50$

5. 다음 식을 부분분수로 전개하라.

(a) $\dfrac{5x}{(2x-3)(x+1)}$ (b) $\dfrac{1}{y^2+3y+2}$ (c) $\dfrac{x^3}{x^2+1}$ (d) $\dfrac{x+5}{(x+3)^2}$

(e) $\dfrac{2x^3+3x^2-x+4}{2x^2+15x+7}$ (f) $\dfrac{12x-4}{2x-1}$ (g) $\dfrac{4x^3+10x+4}{2x^2+x}$ (h) $\dfrac{x^2}{x^2+1}$

6. 다음의 극한값을 구하라.

(a) $\lim_{k\to\infty}\frac{3k^2-5k+6}{k^2+2k+1}$　(b) $\lim_{k\to\infty}\frac{k^2}{3k+1}$　(c) $\lim_{k\to\infty}\frac{3k+2}{k^2+6}$　(d) $\lim_{k\to\infty}(\frac{1}{5})^{2k}$

(e) $\lim_{k\to 0}\frac{1}{k}$　(f) $\lim_{k\to\infty}\frac{k-1}{k+1}$　(g) $\lim_{k\to 0}\frac{k^3-2}{2k^2}$　(h) $\lim_{k\to 0}\frac{\cos k-1}{k^2}$

7. $(1+x)^9$를 $x^3$의 항까지 전개하라.

8. $(2x+3y)^4$을 전개하라.

(a) 이항 정리를 이용하라.　(b) 파스칼 삼각형을 이용하라.

9. $e^{0.3}$을 맥라우린 급수식으로 전개하라.

10. $\cos 0.01$을 맥라우린 급수식으로 전개하라.

11. $\frac{1}{1-x}$을 맥라우린 급수식으로 전개하라.

# Solution

1. (a) $5^{-13}$ (b) $2^2$ (c) $3^{-2}$ (d) $10^{-3/2}$ (e) $2^3$

   (f) $3^3$ (g) $x^{7/3}$ (h) $x^{3/5}$ (i) $2^4$ (j) $3^{-1/2}$

2. (a) $4\log x$ (b) $2\ln x$ (c) $\log\left(\dfrac{x^2}{y}\right)$ (d) $\ln\left(\dfrac{3x^5}{2}\right)$

   (e) $\log(x^3y^2)$ (f) $16\log t$ (g) $\ln\left(\dfrac{y^7}{3}\right)$ (h) $\ln\left(\dfrac{5t+3}{3t+2}\right)$ (i) $\log 1 = 0$

3. (a) $x = -\ln 2$ (b) $x = \dfrac{\ln 0.75 - 3}{2}$ (c) $x = \ln 2$ (d) $x = \ln 7$

   (e) $x = \ln 2$ 또는 $\ln 3$ (f) $x = \ln 4$ 또는 $\ln 3$ (g) $x = \ln 2$ (h) $x = \ln 2$ 또는 $0$

4. (a) $y = 8$ (b) $x = 3$ 또는 $x = -7$ (c) $x = 1$ 또는 $x = -\dfrac{1}{2}$

   (d) $x = \pm 5\sqrt{\dfrac{2}{3}}$

5. (a) $\dfrac{3}{2x-3} + \dfrac{1}{x+1}$ (b) $\dfrac{1}{y+1} - \dfrac{1}{y+2}$ (c) $x - \dfrac{x}{x^2+1}$

   (d) $\dfrac{1}{x+3} + \dfrac{2}{(x+3)^2}$ (e) $x - 6 + \dfrac{528}{13} \cdot \dfrac{1}{x+7} + \dfrac{10}{13} \cdot \dfrac{1}{2x+1}$ (f) $6 + \dfrac{2}{2x-1}$

   (g) $2x - 1 + \dfrac{4}{x} + \dfrac{3}{2x+1}$ (h) $1 - \dfrac{1}{x^2+1}$

6. (a) 3 (b) $\infty$ (c) 0 (d) 0

   (e) $\infty$ (f) 1 (g) $-\infty$ (h) $-\dfrac{1}{2}$

7. $(1+x)^9 = 1+9x+36x^2+84x^3$

8. $(2x+3y)^4 = (2x)^4+4(2x)^3(3y)+6(2x)^2(3y)^2+4(2x)(3y)^3+(3y)^4$

$$= 16x^4+96x^3y+216x^2y^2+216xy^3+81y^4$$

9. $e^{0.3} = 1+0.3+\dfrac{1}{2!}(0.3)^2+\dfrac{1}{3!}(0.3)^3+\cdots$

10. $\cos 0.01 = 1-\dfrac{1}{2!}(0.01)^2+\dfrac{1}{4!}(0.01)^4-\dfrac{1}{6!}(0.01)^6+\cdots$

11. $\dfrac{1}{1-x} = 1+x+x^2+x^3+\cdots$

# 삼각함수

chapter 02



## 2.1 개요

삼각함수(trigonometric function)는 각에 대한 함수를 뜻하는 것으로서 삼각비를 실수 전체에 대해 정의한 함수로 일반화한 것이다. 삼각함수는 과거에 천문학과 측량 등에 주로 이용되었으며, 현재 공학 분야에서 교류 전압 및 전류, 스프링의 진동 등과 같이 주기적인 현상을 표현하거나 위상을 계산할 때 주로 사용된다.

## 2.2 각도

각도란 [그림 2.1]과 같이 평면상의 정점에서 뻗어나간 두 직선이 벌어진 정도를 나타낸다. 일반적으로 사용되는 각도의 단위로는 도(degree)와 라디안(radian, 호도)이 있다.

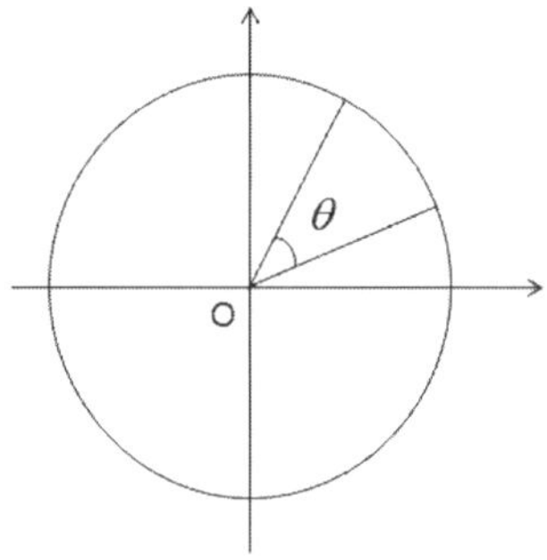


[그림 2.1] 각도의 정의

[그림 2.2(a)]와 같이 360분법으로 표시하는 1도는 원주를 360 등분한 것이며, 기호는 °를 사용한다. 반면 라디안은 [그림 2.2(b)]와 같이 원의 반지름에 대한 호의 길이의 비를 나타내며, 기호는 rad을 사용한다.

$$\theta = \frac{s}{r}$$

따라서 원의 한주기에 해당하는 각도는 360° 또는 $\frac{2\pi r}{r} = 2\pi\,\text{rad}$가 된다.
이러한 정의로부터 도와 라디안의 변환은 다음과 같다.

$$1\,\text{rad} = \frac{180^\circ}{\pi}$$

$$1^\circ = \frac{\pi}{180}\,\text{rad}$$

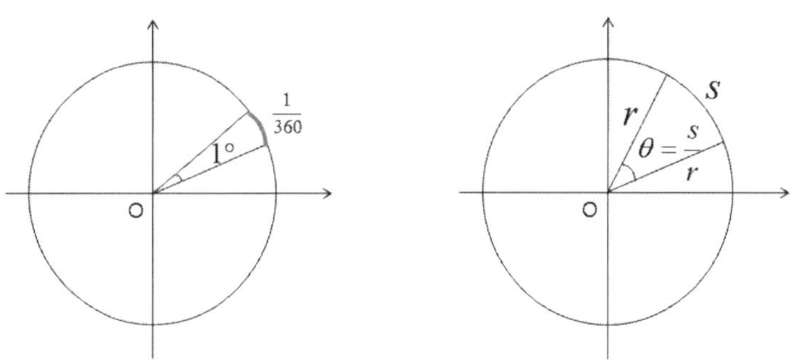


(a) 도(degree) (b) 라디안(radian)

[그림 2.2] 각도의 단위

**예제 2.1**

반지름이 4이고 중심각이 135°인 부채꼴의 호의 길이를 구하라.

**풀이.** 먼저 각도 변환을 하면 $\theta = 135^\circ \times \frac{\pi}{180^\circ} = \frac{3\pi}{4}\text{rad}$이고, $\theta = \frac{s}{r}$이므로

호의 길이는 $s = \theta r = \frac{3\pi}{4} \cdot 4 = 3\pi$이다.

**예제 2.2**

다음의 각도에 대해 도는 라디안으로, 라디안은 도로 변환하라.

(a) 20° (b) 180° (c) $\frac{3\pi}{2}$rad (d) $\frac{\pi}{2}$rad

**풀이.** (a) $20^\circ \times \frac{\pi}{180^\circ} = \frac{\pi}{9}\text{rad}$ (b) $180^\circ \times \frac{\pi}{180^\circ} = \pi\,\text{rad}$

(c) $\frac{3\pi}{2} \times \frac{180^\circ}{\pi} = 270^\circ$ (d) $\frac{\pi}{2} \times \frac{180^\circ}{\pi} = 90^\circ$

**예제 2.3**

**각도의 응용.** 이집트의 사이엔에서 태양이 머리 위의 수직으로 있을 때 알렉산드리아에서는 머리 위 수직 방향에서 약 7° 정도 기울어져 있다고 한다. 사이엔과 알렉산드리아의 거리가 770km라면 지구의 둘레를 예측할 수 있을까? 지구의 평균 반지름은 약 6380km이다.

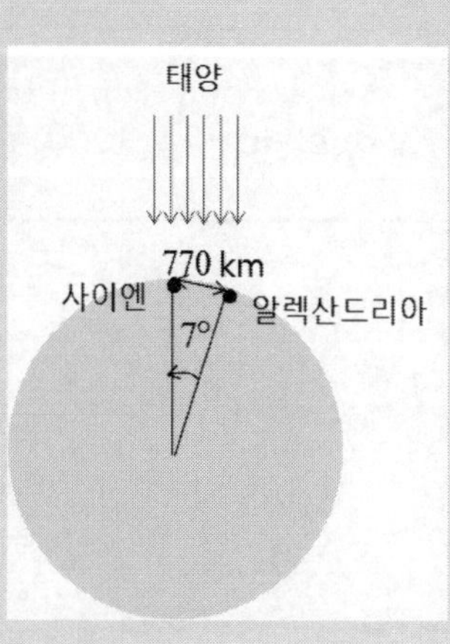


**풀이.** 먼저 각도를 라디안으로 변환하면

$7^\circ \times \frac{\pi}{180^\circ} = 0.12\,\text{rad}$ 이다.

따라서 $\theta = \frac{s}{r}$에서 $s = 770\text{km}$에 해당하므로 지구의 반지름 $r = \frac{s}{\theta} = \frac{770\text{km}}{0.12} \fallingdotseq 6417\text{km}$ 이다.

그러므로 지구의 둘레는

$C = 2\pi r = 2\pi(6417\text{km}) \fallingdotseq 40319\text{km}$ 로 예측된다.

## 2.3 삼각비

30cm 자 하나로 높은 건물의 높이를 잴 수 있을까? 삼각비를 이용하면 쉽게 측정할 수 없는 건물의 높이나 강의 길이 등을 알 수 있게 된다.

[그림 2.3]과 같이 직각 삼각형 ABC에서 기준각 $\theta$가 주어지면 각 변은 일정한 비를 가지게 되는데 이를 삼각비라고 한다.

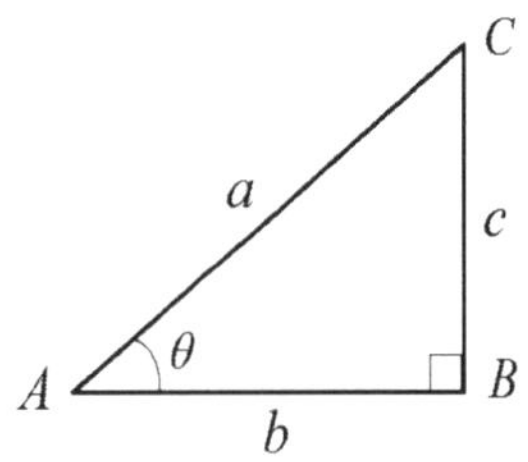


**[그림 2.3]** 기준각이 $\theta$인 직각 삼각형

이때 삼각비의 정의는 다음과 같다.

$$\sin\theta = \frac{\text{높이}}{\text{빗변}} = \frac{c}{a}$$

$$\cos\theta = \frac{\text{밑변}}{\text{빗변}} = \frac{b}{a}$$

$$\tan\theta = \frac{\text{높이}}{\text{밑변}} = \frac{c}{b}$$

그리고 $\mathrm{cosec}\,\theta$, $\sec\theta$, $\cot\theta$는 이 세 함수의 역수로 정의된다.

$$\mathrm{cosec}\,\theta = \frac{1}{\sin\theta}$$

$$\sec\theta = \frac{1}{\cos\theta}$$

$$\cot\theta = \frac{1}{\tan\theta}$$

삼각비는 반지름의 길이와는 무관하게 항상 일정하므로 반지름이 1인 단위원을 이용하면 간단하게 구할 수 있다.

[그림 2.4(a)]와 같이 제 1사분면에서 단위원 위에 점 A를 잡았을 때 점 A의 좌표를 $A(x,y)$, 점 A에서 $x$축에 수선을 내린 점을 B라 하고, 원점 O에 또 다른 직선을 그으면 직각삼각형 OBA가 된다. 이때 $\sin\theta = \frac{y}{1} = y$, $\cos\theta = \frac{x}{1} = x$의 값으로 간단하게 나타낼 수 있다.

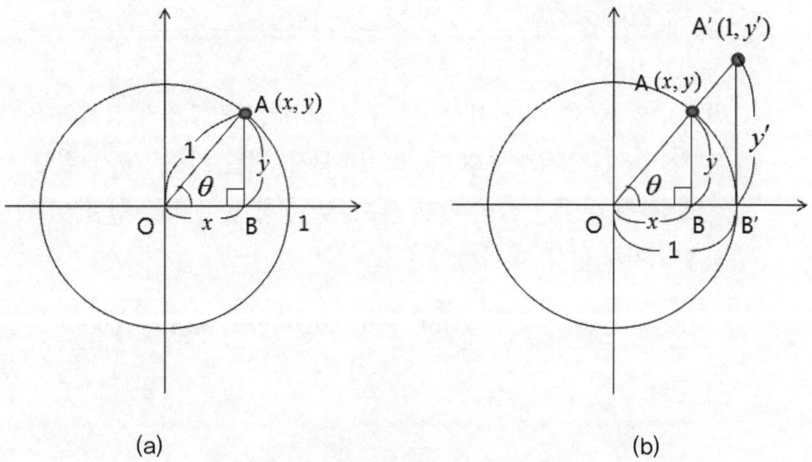


[그림 2.4] 단위원을 이용한 삼각비

이제 [그림 2.4(b)]와 같이 점 A에서 연장선을 긋고 점 B'에서 수선을 그어 만나는 점을 A'라 하면 $\tan\theta = \frac{y'}{1} = y'$로 나타낼 수 있다. 이와 같이 단위원을 이용하면 $x$와 $y$의 값으로 삼각비를 간단하게 구할 수 있다. 예를 들어 $\theta$가 각각 30°, 45°, 60°일 때 삼각비는 다음과 같다.

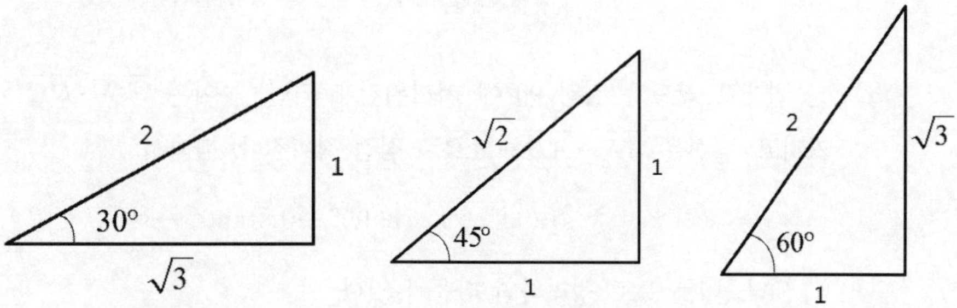


[그림 2.5] 기준각 30°, 45°, 60°의 삼각비

이를 요약하면 다음과 같다.

| | 30° | 45° | 60° |
|---|---|---|---|
| $\sin\theta$ | $\frac{1}{2}$ | $\frac{1}{\sqrt{2}}$ | $\frac{\sqrt{3}}{2}$ |
| $\cos\theta$ | $\frac{\sqrt{3}}{2}$ | $\frac{1}{\sqrt{2}}$ | $\frac{1}{2}$ |
| $\tan\theta$ | $\frac{1}{\sqrt{3}}$ | 1 | $\sqrt{3}$ |

이제 0°와 90°에 대한 삼각비를 구해 보자. [그림 2.6]과 같이 단위원 내부의 제 1사분면에서 직각삼각형 ABC를 고려해 보자. 만일 기준각 $\theta$가 점점 작아져서 0°에 가까워진다면 높이는 $\overline{BC}\to\overline{DE}\to\overline{FG}$로 점점 작아지고, 밑변은 $\overline{AB}\to\overline{AD}\to\overline{AF}$로 점점 커지게 된다. 따라서

$$\sin 0^\circ \to 0,\ \cos 0^\circ \to 1,\ \tan 0^\circ \to 0$$

이 된다.

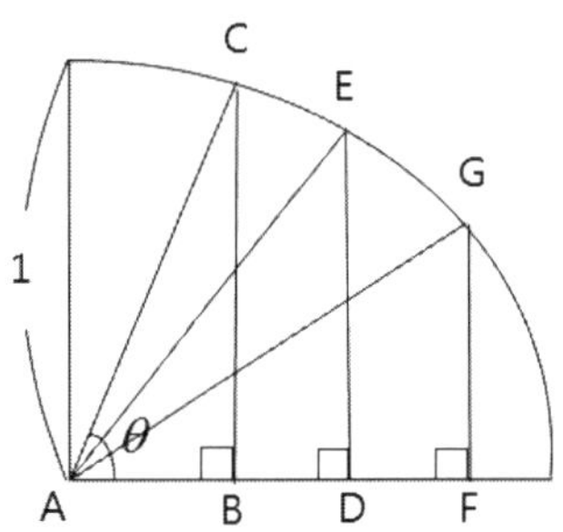


[그림 2.6] 단위원 내부의 직각삼각형

반대로 각도가 점점 90°에 가까워지게 되면, 높이는 $\overline{FG}\to\overline{DE}\to\overline{BC}$로 점점 커지고, 밑변은 $\overline{AF}\to\overline{AD}\to\overline{AB}$로 점점 작아진다. 따라서

$$\sin 90^\circ \to 1,\ \cos 90^\circ \to 0,\ \tan 0^\circ \to \infty$$

이 된다. 이를 표로 정리하면 다음과 같다.

| | 0° | 90° |
|---|---|---|
| $\sin\theta$ | 0 | 1 |
| $\cos\theta$ | 1 | 0 |
| $\tan\theta$ | 0 | $\infty$ |

**예제 2.4**

두 변이 5m와 8m이고 끼인 각이 60도인 삼각형 형태의 꽃밭이 있다. 이 꽃밭의 넓이는 얼마인가?

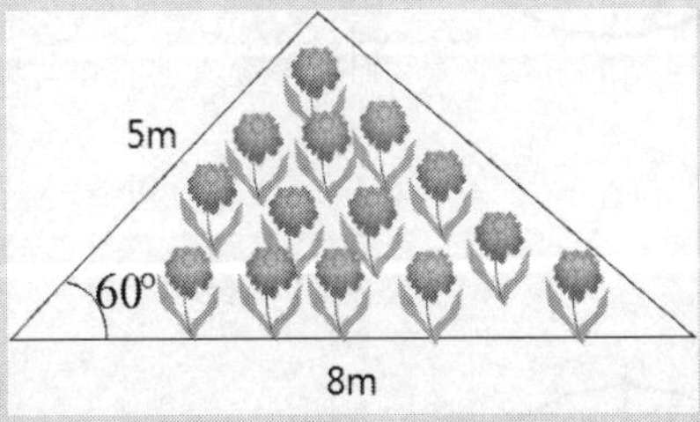


**풀이.** 삼각형의 넓이는 $S=\frac{1}{2}\times$ 밑변 $\times$ 높이 이므로 삼각비를 이용하여 높이 $h$를 구한다.

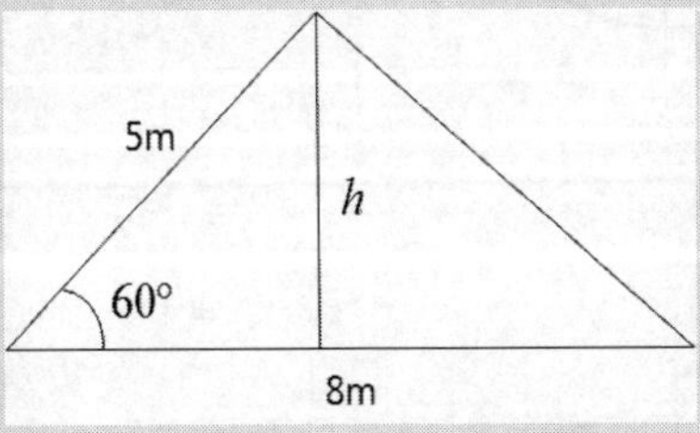


따라서 $h=5\sin 60^\circ=4.33\text{m}$가 되고, 면적은 $S=\frac{1}{2}\times 8\times 4.33=17.32\text{m}^2$가 된다.

## 2.4 삼각함수

삼각함수는 삼각비를 실수 전체에 대해 정의한 함수이다. 따라서 삼각비로부터 직접적으로 유도할 수 있다. [그림 2.7]은 이들 삼각 함수를 보인 것이다.

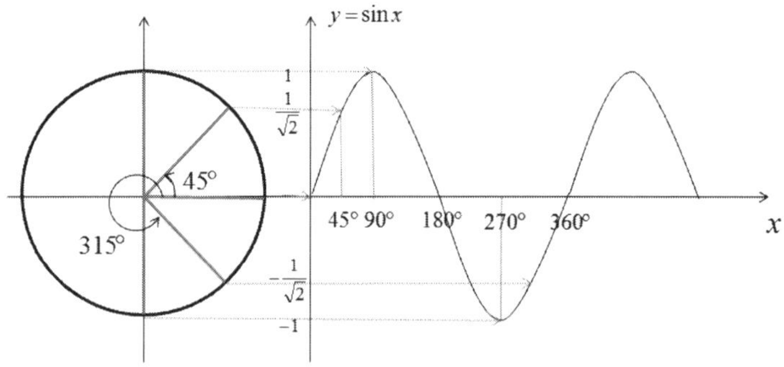


(a) $y = \sin x$ 함수

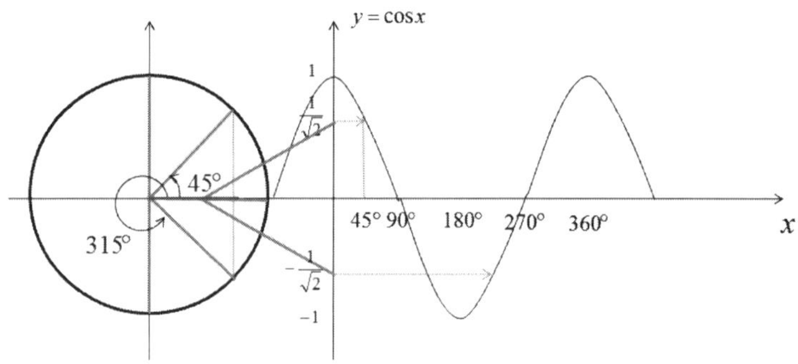


(b) $y = \cos x$ 함수

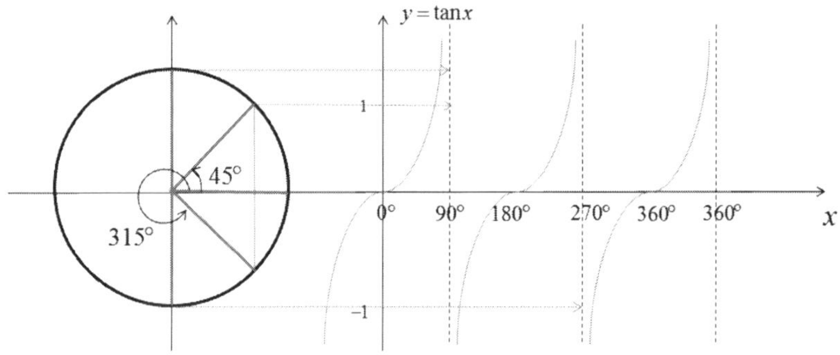


(c) $y = \tan x$ 함수

[그림 2.7] 삼각함수 그래프

삼각함수의 그래프로부터 사인 함수와 코사인 함수의 주기는 모두 $2\pi$이며, 서로 $\frac{\pi}{2}$의 위상차를 가짐을 알 수 있다. 즉

$$\sin x = \sin(x \pm 2n\pi)$$

$$\cos x = \cos(x \pm 2n\pi),\ \text{단 } n = 0, \pm 1, \pm 2, \ldots$$

$$\cos x = \sin\left(\frac{\pi}{2} + x\right) \quad \text{또는} \quad \sin x = \cos\left(\frac{\pi}{2} - x\right)$$

의 관계가 있다. 또한 사인 함수와 코사인 함수는 각각 기함수(odd function)와 우함수(even function)의 성질을 가지고 있다.

$$\sin x = -\sin(-x) \ : \text{기함수}$$

$$\cos x = \cos(-x) \ : \text{우함수}$$

예를 들면 $\sin\left(\frac{\pi}{4}\right) = -\sin\left(-\frac{\pi}{4}\right)$, $\cos\left(\frac{\pi}{4}\right) = \cos\left(-\frac{\pi}{4}\right)$이다.

[그림 2.7]과 같이 삼각함수의 부호는 위치한 사분면에 따라 달라진다. 즉

$$\sin\theta = \frac{y}{r},\ \cos\theta = \frac{x}{r},\ \tan\theta = \frac{y}{x}$$

이므로 사인 함수는 $y$축의 부호, 코사인 함수는 $x$축, 탄젠트 함수는 $x$, $y$축 부호 모두에 의해 결정된다.

예를 들어 [그림 2.8]과 같이 $P(x, y)$에 대해 OP의 길이를 $r$, OP의 일반각을 $\theta$라 할 때 각 사분면 상에 위치한 삼각함수의 부호를 요약하면 [표 2.1]과 같다.

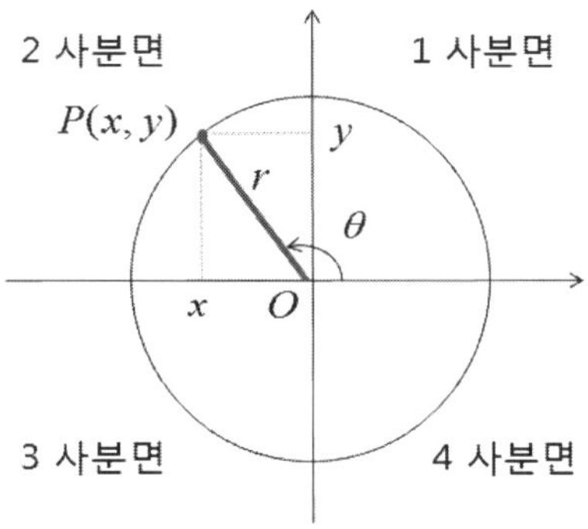


[그림 2.8] 사분면 상의 삼각함수

[표 2.1] 사분면 상의 삼각함수의 부호

| | $\sin\theta = \frac{y}{r}$ | $\cos\theta = \frac{x}{r}$ | $\tan\theta = \frac{y}{x}$ |
|---|---|---|---|
| 제1사분면 | + | + | + |
| 제2사분면 | + | − | − |
| 제3사분면 | − | − | + |
| 제4사분면 | − | + | − |

**예제 2.5**

다음에 주어진 각도 $\theta$에 대해 $\sin\theta$, $\cos\theta$, $\tan\theta$의 값을 구하라.

(a) $\frac{\pi}{3}$ (b) $-\frac{4\pi}{3}$ (c) $\pi$ (d) $\frac{3\pi}{2}$

**풀이.** (a) $\theta = \frac{\pi}{3}$ 이므로 1사분면에 위치된다. 따라서

$$\sin\left(\frac{\pi}{3}\right) = \frac{\sqrt{3}}{2},\ \cos\left(\frac{\pi}{3}\right) = \frac{1}{2},\ \tan\left(\frac{\pi}{3}\right) = \sqrt{3}$$

(b) $\theta = -\frac{4\pi}{3}$ 이므로 2사분면에 위치하게 되고

$$\sin\left(-\frac{4\pi}{3}\right)=\frac{\sqrt{3}}{2},\ \cos\left(-\frac{4\pi}{3}\right)=-\frac{1}{2},\ \tan\left(-\frac{4\pi}{3}\right)=-\sqrt{3}$$

(c) $\theta=\pi$이므로

$\sin(\pi)=0,\ \cos(\pi)=-1,\ \tan(\pi)=0$

(d) $\theta=\dfrac{3\pi}{2}$이므로

$\sin\left(\dfrac{3\pi}{2}\right)=-1,\ \cos\left(\dfrac{3\pi}{2}\right)=0,\ \tan\left(\dfrac{3\pi}{2}\right)$는 존재하지 않는다.

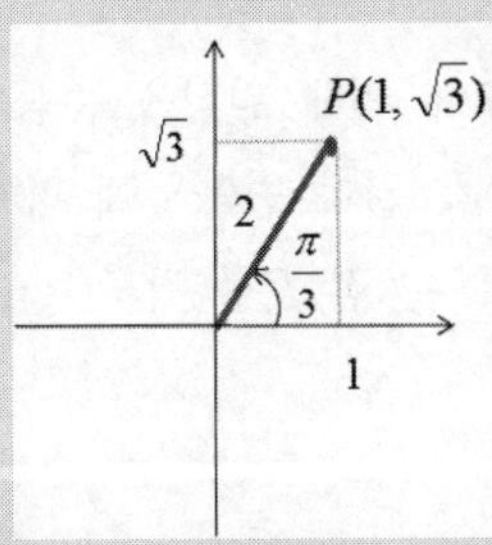


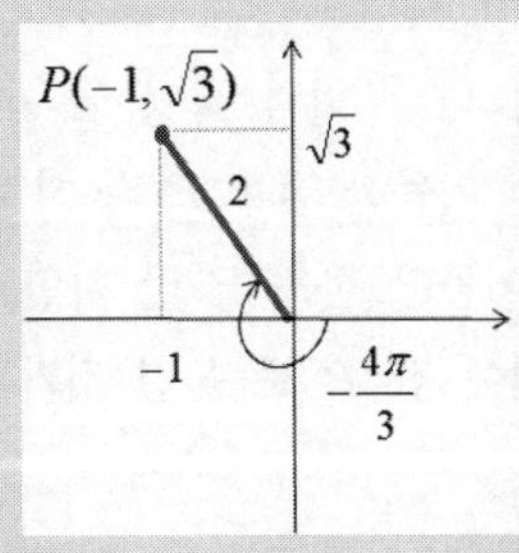


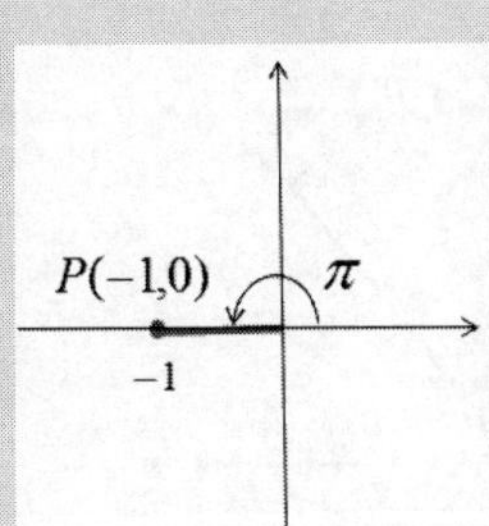


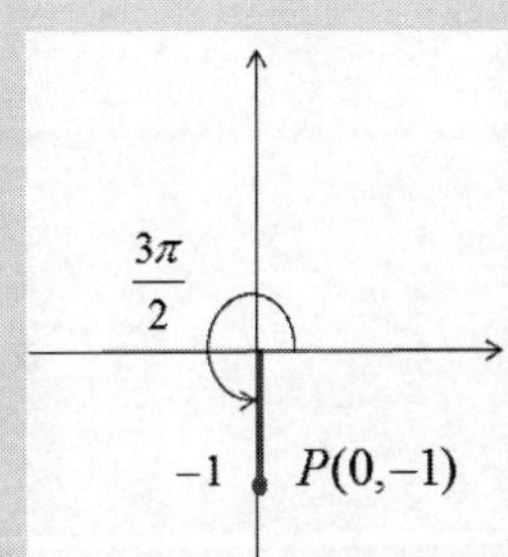


## 2.5 삼각 항등식

삼각함수 사이에는 많은 항등식이 성립한다. 이러한 관계식은 복잡한 식을 간략화 하는데 매우 유용하며 특히 치환적분에서 자주 사용되므로 잘 익혀 두어야 한다.

## 2.5.1 삼각함수의 덧셈 정리

**정리 2.1 삼각함수의 덧셈 정리**

$$\sin(\alpha \pm \beta) = \sin\alpha\cos\beta \pm \cos\alpha\sin\beta$$

$$\cos(\alpha \pm \beta) = \cos\alpha\cos\beta \mp \sin\alpha\sin\beta$$

$$\tan(\alpha \pm \beta) = \frac{\tan\alpha \pm \tan\beta}{1 \mp \tan\alpha\tan\beta}$$

[그림 2.9]와 같이 점 $P$를 일차 변환 $f$에 의해 원점을 중심으로 각도 $\alpha$만큼 회전 이동한 점을 $P'$라 하자. 그리고 점 $P'$를 일차 변환 $g$에 의해 각도 $\beta$만큼 회전 이동한 점을 $P''$라 하면, 합성 변환 $g \circ f$은 점 $P$를 각도 $\alpha+\beta$ 만큼 회전 이동하여 점 $P''$로 옮긴 것과 같다.

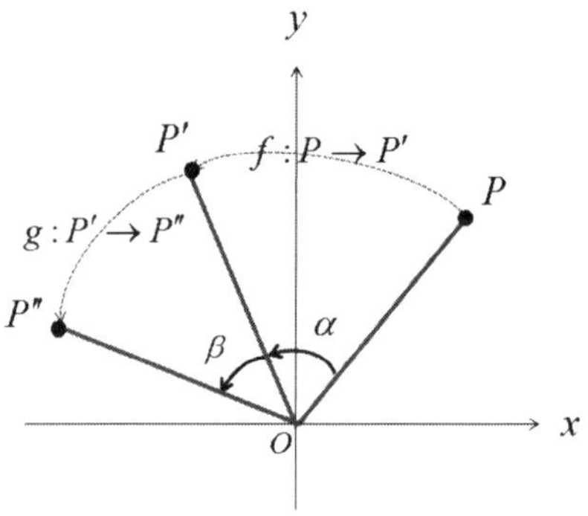


[그림 2.9] $f : P' \to P''$ 와 $g : P'' \to P'''$ 의 합성 변환 $g \circ f : P \to P''$

따라서 아래의 등식이 성립한다.

$$g \circ f = \begin{pmatrix} \cos\beta & -\sin\beta \\ \sin\beta & \cos\beta \end{pmatrix}\begin{pmatrix} \cos\alpha & -\sin\alpha \\ \sin\alpha & \cos\alpha \end{pmatrix}$$

$$= \begin{pmatrix} \cos\alpha\cos\beta - \sin\alpha\sin\beta & -\sin\alpha\cos\beta - \cos\alpha\sin\beta \\ \cos\alpha\sin\beta + \sin\alpha\cos\beta & -\sin\alpha\sin\beta + \cos\alpha\cos\beta \end{pmatrix}$$

$$= \begin{pmatrix} \cos(\alpha+\beta) & -\sin(\alpha+\beta) \\ \sin(\alpha+\beta) & \cos(\alpha+\beta) \end{pmatrix}$$ : 점 $P$를 각도 $\alpha+\beta$만큼 회전이동하여 점 $P''$로 옮긴 것

따라서

$$\sin(\alpha+\beta) = \sin\alpha\cos\beta + \cos\alpha\sin\beta \tag{1}$$

$$\cos(\alpha+\beta) = \cos\alpha\cos\beta - \sin\alpha\sin\beta \tag{2}$$

가 유도된다. 또한 식 (1), (2)로부터

$$\frac{\sin(\alpha+\beta)}{\cos(\alpha+\beta)} = \tan(\alpha+\beta) = \frac{\sin\alpha\cos\beta + \cos\alpha\sin\beta}{\cos\alpha\cos\beta - \sin\alpha\sin\beta}$$

이므로, 분모와 분자를 $\cos\alpha\cos\beta$로 나누면

$$\tan(\alpha+\beta) = \frac{\tan\alpha + \tan\beta}{1 - \tan\alpha\tan\beta} \tag{3}$$

가 된다. 이제 식 (1), (2), (3)에서 $\beta$에 $-\beta$를 대입하면

$$\sin(\alpha-\beta) = \sin\alpha\cos\beta - \cos\alpha\sin\beta$$

$$\cos(\alpha-\beta) = \cos\alpha\cos\beta + \sin\alpha\sin\beta$$

$$\tan(\alpha-\beta) = \frac{\tan\alpha - \tan\beta}{1 + \tan\alpha\tan\beta}$$

이 유도된다.

**예제 2.6**

삼각함수의 덧셈 정리를 이용하여 다음의 값을 계산하라.

(a) $\sin 15^\circ$ (b) $\cos 75^\circ$ (c) $\tan 15^\circ$ (d) $\tan 75^\circ$

**풀이.** (a) $\sin 15^\circ = \sin(45^\circ - 30^\circ) = \sin 45^\circ \cos 30^\circ - \cos 45^\circ \sin 30^\circ$

$$= \frac{1}{\sqrt{2}} \cdot \frac{\sqrt{3}}{2} - \frac{1}{\sqrt{2}} \cdot \frac{1}{2} = \frac{\sqrt{3}-1}{2\sqrt{2}} = \frac{\sqrt{6}-\sqrt{2}}{4}$$

(b) $\cos 75^\circ = \cos(45^\circ + 30^\circ) = \cos 45^\circ \cos 30^\circ - \sin 45^\circ \sin 30^\circ$

$$= \frac{1}{\sqrt{2}} \cdot \frac{\sqrt{3}}{2} - \frac{1}{\sqrt{2}}{}^\circ \cdot \frac{1}{2} = \frac{\sqrt{6}-\sqrt{2}}{4}$$

(c) $\tan 15^\circ = \tan(45^\circ - 30^\circ) = \dfrac{\tan 45^\circ - \tan 30^\circ}{1 + \tan 45^\circ \tan 30^\circ}$

$$= \frac{1 - \frac{1}{\sqrt{3}}}{1 + 1 \cdot \frac{1}{\sqrt{3}}} = \frac{\frac{\sqrt{3}-1}{\sqrt{3}}}{\frac{\sqrt{3}+1}{\sqrt{3}}} = \frac{4 - 2\sqrt{3}}{2} = 2 - \sqrt{3}$$

(d) $\tan 75^\circ = \tan(45^\circ + 30^\circ) = \dfrac{\tan 45^\circ + \tan 30^\circ}{1 - \tan 45^\circ \tan 30^\circ}$

$$= \frac{1 + \frac{1}{\sqrt{3}}}{1 - 1 \cdot \frac{1}{\sqrt{3}}} = \frac{\frac{\sqrt{3}+1}{\sqrt{3}}}{\frac{\sqrt{3}-1}{\sqrt{3}}} = \frac{4 + 2\sqrt{3}}{2} = 2 + \sqrt{3}$$

**예제 2.7**

삼각함수의 덧셈 정리를 이용하여 다음의 등식이 성립함을 증명하라.

$\sin(x+y)\sin(x-y) = \sin^2 x - \sin^2 y = \cos^2 y - \cos^2 x$

**풀이.** $\sin(x+y)\sin(x-y) = (\sin x \cos y + \cos x \sin y)(\sin x \cos y - \cos x \sin y)$

$$= \sin^2 x \cos^2 y - \cos^2 x \sin^2 y$$

이 식에 $\sin^2 x = 1 - \cos^2 x$, $\sin^2 y = 1 - \cos^2 y$를 대입하면

$$= (1 - \cos^2 x)\cos^2 y - \cos^2 x (1 - \cos^2 y) = \cos^2 y - \cos^2 x$$

마찬가지로 $\cos^2 x = 1 - \sin^2 x$, $\cos^2 y = 1 - \sin^2 y$를 대입하면

$$= \sin^2 x (1 - \sin^2 y) - (1 - \sin^2 x)\sin^2 y = \sin^2 x - \sin^2 y$$

### 2.5.2 삼각함수의 여러 가지 공식

앞에서 다룬 삼각함수의 덧셈 정리로부터 많은 항등식을 유도할 수 있으며, 주로 복잡한 형태의 방정식을 간략화하는데 사용된다. [표 2.1]은 자주 사용되는 삼각 항등식을 열거한 것이다.

[표 2.2] 자주 사용되는 삼각 항등식

| | |
|---|---|
| | $\sin^2 A+\cos^2 A=1$ $\quad \sec^2 A=1+\tan^2 A$ $\quad \csc^2 A=1+\cot^2 A$ |
| 주기성 | $\sin x=\sin(2k\pi+x)$ $\quad \cos x=\cos(2k\pi+x)$ $\quad \tan x=\tan(k\pi+x)$ |
| 대칭성 | $\sin(-x)=-\sin x$ $\quad \sin\left(\frac{\pi}{2}-x\right)=\cos x$ $\quad \sin(\pi-x)=\sin x$<br>$\cos(-x)=\cos x$ $\quad \cos\left(\frac{\pi}{2}-x\right)=\sin x$ $\quad \cos(\pi-x)=-\cos x$<br>$\tan(-x)=-\tan x$ $\quad \tan\left(\frac{\pi}{2}-x\right)=\cot x$ $\quad \tan(\pi-x)=-\tan x$ |
| 이동성 | $\sin\left(\frac{\pi}{2}+x\right)=\cos x$ $\quad \cos\left(\frac{\pi}{2}+x\right)=-\sin x$ $\quad \tan\left(\frac{\pi}{2}+x\right)=-\cot x$<br>$\sin(\pi+x)=-\sin x$ $\quad \cos(\pi+x)=-\cos x$ $\quad \tan(\pi+x)=\tan x$ |
| 배각 공식 | $\sin 2A=2\sin A\cos A$<br>$\cos 2A=\cos^2 x-\sin^2 x=1-2\sin^2 x=2\cos^2 x-1$<br>$\tan 2A=\frac{2\tan A}{1-\tan^2 A}$ |
| 반각 공식 | $\sin\frac{A}{2}=\pm\sqrt{\frac{1-\cos A}{2}}$ $\quad \cos\frac{A}{2}=\pm\sqrt{\frac{1+\cos A}{2}}$<br>$\tan\frac{A}{2}=\pm\sqrt{\frac{1-\cos A}{1+\cos A}}$ |
| 합, 차, 곱 | $\sin A+\sin B=2\sin\frac{1}{2}(A+B)\cos\frac{1}{2}(A-B)$<br>$\cos A+\cos B=2\cos\frac{1}{2}(A+B)\cos\frac{1}{2}(A-B)$<br>$\sin A-\sin B=2\cos\frac{1}{2}(A+B)\sin\frac{1}{2}(A-B)$<br>$\cos A-\cos B=-2\sin\frac{1}{2}(A+B)\sin\frac{1}{2}(A-B)$<br>$\sin A\sin B=-\frac{1}{2}\{\cos(A+B)-\cos(A-B)\}$<br>$\cos A\cos B=\frac{1}{2}\{\cos(A+B)+\cos(A-B)\}$<br>$\sin A\cos B=\frac{1}{2}\{\sin(A+B)+\sin(A-B)\}$ |

**예제 2.8**

$\sin x = \frac{3}{5}$일 때 $\sin 2x$, $\cos 2x$, $\tan 2x$의 값을 구하라.

**풀이.** $\sin x = \frac{3}{5}$은 1사분면 또는 2사분면에 존재하므로 $\cos x = \pm\frac{4}{5}$, $\tan x = \pm\frac{3}{4}$이다.

따라서 배각 공식을 사용하면

$$\sin 2x = 2\sin x\cos x = 2\left(\frac{3}{5}\right)\left(\pm\frac{4}{5}\right) = \pm\frac{24}{25}$$

$$\cos 2x = \cos^2 x - \sin^2 x = \left(\pm\frac{4}{5}\right)^2 - \left(\frac{3}{5}\right)^2 = \frac{7}{25}$$

$$\tan 2x = \frac{2\tan x}{1-\tan^2 x} = \frac{2\cdot\left(\pm\frac{3}{4}\right)}{1-\left(\pm\frac{3}{4}\right)^2} = \frac{\pm\frac{3}{2}}{\frac{7}{16}} = \pm\frac{24}{7}$$

**예제 2.9**

다음을 간략화하라.

(a) $\sin\left(x+\frac{\pi}{2}\right)$ (b) $\cos\left(x-\frac{\pi}{2}\right)$ (c) $\tan(x-\pi)$ (d) $\tan(x+3\pi)$

**풀이.** (a) $\sin\left(x+\frac{\pi}{2}\right) = \sin x\cos\frac{\pi}{2} + \cos x\sin\frac{\pi}{2} = \cos x$

(b) $\cos\left(x-\frac{\pi}{2}\right) = \cos x\cos\frac{\pi}{2} + \sin x\sin\frac{\pi}{2} = \sin x$

(c) $\tan(x-\pi) = \frac{\tan x - \tan\pi}{1+\tan x\tan\pi} = \tan x$

(d) $\tan(x+3\pi) = \frac{\tan x + \tan 3\pi}{1-\tan x\tan 3\pi} = \tan x$

**예제 2.10**

다음을 간략화하라.

(a) $\tan x\,\mathrm{cosec}\,x$ (b) $\frac{\sin 2x}{\cos x}$ (c) $(2\cos^2 x - 1)\tan 2x$ (d) $\sin 40^\circ - \sin 20^\circ$

**풀이.** (a) $\tan x \operatorname{cosec} x = \dfrac{\sin x}{\cos x}\dfrac{1}{\sin x} = \dfrac{1}{\cos x} = \sec x$

(b) $\dfrac{\sin 2x}{\cos x} = \dfrac{2\sin x \cos x}{\cos x} = 2\sin x$

(c) $(2\cos^2 x - 1)\tan 2x = \left(2\left(\dfrac{1+\cos 2x}{2}\right) - 1\right)\tan 2x = \cos 2x \dfrac{\sin 2x}{\cos 2x} = \sin 2x$

(d) $\sin 40^\circ - \sin 20^\circ = 2\cos\left(\dfrac{60^\circ}{2}\right)\sin\left(\dfrac{20^\circ}{2}\right) = 2\cos 30^\circ \sin 10^\circ = \sqrt{3}\sin 10^\circ$

## 2.6 삼각함수의 합성

삼각 항등식을 이용하여 $A\sin wt + B\cos wt$를 $R\sin(wt+\phi)$ 또는 $R\cos(wt+\phi)$의 단일 형태로 나타내는 것을 삼각함수의 합성이라 한다. 전기 회로에서 RLC직렬 회로의 전체 전압을 구하려면 크기와 위상이 서로 다른 각 소자의 양단 전압을 합성해야 한다. 이때 삼각함수의 합성법이 사용될 수 있다. 또한 진폭과 주파수, 그리고 위상이 서로 다른 무수히 많은 정현파들을 합성하면 새로운 주기 신호가 만들어진다. 이러한 성질은 주기 신호를 분석하기 위한 퓨리에 급수에서 매우 중요하게 이용되고 있다.

**예제 2.11**

다음의 삼각함수를 합성하라.

$$y = \sin 2t - 2\cos 2t$$

**풀이.** $y = \sin 2t - 2\cos 2t = A\sin(2t+\phi)$라 두면

$\sin 2t - 2\cos 2t = A(\sin 2t\cos\phi + \cos 2t \sin\phi)$가 되므로 양변을 비교하면 다음과 같다.

$$1 = A\cos\phi \tag{1}$$

$$-2 = A\sin\phi \tag{2}$$

따라서 식 $(1)^2+(2)^2$로부터 $A$를 구할 수 있다.

$$1^2+(-2)^2=(A^2\cos^2\phi+A^2\sin^2\phi)=A^2$$

$$\therefore\ A=\sqrt{5}$$

또한 $\frac{(2)}{(1)}=\left(\frac{2}{-1}\right)=\tan\phi$로부터 $\phi=\tan^{-1}(-2)=-63.43^\circ$ 이 된다.

따라서 합성된 단일 파형은 $\sqrt{5}\sin(2t-63.43^\circ)$이다.

**예제 2.12**

$4\cos t-\sin t$을 단일 형태 $A\cos(t-\phi)$로 표현하라.

**풀이.** $4\cos t-\sin t=A\cos(t+\phi)$라 두면

$4\cos t-\sin t=A(\cos t\cos\phi-\sin t\sin\phi)$가 되므로 양변을 비교하면 다음과 같다.

$$4=A\cos\phi \tag{1}$$

$$1=A\sin\phi \tag{2}$$

따라서 식 (1)과 (2)로부터 $A$를 구할 수 있다.

$$4^2+1^2=(A^2\cos^2\phi+A^2\sin^2\phi)=A^2$$

$$\therefore\ A=\sqrt{17}$$

또한 $\frac{(2)}{(1)}=\frac{1}{4}=\tan\phi$로부터 $\phi=\tan^{-1}\left(\frac{1}{4}\right)=14.04^\circ$ 이 된다.

따라서 합성된 단일 파형은 $\sqrt{17}\cos(t+14.04^\circ)$이다.

**예제 2.13**

**삼각함수 합성의 응용**

다음과 같은 RL 직렬 회로에서 전체 전압을 구하라.

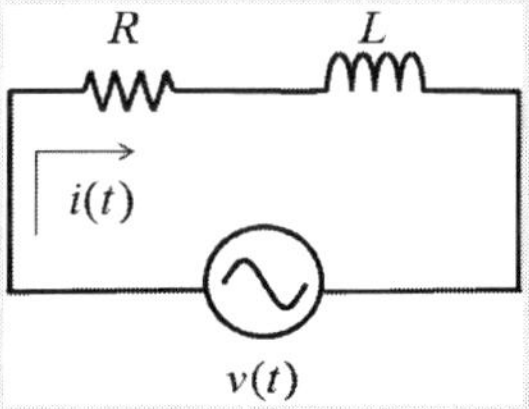

**풀이.** RL 직렬회로에 흐르는 교류 전류를 $i(t)=I_m \sin wt$라 가정하면

R의 양단 전압 $v_R(t)=Ri(t)=RI_m \sin wt$

L의 양단 전압 $v_L(t)=L\dfrac{di(t)}{dt}=wLI_m \cos wt=wLI_m \sin\left(wt+\dfrac{\pi}{2}\right)$이다.

따라서 전체 전압은

$$v(t)=v_R(t)+v_L(t)=RI_m \sin wt+wLI_m \sin\left(wt+\frac{\pi}{2}\right)$$

이다. 이제 이 전체 전압을 단일 파형으로 나타내어 보자.

$v(t)=RI_m \sin wt+wLI_m \sin\left(wt+\dfrac{\pi}{2}\right)=A\sin(wt+\phi)$라 두고 이를 전개하면

$$RI_m \sin wt+wLI_m\left(\sin wt\cos\frac{\pi}{2}+\cos wt\sin\frac{\pi}{2}\right)=A(\sin wt\cos\phi+\cos wt\sin\phi)$$

가 되고, 이를 정리하면

$$RI_m \sin wt+wLI_m \cos wt = A(\sin wt\cos\phi+\cos wt\sin\phi)$$ 이므로

$$RI_m=A\cos\phi \qquad (1)$$

$$wLI_m=A\sin\phi \qquad (2)$$

이다. 따라서 (1), (2)로부터

$$(RI_m)^2+(wLI_m)^2=(A^2\cos^2\phi+A^2\sin^2\phi)=A^2$$

$$\therefore\ A=\sqrt{R^2+(wL)^2}\,I_m$$

또한 $\dfrac{(2)}{(1)}=\dfrac{wLI_m}{RI_m}=\tan\phi$로부터 $\phi=\tan^{-1}\left(\dfrac{wL}{R}\right)$이 된다.

따라서 전체 전압은 $\sqrt{R^2+(wL)^2}\,I_m\sin(wt+\phi)$이며, $\phi=\tan^{-1}\left(\dfrac{wL}{R}\right)$이다.

## 2.7 삼각 방정식

미지의 각을 가지는 삼각함수가 들어있는 방정식을 삼각 방정식이라 한다. 이때 미지의 각 $x$에 $0\le x\le\pi$, $0\le x\le 2\pi$ 등과 같이 제한이 있는 경우의 해를 특

수해라 하고, $x$에 제한이 없는 경우의 해를 일반해라 한다. 여기서는 덧셈정리 및 이 정리로부터 유도되는 공식들을 활용하여 삼각 방정식의 해를 구해본다.

**예제 2.14**

$\cos 2x - 5\cos x + 3 = 0$의 해를 구하라.

**풀이.** 배각 공식으로부터 $\cos 2x = 2\cos^2 x - 1$이므로

$\cos 2x - 5\cos x + 3 = (2\cos^2 x - 1) - 5\cos x + 3 = 2\cos^2 x - 5\cos x + 2 = 0$이므로

이를 인수분해하면

$$(\cos x - 2)(2\cos x - 1) = 0$$

이 되고, 따라서 $\cos x = 2$ 또는 $\cos x = \frac{1}{2}$이 된다.

단 $\cos x \neq 2$이므로 $\cos x = \frac{1}{2}$이고, 따라서 해는 $x = 2n\pi \pm \frac{\pi}{3}$ ($n$은 정수)가 된다.

**예제 2.15**

$(1 - \tan x)(1 + \sin 2x) = 1 + \tan x$의 해를 구하라.

**풀이.** $\sin 2x = 2\sin x \cos x = \dfrac{2\sin x \cos x}{\sin^2 x + \cos^2 x}$이므로 분모, 분자식을 $\cos^2 x$로 나누면

$\sin 2x = \dfrac{2\tan x}{1 + \tan^2 x}$가 된다.

따라서 $(1 - \tan x)(1 + \sin 2x) = 1 + \tan x$에서

$$(1 - \tan x)\left(1 + \frac{2\tan x}{1 + \tan^2 x}\right) = 1 + \tan x$$

$$(1 - \tan x)\left(\frac{1 + \tan^2 x + 2\tan x}{1 + \tan^2 x}\right) = 1 + \tan x$$

$$(1 - \tan x)(1 + \tan^2 x + 2\tan x) = (1 + \tan x)(1 + \tan^2 x)$$

이 되고, 이 식을 정리하면

$$(1 + \tan x)(1 - \tan^2 x - 1 - \tan^2 x) = 0$$

이므로

$$2(1+\tan x)\tan^2 x = 0,\ \text{즉}\ \tan x = -1\ \text{또는}\ \tan x = 0$$

이 된다.

따라서 $\tan x = -1$ 로부터 $x = n\pi - \frac{\pi}{4}$

$\tan x = 0$ 로부터 $x = n\pi$

가 된다. 단 $n$은 정수이다.

# Exercises

1. 주어진 각도에서 도는 라디안으로, 라디안은 도로 변화하라.

   (a) $45°$ (b) $135°$ (c) $\frac{2\pi}{3}$ (d) $\frac{7\pi}{4}$

2. 다음의 삼각함수의 값을 구하라.

   (a) $\sin 150°$ (b) $\cos 405°$ (c) $\tan 120°$ (d) $\sin 240°$

3. 원점과 $P(-3,4)$를 잇는 선분에 대한 회전각을 $\theta$라 할 때, 다음의 삼각함수의 값을 구하라.

   (a) $\sin\theta$ (b) $\cos\theta$ (c) $\tan\theta$ (d) $\mathrm{cosec}\,\theta$ (e) $\sec\theta$ (f) $\cot\theta$

4. 다음 등식을 증명하라.

   (a) $\cos(x+y)\cos(x-y) = \cos^2 x - \sin^2 y$

   (b) $\sin(30° + \alpha) + \cos(60° + \alpha) = \cos\alpha$

   (c) $\cos\alpha\sin(\beta-\gamma) + \cos\beta\sin(\gamma-\alpha) + \cos\gamma\sin(\alpha-\beta) = 0$

   (d) $\dfrac{\sin t}{\cos\left(\dfrac{t}{2}\right)} = 2\sin\left(\dfrac{t}{2}\right)$

5. 다음의 식을 간략화하라.

   (a) $\tan A\,\mathrm{cosec}\,A$ (b) $\tan\phi\tan\left(\frac{\pi}{2}+\phi\right)$ (c) $\sin^2 A + 2\cos^2 A$

   (d) $\cos 2A + 2\sin^2 A$ (e) $\sin 110° - \sin 70°$ (f) $\cos 20° - \cos 80°$

   (g) $\sin 40° + \sin 20°$ (h) $\dfrac{\sin 70° - \sin 30°}{\cos 50°}$

6. $0 \leq \alpha, \beta < \frac{\pi}{2}$일 때 $\sin\alpha = \frac{13}{14}$, $\sin\beta = \frac{11}{14}$일 때

(a) $\sin(\alpha+\beta)$, $\cos(\alpha+\beta)$, $\tan(\alpha+\beta)$를 구하라

(b) $\alpha+\beta$를 구하라.

7. 다음의 삼각함수를 $A\cos(t-\phi)$ 형태로 합성하라.

(a) $2\sin t - 3\cos t$ (b) $4\cos t - 2\sin t$ (c) $-2\sin t - \cos t$ (d) $3\sin t + \cos t$

8. 다음의 삼각 방정식을 푸시오

(a) $4\sin x \cos^2 x = \sin x + \cos x$ (단 $0 \leq x \leq \pi$)

(b) $\sin(\frac{t}{2}) = 0.425$ (단 $0 \leq t \leq 2\pi$)

(c) $\tan\left(\frac{2t+1}{3}\right) = 1$ (단 $0 \leq t \leq 2\pi$)

# Solution

1. (a) $\frac{\pi}{4}$ (b) $\frac{3\pi}{4}$ (c) $120°$ (d) $315°$

2. (a) 0.5 (b) $\frac{1}{\sqrt{2}}$ (c) $-\sqrt{3}$ (d) $-\frac{\sqrt{3}}{2}$

3. (a) $\frac{4}{5}$ (b) $-\frac{3}{5}$ (c) $-\frac{4}{3}$ (d) $\frac{5}{4}$ (e) $-\frac{5}{3}$ (f) $-\frac{3}{4}$

4. 다음 등식을 증명하라.

(a)
$$\begin{aligned}\cos(x+y)\cos(x-y) &= \frac{1}{2}\{\cos 2x+\cos 2y\}\\ &= \frac{1}{2}\{(2\cos^2 x-1)+(1-2\sin^2 y)\}\\ &= 2\cos^2 x-\sin^2 y\end{aligned}$$

(b)
$$\begin{aligned}&\sin(30^\circ+\alpha)+\cos(60^\circ+\alpha)\\ &=(\sin 30^\circ\cos\alpha+\cos 30^\circ\sin\alpha)+(\cos 60^\circ\cos\alpha-\sin 60^\circ\sin\alpha)\\ &=\frac{1}{2}\cos\alpha+\frac{\sqrt{3}}{2}\sin\alpha+\frac{1}{2}\cos\alpha-\frac{\sqrt{3}}{2}\sin\alpha\\ &=\cos\alpha\end{aligned}$$

(c)
$$\begin{aligned}&\cos\alpha\sin(\beta-\gamma)+\cos\beta\sin(\gamma-\alpha)+\cos\gamma\sin(\alpha-\beta)\\ &=\cos\alpha(\sin\beta\cos\gamma-\cos\beta\sin\gamma)+\cos\beta(\sin\gamma\cos\alpha-\cos\gamma\sin\alpha)\\ &\quad+\cos\gamma(\sin\alpha\cos\beta-\cos\alpha\sin\beta)\\ &=0\end{aligned}$$

(d) $\sin 2t = 2\sin t\cos t$ 이므로 $\sin t = 2\sin\frac{t}{2}\cos\frac{t}{2}$ 가 된다.

따라서 $\dfrac{\sin t}{\cos\left(\frac{t}{2}\right)}=\dfrac{2\sin\frac{t}{2}\cos\frac{t}{2}}{\cos\frac{t}{2}}=2\sin\frac{t}{2}$

5. 다음의 식을 간략화하라.

(a) $\sec A$ (b) $-1$ (c) $2-\sin^2 A$ (d) 1

(e) 0 (f) $\sin 50°$ (g) $\cos 10°$ (h) $2\sin 20°$

6. (a) $\sin(\alpha+\beta)=0.87$, $\cos(\alpha+\beta)=-0.5$, $\tan(\alpha+\beta)=-\sqrt{3}$

(b) $120^\circ$

7. (a) $\sqrt{13}\cos(t-146.3^\circ)$ (b) $2\sqrt{5}\cos(t-333.4^\circ)$

(c) $\sqrt{5}\cos(t-243.5^\circ)$ (d) $\sqrt{10}\cos(t-71.6^\circ)$

8. (a) $x=45^\circ$, $22.49^\circ$, $112.5^\circ$

(b) $t_1=45^\circ$, $309.7^\circ$

(c) $t=\dfrac{3\pi-4}{8}$, $\dfrac{15\pi-4}{8}$

# 벡터

chapter 03



## 3.1 개요

벡터는 물리적인 수학 개념으로서 힘, 속도, 가속도 등과 같이 크기와 방향을 가지는 양을 의미한다. 벡터는 3D 그래픽스 뿐만 아니라 광원의 밝기 계산, 조명의 반사 효과와 조명의 강도를 계산하고, 토크와 각운동량을 구하는 등 공학에서 다양하게 사용된다.

## 3.2 벡터의 정의

### 3.2.1 스칼라와 벡터

질량, 시간, 면적 등과 같이 크기만을 갖는 양을 스칼라(scalar)라고 하며, 힘이나 속도, 가속도 등과 같이 크기와 방향을 동시에 갖는 양을 벡터(vector)라 한다.

일반적으로 벡터는 [그림 3.1]과 같이 화살표로 표현하며, 이때 벡터가 시작되는 점을 시점, 끝나는 점을 종점이라 한다.

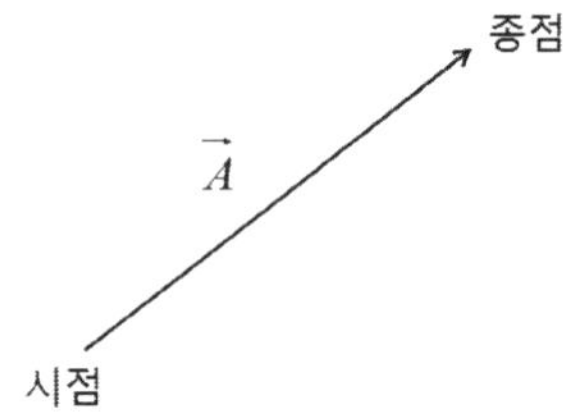


[그림 3.1] 벡터의 표시

벡터는 주로 **A**와 같이 볼드체로 나타내거나 $\vec{A}$와 같이 문자 위에 화살표를 사용하여 표기한다. 또한 벡터의 크기는 $|\vec{A}|$와 같이 절대값 기호를 사용하거나 $A$와 같이 이탤릭체로 표기한다. 본 교재에서는 벡터를 표현하기 위해 화살표를 사용하기로 하며, 벡터의 크기는 이탤릭체로 표현하기로 한다.

### 3.2.2 영벡터와 단위 벡터

[그림 3.2(a)]와 같이 시점과 종점이 같은 벡터, 즉 크기가 0인 벡터를 영벡터(zero vector)라 하며 한 점으로 나타낸다. 따라서 영벡터는 벡터의 시점과 종점이 일치하며, 벡터 공간에서 덧셈의 항등원과 같다. 즉, 어떤 벡터에 더하여도 그 벡터가 변하지 않고 그대로 있도록 하는 벡터가 영벡터인 것이다.

$$\vec{A}+\vec{0}=\vec{A}$$

또한 [그림 3.2(b)]에서 보인 것과 같이 주어진 벡터와 방향이 같고 크기가 1인 벡터를 단위 벡터(unit vector)라 한다.
특히 단위 벡터는 벡터의 방향을 나타내기 위해 주로 사용되며, $x$축, $y$축, $z$축 방향으로의 단위 벡터를 각각 $\vec{i}$, $\vec{j}$, $\vec{k}$라 표시한다.

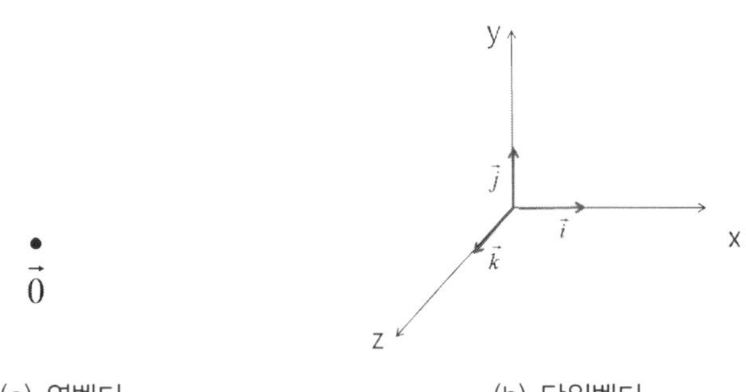


(a) 영벡터 (b) 단위벡터

[그림 3.2] 영벡터와 단위벡터

모든 벡터는 단위 벡터를 사용하여 표현할 수 있다. 예를 들어 $x$축 방향의 크기가 3, $y$축 방향의 크기가 2. $z$축 방향으로의 크기가 1인 벡터 $\vec{A}$가 있다면

$$\vec{A} = 3\vec{i} + 2\vec{j} + \vec{k}$$

로 나타낼 수 있다.

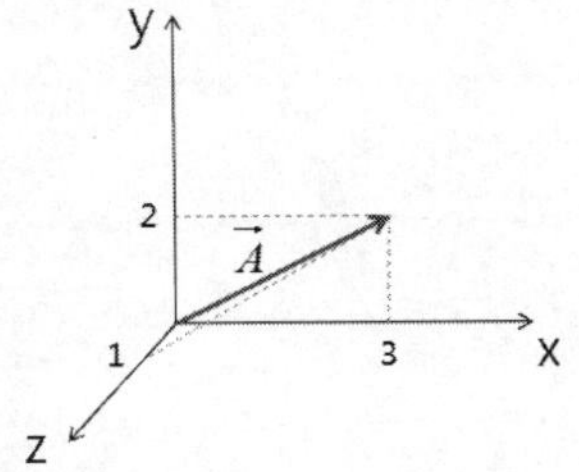


[그림 3.3] 벡터 $\vec{A} = 3\vec{i} + 2\vec{j} + \vec{k}$

## 3.3 벡터의 연산

### 3.3.1 역벡터

역벡터 또는 음벡터는 [그림 3.4]와 같이 주어진 벡터와 크기는 같고 방향이 반대인 벡터를 말한다.

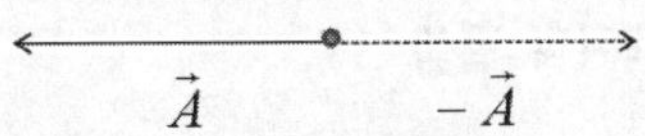


[그림 3.4] 역벡터

$\vec{A}$의 역벡터는 $-\vec{A}$로 표기한다.

### 3.3.2 벡터의 덧셈과 뺄셈

#### 3.3.2.1 벡터의 덧셈

[그림 3.5(a)]와 같이 벡터 $\vec{A}$와 $\vec{B}$가 주어졌을 때 두 벡터의 덧셈 $\vec{A} + \vec{B}$을 구

한다고 하자. 이때 벡터의 덧셈은 평행 사변형법 또는 삼각형법을 이용하여 구할 수 있다.

평행 사변형법은 [그림 3.5(b)]와 같이 두 벡터의 시점이 동일할 때 사용하는 방법으로서 두 벡터에 대해 평행사변형을 만들 때 대각선이 벡터의 합이 된다.
또한 삼각형법은 [그림 3.5(c)]와 같이 앞 벡터의 종점과 뒤 벡터의 시점이 일치할 때 사용하며, 벡터 $\overrightarrow{A}$의 시점과 벡터 $\overrightarrow{B}$의 종점을 잇는 벡터가 합벡터가 된다.

(a) 벡터 $\overrightarrow{A}$, $\overrightarrow{B}$

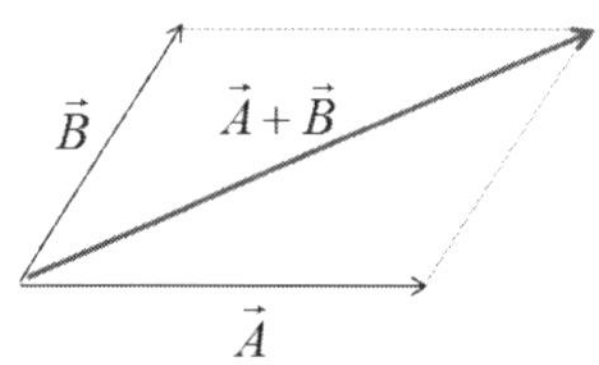


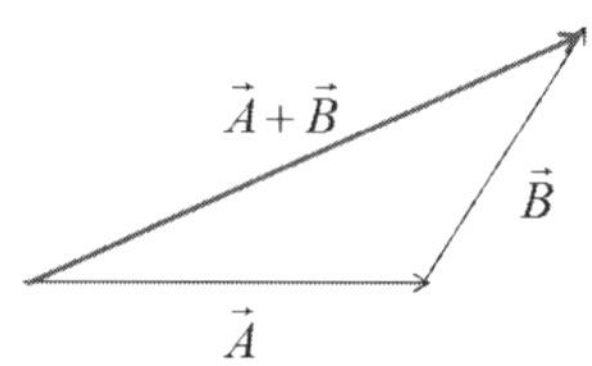


(b) 평행사변형법 (c) 삼각형법

**[그림 3.5]** 벡터의 덧셈

그림에서 보는 바와 같이 평행 사변형법과 삼각형법을 이용한 벡터의 덧셈 결과는 항상 동일하다.

### 3.3.2.2 벡터의 뺄셈

두 벡터의 뺄셈 $\overrightarrow{A}-\overrightarrow{B}$은 $\overrightarrow{A}+(-\overrightarrow{B})$와 동일한 의미이므로 [그림 3.6]과 같이 벡터 $\overrightarrow{B}$의 역벡터 $-\overrightarrow{B}$를 구한 후 평행 사변형법이나 삼각형법을 이용하여 벡터 $\overrightarrow{A}$와의 덧셈을 수행하면 된다.

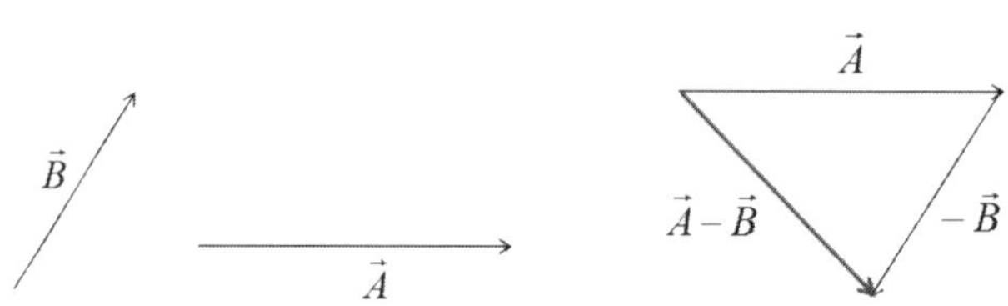


**[그림 3.6]** 벡터의 뺄셈

이제 단위 벡터를 사용하여 벡터의 덧셈과 뺄셈을 해보자. 벡터 $\vec{A}$와 $\vec{B}$가 다음과 같이 단위 벡터로 표현된다고 가정하면

$$\vec{A}= A_x\vec{i}+ A_y\vec{j}+ A_z\vec{k},\ \vec{B}= B_x\vec{i}+ B_y\vec{j}+ B_z\vec{k}$$

두 벡터 $\vec{A}$와 $\vec{B}$의 덧셈과 뺄셈은 다음과 같다.

$$\vec{A}\pm \vec{B}= (A_x \pm B_x)\vec{i}+ (A_y \pm B_y)\vec{j}+ (A_z \pm B_z)\vec{k}$$

즉 벡터의 덧셈과 뺄셈은 각 단위벡터 성분별로 더하거나 빼는 것을 의미한다. 벡터의 덧셈은 교환 법칙 및 결합법칙이 성립한다. 즉 임의의 세 벡터 $\vec{A}$, $\vec{B}$, $\vec{C}$에 대해

교환법칙 : $\vec{A}+\vec{B}=\vec{B}+\vec{A}$

결합법칙 : $(\vec{A}+\vec{B})+\vec{C}=\vec{A}+(\vec{B}+\vec{C})$

을 만족한다.

### 3.3.3 벡터와 스칼라 곱

스칼라 $k$ 와 벡터 $\vec{A}$ 의 곱 $k\vec{A}$ 는 $k$ 가 양이면 방향은 벡터 $\vec{A}$ 와 같고, 크기는 $k|\vec{A}|$가 된다. 또한 $k$ 가 음이면 방향은 $\vec{A}$와 반대이고, 크기는 $k|\vec{A}|$이다. 반면 $k$가 0이면 영벡터이다. [그림 3.7]은 벡터 $\vec{A}$에 대한 스칼라 곱 $2\vec{A}$를 보인 것이다.

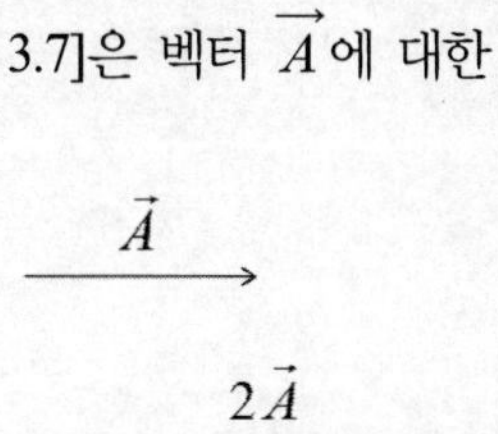


**[그림 3.7]** 벡터와 스칼라 곱

벡터 $\vec{A}$, $\vec{B}$와 스칼라 $k, l$에 대해 벡터와 스칼라곱은 분배법칙 및 결합법칙이 성립한다.

분배법칙 : $k(\overrightarrow{A}+\overrightarrow{B})=k\overrightarrow{A}+k\overrightarrow{B}$

결합법칙 : $k(l\overrightarrow{A})=(kl)\overrightarrow{A}$

### 3.3.4 벡터의 상등

[그림 3.8]과 같이 두 벡터 $\overrightarrow{A}$, $\overrightarrow{B}$의 크기와 방향이 모두 같다면 두 벡터는 같다고 한다. 이는 한 벡터를 평행 이동한 것은 시점만 다를 뿐 방향과 크기가 모두 같기 때문이다.

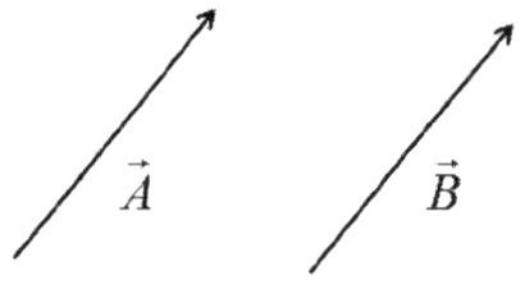


[그림 3.8] 벡터의 상등

**예제 3.1**

벡터 $\overrightarrow{A}$와 $\overrightarrow{B}$가 평면 상에 주어져 있다고 할 때, 벡터 연산의 결과를 도시하라.

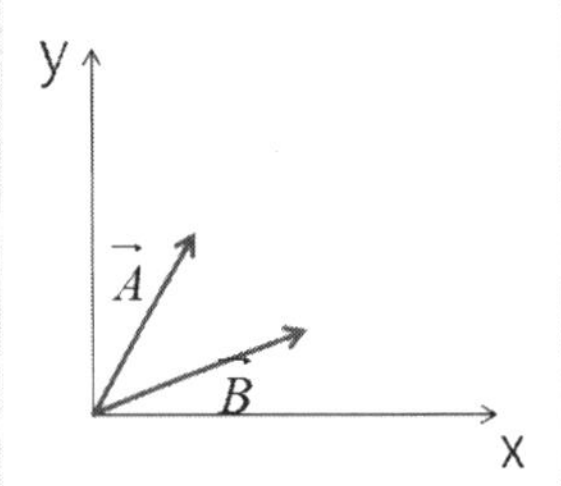


(a) $-2\overrightarrow{B}$ (b) $\overrightarrow{A}+\frac{1}{2}\overrightarrow{B}$ (c) $\overrightarrow{A}-2\overrightarrow{B}$

**풀이.**

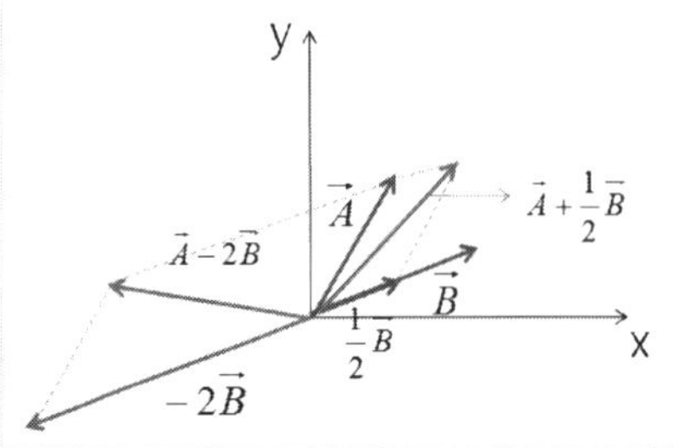

**예제 3.2**

다음의 벡터를 간략화하라.

(a) $(\vec{A}-2\vec{B})-\frac{1}{2}(\vec{A}+\vec{B})$ (b) $0.5(2\vec{A}+\vec{B})-2(\vec{A}-3\vec{B})$

(c) $-(0.3\vec{A}-2\vec{B})$

**풀이.** (a) $(\vec{A}-2\vec{B})-\frac{1}{2}(\vec{A}+\vec{B})=\frac{1}{2}\vec{A}-\frac{5}{2}\vec{B}$

(b) $0.5(2\vec{A}+\vec{B})-2(\vec{A}-3\vec{B})=-\vec{A}+6.5\vec{B}$

(c) $-(0.3\vec{A}-2\vec{B})=-0.3\vec{A}+2\vec{B}$

## 3.4 벡터의 분해

벡터를 해석적으로 나타내기 위해 주어진 벡터를 2차원 또는 3차원 좌표 공간에 표시할 수 있다. 이때 2차원 평면 상의 벡터는 2개의 벡터로 분해할 수 있으며, 분해된 두 벡터를 벡터의 성분(component)이라 한다.

[그림 3.10]은 시점이 원점 O이고 종점이 P인 벡터 $\vec{A}$를 분해하는 과정을 보인 것이다. 이때 벡터 $\vec{A}$는 양의 $x$축과 각 $\theta$를 이룬다고 가정한다.

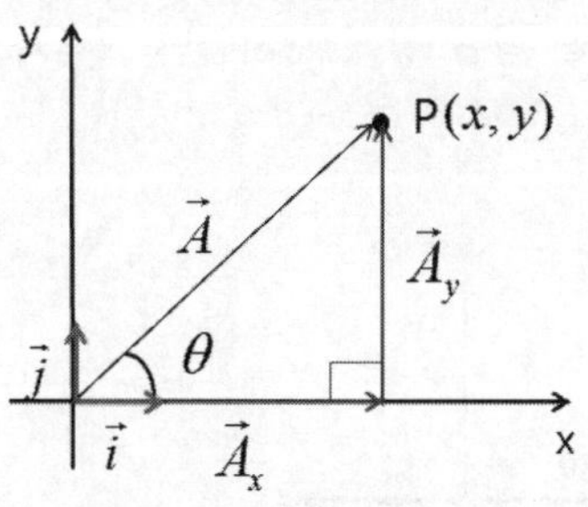


**[그림 3.10]** 벡터의 분해

두 개의 성분 벡터 $\vec{A}_x$와 $\vec{A}_y$는 벡터 $\vec{A}$의 종점에서 $x$축 및 $y$축에 각각 수선

을 내려 구할 수 있으며, 삼각 함수의 정의로부터 두 성분 벡터의 크기 $A_x$와 $A_y$는 다음과 같다.

$$A_x = A\cos\theta$$
$$A_y = A\sin\theta$$

따라서 벡터 $\vec{A}$를 단위 벡터를 이용하여 표현하면 다음과 같다.

$$\vec{A} = A_x\vec{i} + A_y\vec{j} = A\cos\theta\vec{i} + A\sin\theta\vec{j}$$

또한 벡터 $\vec{A}$의 크기와 각도 $\theta$는 두 성분 벡터의 크기 $A_x$ 와 $A_y$ 는 다음의 관계가 있다.

$$A = \sqrt{A_x^2 + A_y^2}$$
$$\theta = \tan^{-1}\left(\frac{A_y}{A_x}\right)$$

**예제 3.3**

크기가 10이며, $x$축과 60°의 각도를 이루는 벡터 $\vec{A}$가 있다. 벡터 $\vec{A}$의 성분 벡터를 구하고 단위 벡터를 이용하여 표현하라.

**풀이.** 벡터 $\vec{A}$를 $xy$ 평면 상에 도시하면 그림과 같고, $A = 10$, $\theta = 60^\circ$ 이다.

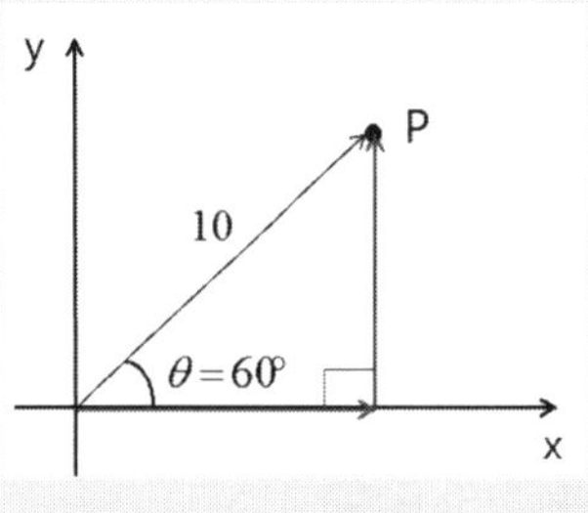


따라서 성분 벡터 $A_x = A\cos\theta = 10\cos 60^\circ = 5$

$A_y = A\sin\theta = 10\sin 60^\circ = 8.66$

이므로 벡터 $\vec{A}$를 단위 벡터로 표현하면 다음과 같다.

$$\vec{A} = 5\vec{i} + 8.66\vec{j}$$

**예제 3.4**

벡터 $\vec{A}$의 성분 벡터의 크기 $A_x$와 $A_y$가 각각 3, -4일 때 벡터 $\vec{A}$를 도시하고 그 크기와 각도를 구하라.

**풀이.** 주어진 성분 벡터를 $xy$ 평면 상에 도시하면 그림과 같다.

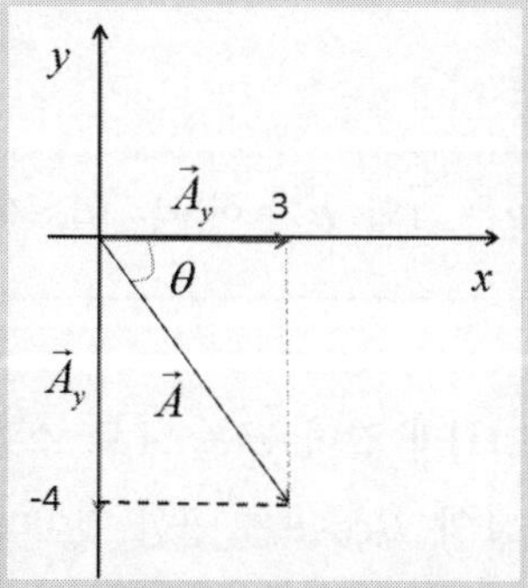


따라서 벡터 $\vec{A}$의 크기는 $A = \sqrt{A_x^2 + A_y^2} = 5$이며, $\vec{A}$는 4사분면에 위치하므로 $\theta = 360^\circ - \tan^{-1}(\frac{4}{3}) = 306.87^\circ$ 또는 $-53.13^\circ$ 이다.

**정리 3.1 벡터의 크기**

3차원 공간 벡터 $\vec{A} = A_x\vec{i} + A_y\vec{i} + A_z\vec{i}$가 주어질 때

$$A = |\vec{A}| = \sqrt{A_x^2 + A_y^2 + A_z^2}$$

를 벡터 $\vec{A}$의 크기라 한다.

# 3.5 벡터의 내적과 외적

## 3.5.1 벡터의 내적

벡터의 내적(inner product) 또는 스칼라곱(scalar product)은 평면 또는 공간 상에서 영벡터가 아닌 두 벡터 $\vec{A}= A_x\vec{i}+ A_y\vec{j}+ A_z\vec{k}$와 $\vec{B}= B_x\vec{i}+ B_y\vec{j}+ B_z\vec{k}$에 대해 $\vec{A}\cdot\vec{B}$ 라 쓰고, 다음과 같이 정의된다.

$$\begin{aligned}\vec{A}\cdot\vec{B} &= AB\cos\theta \\ &= A_xB_x + A_yB_y + A_zB_z\end{aligned}$$

여기서 $A$, $B$는 $\vec{A}$와 $\vec{B}$의 크기이며, $\theta$는 $\vec{A}$와 $\vec{B}$가 이루는 최소각이다.

내적의 정의로부터 $B\cos\theta$는 [그림 3.11]과 같이 $\vec{B}$를 $\vec{A}$로 스칼라 투영한 것이므로 내적 $\vec{A}\cdot\vec{B}$은 벡터 $\vec{A}$의 크기 $A$와 $B\cos\theta$를 곱한 것이다.

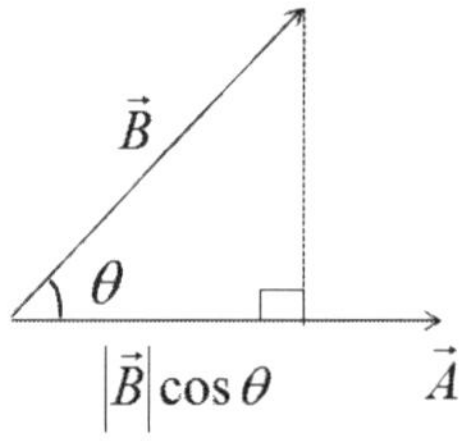


[그림 3.11] 벡터의 내적

따라서 벡터 $\vec{A}$와 $\vec{B}$의 관계를 다음과 같이 결정할 수 있다.

$\vec{A}\cdot\vec{B}=0$ 이면 $\vec{A}$와 $\vec{B}$는 수직이다

$\vec{A}\cdot\vec{B}<0$ 이면 $\theta>90°$이다

$\vec{A}\cdot\vec{B}>0$ 이면 $\theta<90°$이다

마찬가지로 단위 벡터 $\vec{i}$, $\vec{j}$, $\vec{k}$에 대해 다음의 식이 성립된다.

$$\vec{i}\cdot\vec{i}=\cos 0^\circ=1 \quad \vec{j}\cdot\vec{j}=\cos 0^\circ=1 \quad \vec{k}\cdot\vec{k}=\cos 0^\circ=1$$

$$\vec{i}\cdot\vec{j}=\cos 90^\circ=0 \quad \vec{i}\cdot\vec{k}=\cos 90^\circ=0 \quad \vec{j}\cdot\vec{k}=\cos 90^\circ=0$$

벡터의 내적은 주로 두 벡터의 각도와 관련된 연산에서 많이 쓰인다. 내적은 한 벡터에 대한 다른 벡터의 투영을 계산할 수 있기 때문에 적반사, 그림자 등 3D 그래픽스 프로그래밍에 많이 사용된다.

**예제 3.5**

벡터 $\vec{A}$와 $\vec{B}$의 크기가 각각 1과 2이며, 두 벡터가 이루는 각도가 $60^\circ$일 때 두 벡터의 내적을 구하라.

**풀이.** 내적은 $\vec{A}\bullet\vec{B}=1(2)\cos 60^\circ=1$ 이다.

**예제 3.6**

$\vec{A}=\vec{i}+2\vec{j}-\vec{k}$와 $\vec{B}=-\vec{i}+3\vec{j}+2\vec{k}$일 때 두 벡터의 내적을 계산하라.

**풀이.** $\vec{A}=(1,2,-1)$, $\vec{B}=(-1,3,2)$이므로
$\vec{A}\bullet\vec{B}=(1)(-1)+(2)(3)+(-1)(2)=3$이다.

**예제 3.7**

$\vec{A}=2\vec{i}-\vec{j}+3\vec{k}$와 $\vec{B}=\vec{i}-2\vec{j}-\vec{k}$일 때 두 벡터가 이루는 내각을 구하라.

**풀이.** 정의식 $\vec{A}\bullet\vec{B}=AB\cos\theta=A_xB_x+A_yB_y+A_zB_z$로부터

$\cos\theta = \dfrac{A_xB_x + A_yB_y + A_zB_z}{AB}$ 이다.

주어진 문제에서 $A = \sqrt{(2)^2+(-1)^2+(3)^2} = \sqrt{14}$

$B = \sqrt{(1)^2+(-2)^2+(-1)^2} = \sqrt{6}$

$A_xB_x + A_yB_y + A_zB_z = (2)(1)+(-1)(-2)+(3)(-1) = 1$

$AB = \sqrt{14}\sqrt{6} = 2\sqrt{21}$ 이므로

$\cos\theta = \dfrac{1}{2\sqrt{21}} = 0.11$

따라서 내각은 $\theta = \cos^{-1}(0.11) = 83.68^\circ$ 이다.

### 3.5.2 벡터의 외적

벡터의 외적(cross product) 또는 벡터곱(vector product)은 두 벡터 $\vec{A} = (A_x, A_y, A_z)$, $\vec{B} = (B_x, B_y, B_z)$에 대해 $\vec{A}\times\vec{B}$라 쓰고, 다음과 같이 정의된다.

$$\begin{aligned}\vec{A}\times\vec{B} &= AB\sin\theta \\ &= \begin{vmatrix} \vec{i} & \vec{j} & \vec{k} \\ A_x & A_y & A_z \\ B_x & B_y & B_z \end{vmatrix} \\ &= (A_yB_z - A_zB_y)\vec{i} + (A_zB_x - A_xB_z)\vec{j} + (A_xB_y - A_yB_x)\vec{k}\end{aligned}$$

여기서 $\theta$는 벡터 $\vec{A}$와 $\vec{B}$가 이루는 각이다

따라서 단위 벡터 $\vec{i}$, $\vec{j}$, $\vec{k}$에 대해 다음의 식이 성립된다.

$$\vec{i}\times\vec{i} = \vec{j}\times\vec{j} = \vec{k}\times\vec{k} = 0$$

$$\vec{i}\times\vec{j} = \vec{k} \qquad \vec{j}\times\vec{k} = \vec{i} \qquad \vec{k}\times\vec{i} = \vec{j}$$

외적의 크기는 정의로부터

$$|\vec{A}\times\vec{B}| = AB\sin\theta$$

즉 [그림 3.12]와 같이 $\vec{A}$와 $\vec{B}$가 이루는 평행사변형의 넓이임을 알 수 있다. 그리고 $\vec{A}$와 $\vec{B}$가 평행하다면 $\theta = 0$이므로 외적은 0이 된다.

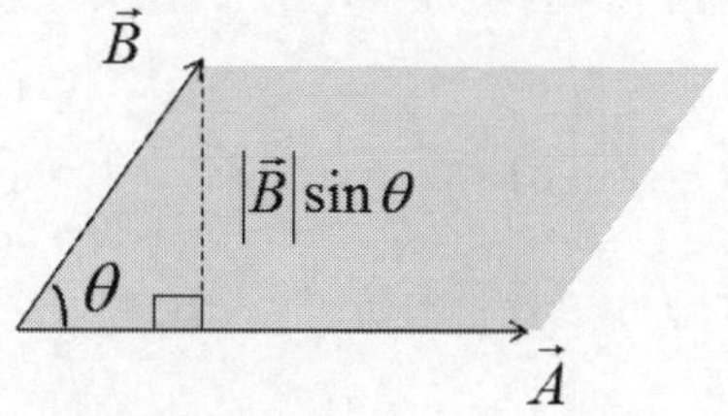


**[그림 3.12]** 벡터의 외적의 크기

외적 $\vec{A}\times\vec{B}$의 방향은 오른 나사 법칙을 따른다. 즉 $\vec{A}\times\vec{B}$의 방향은 [그림 3.13(a)]와 같이 $\vec{A}$와 $\vec{B}$에 수직이며, $\vec{A}$에서 $\vec{B}$로 오른손으로 감았을 때 엄지손가락이 가리키는 방향이다. 반대로 $\vec{B}\times\vec{A}$는 [그림 3.13(b)]에서 보는 바와 같이 $\vec{B}$에서 $\vec{A}$로 오른손으로 감았을 때 엄지손가락의 방향이 된다. 따라서 $\vec{A}\times\vec{B}$와 $\vec{B}\times\vec{A}$의 방향은 반대이며, 이는 벡터의 외적은 교환법칙이 성립하지 않음을 의미한다.

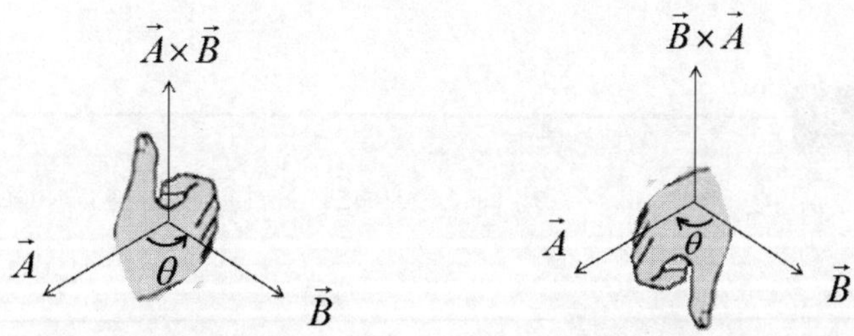


(a) $\vec{A}\times\vec{B}$의 방향 (b) $\vec{B}\times\vec{A}$의 방향

**[그림 3.13]** 벡터의 외적의 방향

또한 벡터의 내적은 스칼라이나 벡터의 외적은 벡터이다. 즉 외적에 의해 두 개의 벡터가 이루는 한 평면에 대한 수직 벡터가 만들어지게 된다. 따라서 외적은 3차원 벡터에 대해서만 정의된다. 외적은 두 벡터가 이루는 각이나 빛의 방향을 구할 때, 그리고 각운동량과 자기장에서 움직이는 전하가 받는 힘 등을 계산할 때 사용된다.

**예제 3.8**

$\vec{A}=\vec{i}+3\vec{j}-2\vec{k}$, $\vec{B}=-3\vec{i}+\vec{k}$일 때 다음을 구하라.

(a) $|\vec{A}-\vec{B}|$ (b) $\vec{A}\cdot\vec{B}$ (c) $\vec{A}\times\vec{B}$ (d) $\vec{B}\times\vec{A}$

**풀이.** (a) $|\vec{A}-\vec{B}|=|4\vec{i}+3\vec{j}-3\vec{k}|=\sqrt{4^2+3^2+3^2}=\sqrt{34}=5.83$

(b) $\vec{A}\cdot\vec{B}=(1)(-3)+(3)(0)+(-2)(1)=-5$

(c) $$\vec{A}\times\vec{B}=\begin{vmatrix}\vec{i} & \vec{j} & \vec{k}\\ A_x & A_y & A_z\\ B_x & B_y & B_z\end{vmatrix}=\begin{vmatrix}\vec{i} & \vec{j} & \vec{k}\\ 1 & 3 & -2\\ -3 & 0 & 1\end{vmatrix}$$

$$=(3+0)\vec{i}+(6-1)\vec{j}+(0+9)\vec{k}=3\vec{i}+5\vec{j}+9\vec{k}$$

(d) $$\vec{B}\times\vec{A}=\begin{vmatrix}\vec{i} & \vec{j} & \vec{k}\\ B_x & B_y & B_z\\ A_x & A_y & A_z\end{vmatrix}=\begin{vmatrix}\vec{i} & \vec{j} & \vec{k}\\ -3 & 0 & 1\\ 1 & 3 & -2\end{vmatrix}$$

$$=(0-3)\vec{i}+(1-6)\vec{j}+(-9-0)\vec{k}=-3\vec{i}-5\vec{j}-9\vec{k}$$

(c)와 (d)로부터 $\vec{A}\times\vec{B}=-\vec{B}\times\vec{A}$임을 알 수 있다.

**예제 3.9**

$\vec{A}=\vec{i}-2\vec{j}+2\vec{k}$, $\vec{B}=3\vec{i}-\vec{j}-\vec{k}$일 때 두 벡터의 외적을 구하고 두 벡터 사이의 각을 계산하라.

**풀이.** 벡터의 외적은 $\vec{A}\times\vec{B}=\begin{vmatrix}\vec{i} & \vec{j} & \vec{k}\\ A_x & A_y & A_z\\ B_x & B_y & B_z\end{vmatrix}=\begin{vmatrix}\vec{i} & \vec{j} & \vec{k}\\ 1 & -2 & 2\\ 3 & -1 & -1\end{vmatrix}=4\vec{i}+7\vec{j}+5\vec{k}$

$|\vec{A}\times\vec{B}|=\sqrt{(4)^2+(7)^2+(5)^2}=\sqrt{90}=3\sqrt{10}$

$A=\sqrt{(1)^2+(-2)^2+(2)^2}=\sqrt{9}=3$

$B=\sqrt{(3)^2+(-1)^2+(-1)^2}=\sqrt{11}$

$|\vec{A}\times\vec{B}|=AB\sin\theta$로부터 $\sin\theta=\dfrac{|\vec{A}\times\vec{B}|}{AB}=\dfrac{3\sqrt{10}}{3\sqrt{11}}=0.95$이므로

$\theta=\sin^{-1}(0.95)=71.8^\circ$ 이다.

## 3.6 벡터의 응용

**예제 3.10**

수직항력 계산

그림과 같이 3kg의 나무상자에 45° 비스듬하게 15N의 힘을 가하여 당긴다면 수직항력의 크기는 얼마인가? 중력 가속도는 약 $9.8\text{m/s}^2$이다.

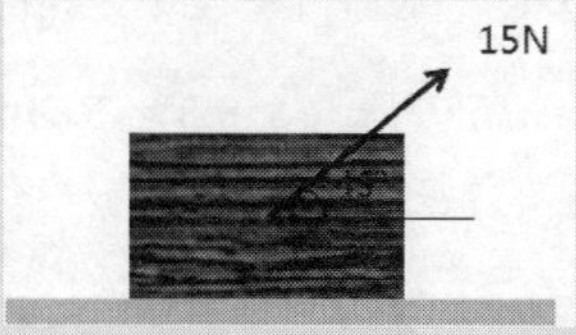


**풀이.** 수직항력이란 접촉면에 수직인 방향으로 물체를 밀어내는 힘을 말한다.
그림과 같이 1kg의 물체에 작용하는 중력,
즉 무게는 $W = mg = 3(9.8) = 29.4\text{N}$,
상자를 잡아당긴 힘에 의해 $y$축 방향으로는 $15\sin 45^\circ = 10.61\text{N}$의 힘이 작용한다. 이때 $y$축 방향으로 물체는 정지해 있으므로 합력은 0이 되어야 한다.

$$10.61 + N = 29.4$$

따라서 수직항력은 $N = 18.79\text{N}$이다.

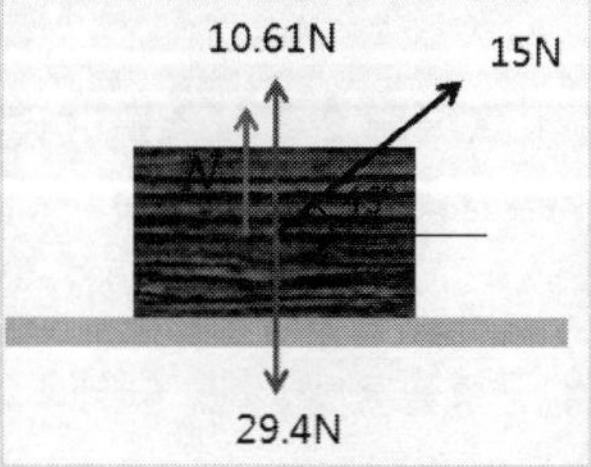

**예제 3.11**

**물체의 변위 계산**

자동차가 북쪽으로 5km 간 후에 다시 서쪽 60°의 방향으로 3km를 갔다. 자동차의 변위의 크기와 방향을 구하라.

**풀이.** 변위는 자동차의 처음 위치에서 나중 위치로의 직선거리와 같다. 따라서 자동차가 처음 북쪽으로 향한 것을 벡터 $\vec{A}$, 다음 서쪽으로 이동한 것을 벡터 $\vec{B}$라 하면 북쪽에서 서쪽으로 이동한 자동차는 결국 P점에 도착하게 된다.

따라서 출발점에서 P점까지 이어준 변위 벡터를 만들면 결국 자동차는 북서쪽으로 약 $\tan^{-1}(\frac{3}{5}) = 31°$ 만큼 $\sqrt{3^2+5^2} = 5.83\text{m}$ 이동한 것과 같다.

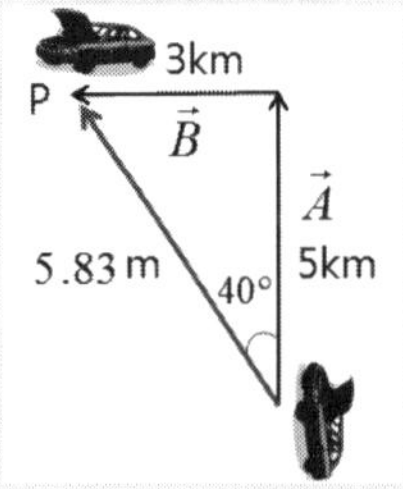


**예제 3.12**

**토크 계산**

아래의 그림과 같이 막대의 한 쪽에는 2N의 추를, 다른 한쪽에는 5N의 추를 달았다.

(a) 2N의 추가 막대의 중심 O로부터 20cm에 놓여 있을 경우, 2N의 추에 의한 토크는 얼마인가?

(b) 5N의 추를 매달아 막대의 균형을 잡으려면 중심으로부터 얼마의 위치에 놓아야 하는가?

**풀이.** 토크(Torque)란 물체를 얼마나 효과적으로 회전시키는가를 나타내는 물리량을 의미하고 다음과 같이 정의된다.

$$\tau = rF\sin\theta$$

여기서 $\tau$는 토크, $r$은 회전축에서 힘 $F$가 작용하는 거리, $\theta$는 $r$과 힘의 사이각을 의미한다. 따라서 주어진 문제를 그림으로 표현하면 아래와 같다.

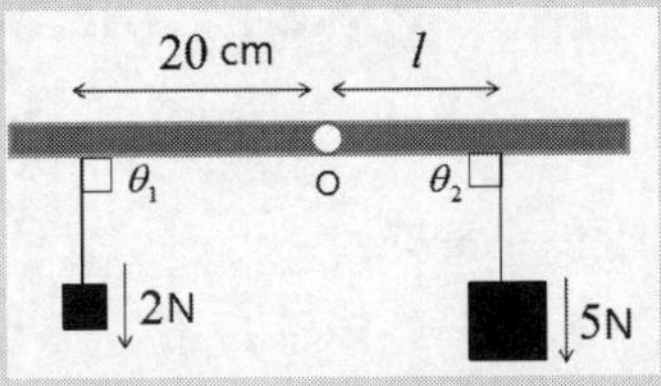


(a) 2N의 추에 작용하는 토크는 $\tau = Fd\sin\theta_1 = 3\cdot(0.2)\sin90^\circ = 0.4$N·m

(b) 두 추를 매달아 막대가 평형을 이루려면 두 토크가 같아야 하므로 $0.4 = 5\cdot(l)\sin\theta_2 = 5\cdot(l)\sin90^\circ = 5l$을 만족하여야 한다. 따라서 $l = 0.08$ m 즉 8cm의 위치에 놓게 되면 막대는 평형을 이루게 된다.

# Exercises

1. $\vec{A}=2\vec{i}+3\vec{j}-k$의 크기를 구하라.

2. $\vec{A}=\vec{i}+3\vec{j}$, $\vec{B}=-\vec{i}+2\vec{j}$일 때 다음의 벡터 연산을 도시하라.

   (a) $\vec{A}+\vec{B}$ (b) $\vec{A}-\vec{B}$ (c) $2\vec{A}-3\vec{B}$ (d) $\vec{B}-\vec{A}$

3. $\vec{A}=\vec{i}+2\vec{j}-3k$, $\vec{B}=2\vec{i}-\vec{j}+\vec{k}$일 때 다음을 계산하라.

   (a) $|\vec{A}-\vec{B}|$ (b) $|\vec{A}+\vec{B}|$ (c) $\vec{A}-\vec{B}$ (d) $2\vec{A}-\vec{B}$

   (e) $\vec{B}-2\vec{A}$ (f) $\vec{A}\cdot\vec{B}$ (g) $\vec{A}\times\vec{B}$ (h) $\vec{B}\times\vec{A}$

4. $\vec{A}=\vec{i}+a\vec{j}-2k$, $\vec{B}=\vec{i}+2\vec{j}+c\vec{k}$에서 벡터가 같아질 때 $a, c$의 값을 구하라.

5. 크기가 5이고 양의 $x$축과 이루는 각도가 45°인 벡터 $\vec{A}$와 크기가 8이고 양의 $x$축과 이루는 각도가 135°인 벡터 $\vec{B}$가 있다.

   (a) 각 벡터를 성분 분해하여 단위 벡터로 표현하라.

   (b) $\vec{A}+\vec{B}$, $\frac{\vec{A}}{2}-\vec{B}$를 도시하라.

   (c) $\vec{A}+\vec{B}$, $\frac{\vec{A}}{2}-\vec{B}$를 단위 벡터로 표현하라.

   (d) (b)와 (c)의 결과가 동일함을 보여라.

6. $\vec{A}=3\vec{i}+2\vec{j}$, $\vec{B}=\vec{i}-2\vec{k}$일 때

   (a) $\vec{A}\cdot\vec{B}$와 두 벡터가 이루는 내각을 구하라.

   (b) $\vec{A}\times\vec{B}$와 두 벡터의 사이각을 구하라.

7. $\vec{A}=\vec{i}+\vec{j}-\vec{k}$, $\vec{B}=\vec{i}-\vec{j}$, $\vec{B}=2\vec{i}+\vec{k}$일 때 다음을 구하라.

   (a) $(\vec{A}\times\vec{B})\times\vec{C}$ (b) $\vec{A}\times(\vec{B}\times\vec{C})$

8. $\vec{A}=\vec{i}+3\vec{j}-\vec{k}$, $\vec{B}=2\vec{i}+\vec{j}+3\vec{k}$일 때 $|\vec{A}|$, $|\vec{B}|$, $\vec{A}\cdot\vec{B}$을 구하라.

9. 어떤 물체에 힘 $\vec{F}=2\vec{i}+3\vec{j}-\vec{k}$을 가하여 원점에서 $\vec{d}=2\vec{i}+2\vec{j}+\vec{k}$까지 이동시켰다면 물체에 가한 일의 양은 얼마인가 ? 단 일은 $W=\vec{F}\cdot\vec{d}$와 같이 내적 연산을 이용해서 구한다.

# Solution

1. $|\vec{A}|=\sqrt{14}$

2. 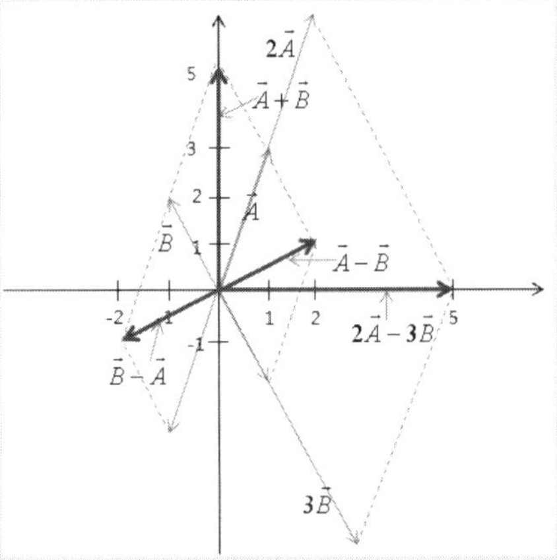



3. (a) $\sqrt{26}$ (b) $\sqrt{14}$ (c) $-\vec{i}+3\vec{j}-4\vec{k}$ (d) $5\vec{j}-7\vec{k}$

   (e) $-5\vec{j}+7\vec{k}$ (f) $-3$ (g) $-\vec{i}-7\vec{j}-5\vec{k}$ (h) $\vec{i}+7\vec{j}+5\vec{k}$

4. $a=2,\ c=-2$

5. (a) $\vec{A}=3.54\vec{i}+3.54\vec{j}$ , $\vec{A}=-5.66\vec{i}+5.66\vec{j}$

   (b) 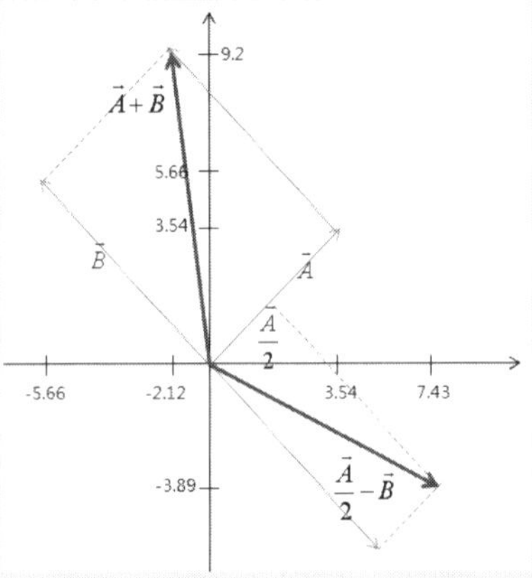

(c) $\vec{A}+\vec{B}=-2.12\vec{i}+9.2\vec{j}$ , $\frac{\vec{A}}{2}-\vec{B}=7.43\vec{i}-3.89\vec{j}$

(d) (b)와 (c)의 결과는 동일하다.

6. (a) $68.15°$

   (b) $68.13°$

7. (a) $-\vec{i}-3\vec{j}+2\vec{k}$

   (b) $\vec{i}-\vec{j}$

8. $|\vec{A}|=\sqrt{11}$, $|\vec{B}|=\sqrt{14}$, $\vec{A}\cdot\vec{B}=2$

9. $\vec{W}=\vec{F}\cdot d=(2)(2)+(3)(1)+(-1)(1)=9$

# 복소수

chapter 04



## 4.1 개요

복소수는 삼각함수와 함께 공학 문제를 해결하기 위한 강력한 수학적 도구로 사용된다. 복소수를 이용함으로써 실수만으로는 구하기 어려운 미분과 적분을 쉽게 구할 수 있으며, 교류 회로 및 신호를 쉽게 해석할 수 있고, 삼각함수를 쉽게 풀 수도 있다.

## 4.2 복소수의 정의

1장에서 설명한 바와 같이 2차 다항식의 해를 구할 때 실수의 개념을 사용해서 해석할 수 없는 경우가 있다. 예를 들어 아래의 2차 다항식의 해를 구해보자.

$$x^2 + 1 = 0$$

주어진 다항식의 경우 제곱해서 -1이 되는 실수(real number)는 없다. 따라서 제곱해서 음수가 되는 수를 허수(imaginary number)라 정의하고 $i$로 표기한다.

$$i^2 = -1$$

그러나 공학에서는 전류 $i$와 구분하기 위해 허수 표현시 $j$를 사용한다.
일반적으로 복소수(complex number)는 실수부와 허수부로 구성되며, $z$로 표시한다.

$$z = x + iy$$

여기서 $x$를 $z$의 실수부, $y$를 $z$의 허수부라고 하며, 각각 $Re(z) = x$와 $Im(z) = y$라고도 한다. 예를 들어

$$z = 3 - i2$$

는 실수부가 3, 허수부가 -2인 복소수이다.

**예제 4.1**

$z_1 = 1 - i$, $z_2 = -2 + i3$의 실수부와 허수부를 각각 표현하라.

**풀이.** $z_1$의 실수부는 1, 허수부는 -1이며, $z_2$의 실수부는 -2, 허수부는 3이다.

## 4.3 복소수 연산

### 4.3.1 복소수의 덧셈 및 뺄셈

두 개의 복소수 $z_1 = x_1 + iy_1$, $z_2 = x_2 + iy_2$가 주어질 때, 두 복소수의 덧셈과 뺄셈은 실수는 실수부끼리, 허수부는 허수부끼리 더하고 뺀다.

$$z_1+z_2=(x_1+iy_1)+(x_2+iy_2)=(x_1+x_2)+i(y_1+y_2)$$
$$z_1-z_2=(x_1+iy_1)-(x_2+iy_2)=(x_1-x_2)+i(y_1-y_2)$$

**예제 4.2**

$z_1=6-i4,\ z_2=-3-i2$일 때 $z_1+z_2,\ z_1-z_2$를 구하라.

**풀이.** $z_1+z_2=(6-i4)+(-3-i2)=(6-3)+i(-4-2)=3-i6$

$z_1-z_2=(6-i4)-(-3-i2)=(6+3)+i(-4+2)=9-i2$

### 4.3.2 복소수의 곱셈

복소수의 곱셈은 분배법칙을 사용하여 전개하고 실수부와 허수부를 정리한다. 예를 들어 $z_1=x_1+iy_1,\ z_2=x_2+iy_2$일 때

$$\begin{aligned} z_1z_2 &= (x_1+iy_1)(x_2+iy_2)=x_1x_2+ix_1y_2+ix_2y_1-y_1y_2 \\ &= (x_1x_2-y_1y_2)+i(x_1y_2+x_2y_1) \end{aligned}$$

**예제 4.3**

$z_1=2-i,\ z_2=-1+i2$일 때 $z_1z_2$을 구하라.

**풀이.** $z_1z_2=(2-i)(-1+i2)=-2+i4+i+2=i5$

### 4.3.3 켤레 복소수

임의의 복소수 $z=x+iy$에서 실수부는 같고 허수부의 부호가 다른 복소수를 켤레 복소수(conjugate complex)라 하고, $\bar{z}$ 또는 $z^*$로 표시한다.

$$z^*=x-iy$$

또한 복소수와 켤레 복소수를 곱하면

$$zz^*=(x+iy)(x-iy)=x^2+y^2$$

가 된다. 이는 복소수와 켤레 복소수의 곱은 실수부의 제곱과 허수부의 제곱을 더한 것과 같음을 나타낸다.

**예제 4.4**

$z=3-i4$의 켤레 복소수를 구하라.

**풀이.** 켤레 복소수는 허수부의 부호만 바꾸면 되므로 $z^*=3+i4$이다.

**예제 4.5**

$z=-1+i2$일 때 $zz^*$를 구하라.

**풀이.** $zz^*=(-1+i2)(-1-i2)=1+i2-i2+4=5=(-1)^2+(2)^2$

### 4.3.4 복소수의 나눗셈

복소수의 나눗셈은 분모의 켤레 복소수를 분모와 분자에 각각 곱하여 전개한 후 실수부와 허수부를 정리한다.

$$\frac{z_1}{z_2}=\frac{x_1+iy_1}{x_2+iy_2}=\frac{(x_1+iy_1)(x_2-iy_2)}{(x_2+iy_2)(x_2-iy_2)}=\frac{(x_1x_2+y_1y_2)+i(x_2y_1-x_1y_2)}{x_2^2+y_2^2}$$

**예제 4.6**

$z_1=2+i,\ z_2=1+i3$일 때 $\frac{z_1}{z_2}$를 구하라.

**풀이.** $\frac{z_1}{z_2}=\frac{2+i}{1+i3}=\frac{(2+i)(1-i3)}{(1+i3)(1-i3)}=\frac{2-i6+i+3}{1+9}=\frac{5-i5}{10}=\frac{1-i}{2}$

**예제 4.7**

복소수 $z_1=1+i2,\ z_2=2-i$가 주어질 때, 다음을 연산하라.

(a) $z_1+z_2$ (b) $z_1-z_2$ (c) $z_1z_2$ (d) $\frac{z_2}{z_1}$

**풀이.** (a) $z_1+z_2=3+i$

(b) $z_1-z_2=-1+i3$

(c) $z_1z_2=(1+i2)(2-i)=2-i+i4+2=4+i3$

(d) $\frac{z_2}{z_1}=\frac{2-i}{1+i2}=\frac{(2-i)(1-i2)}{(1+i2)(1-i2)}=\frac{2-i4-i-2}{1+4}=\frac{-i5}{5}=-i$

### 4.3.5 복소수의 상등

두 복소수의 실수부와 허수부가 모두 같다면 두 복소수는 같다고 하고, 다음과 같이 표현한다.

$$z_1 = z_2$$

예를 들어 $z_1 = 2 - i$, $z_2 = a + ib$일 때 $z_1 = z_2$이려면 $a = 2$, $b = -1$이어야 한다.

## 4.4 복소 평면

직각 좌표계를 사용하면 복소수의 기하학적 표현이 가능해진다. [그림 4.1]과 같이 수평축은 실수축으로, 수직축은 허수축으로 표시된다. 그리고 복소수 $z = x + iy$에 대응하는 점 $P(x, y)$을 포함하는 평면을 복소 평면이라 한다.

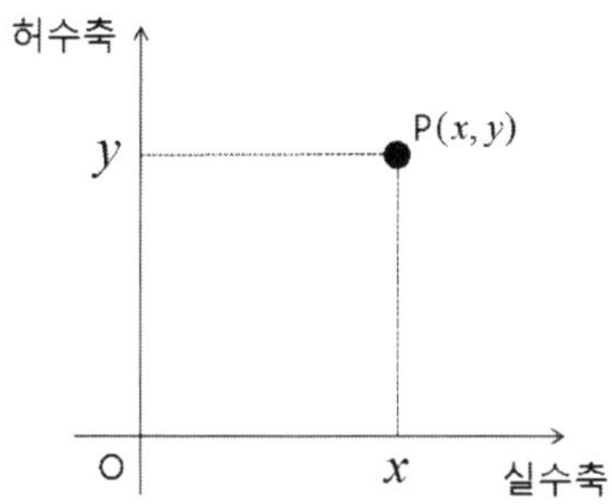


[그림 4.1] 복소 평면

예를 들어 $z = 3 + i5$를 복소 평면에 나타내면 다음과 같다.

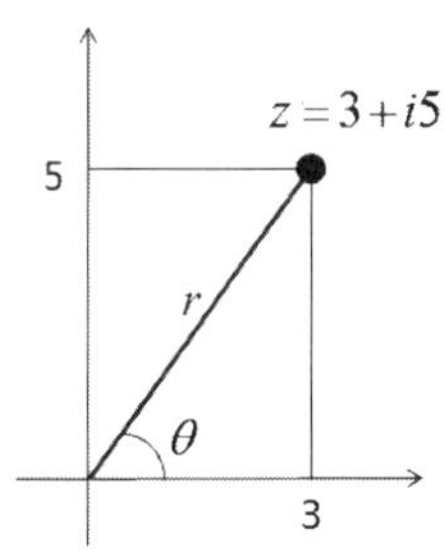

## 4.5 복소수의 극형식

[그림 4.2]와 같이 복소 평면에서 원점 O와 복소수에 대응하는 점 $P(x, y)$까지의 거리를 $r$, $OP$와 양의 $x$축과 이루는 각도를 $\theta$라 하면

$$x = r\cos\theta,\ y = r\sin\theta$$

이므로 복소수 $z$는 다음과 같이 표현할 수 있다.

$$\begin{aligned} z &= x + iy \\ &= r\cos\theta + ir\sin\theta \\ &= r(\cos\theta + i\sin\theta) \\ &= r\angle\theta \end{aligned}$$

이와 같이 복소수 $z$를 $r$과 $\theta$의 항으로 나타낸 것을 복소수 $z$의 극형식(polar form)이라 한다. 이때 $r = |z| = \sqrt{x^2 + y^2}$ 을 복소수의 크기(modulus)라 하며, $\theta = \tan^{-1}\left(\frac{y}{x}\right)$를 편각(argument)이라 하고 $\arg(z)$로 표시한다.

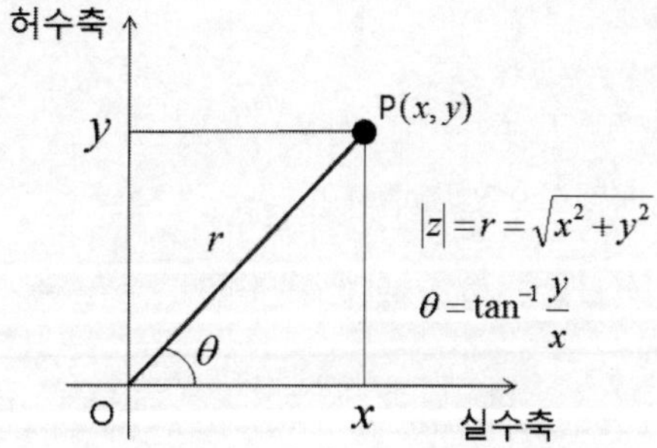


[그림 4.2] 복소수의 극형식

**정리 4.1 복소수 $z$의 극형식**

$$z = r(\cos\theta + i\sin\theta) = r\angle\theta$$

여기서 $r = \sqrt{x^2 + y^2}$, $\theta = \tan^{-1}\left(\frac{y}{x}\right)$

**예제 4.8**

$z=1+i$일 때, 크기와 편각을 구하라.

**풀이.** $z$의 크기는 $r=\sqrt{1^2+1^2}=\sqrt{2}$, 편각은 $\theta=\tan^{-1}\left(\frac{1}{1}\right)=\frac{\pi}{4}=45°$이다.

**예제 4.9**

$z=3+i5$를 복소 평면에 나타내고 극형식으로 표현하라.

**풀이.** 주어진 벡터를 복소 평면에 나타내면 다음과 같다.

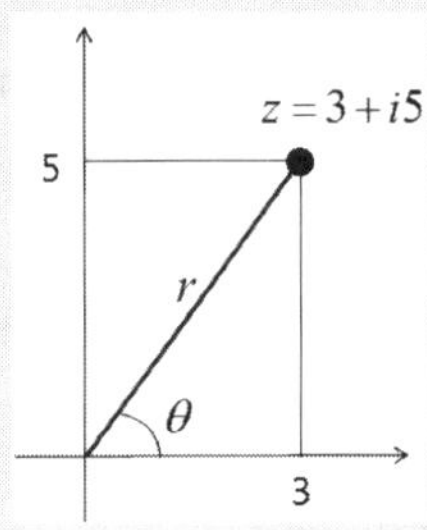


여기서 복소수 $z$의 크기 $r=\sqrt{3^2+5^2}=\sqrt{34}$, $\theta=\tan^{-1}\left(\frac{5}{3}\right)=59°$이다.

따라서 극형식으로 표현하면

$$z=\sqrt{34}\,(\cos 59°+i\sin 59°)=\sqrt{34}\angle 59°$$

이다.

## 4.6 극형식의 복소수 연산

복소수를 극형식으로 표현하면 복소수의 곱셈과 나눗셈을 보다 더 간단하게 연산할 수 있다. 만일 두 개의 복소수가 다음과 같이 극형식으로 표현된다고 가정하면

$$z_1 = r_1(\cos\theta_1 + i\sin\theta_1) = r_1\angle\theta_1,\ z_2 = r_2(\cos\theta_2 + i\sin\theta_2) = r_2\angle\theta_2$$

두 복소수의 곱 $z_1z_2$는 다음과 같다.

$$\begin{aligned} z_1z_2 &= r_1r_2(\cos\theta_1 + i\sin\theta_1)(\cos\theta_2 + i\sin\theta_2) \\ &= r_1r_2[(\cos\theta_1\cos\theta_2 - \sin\theta_1\sin\theta_2) + i(\cos\theta_1\sin\theta_2 + \sin\theta_1\cos\theta_2)] \\ &= r_1r_2[\cos(\theta_1+\theta_2) + i\sin(\theta_1+\theta_2)] \\ &= r_1r_2\angle(\theta_1+\theta_2) \end{aligned}$$

**정리 4.2 복소수의 곱셈 법칙**

두 복소수의 곱셈의 크기는 각 복소수의 크기를 곱한 것과 같고, 편각은 각 복소수의 편각을 더한 것과 같다.

$z_1 = r_1\angle\theta_1,\ z_2 = r_2\angle\theta_2$ 일때 $z_1z_2 = r_1r_2\angle(\theta_1+\theta_2)$

마찬가지로 극형식으로 표현된 복소수의 나눗셈을 구해보자.

$$\begin{aligned} \frac{z_1}{z_2} &= \frac{r_1(\cos\theta_1 + i\sin\theta_1)}{r_2(\cos\theta_2 + i\sin\theta_2)} \\ &= \frac{r_1(\cos\theta_1 + i\sin\theta_1)(\cos\theta_2 - i\sin\theta_2)}{r_2(\cos\theta_2 + i\sin\theta_2)(\cos\theta_2 - i\sin\theta_2)} \\ &= \frac{r_1}{r_2}[(\cos\theta_1\cos\theta_2 + \sin\theta_1\sin\theta_2) + i(\sin\theta_1\cos\theta_2 - \cos\theta_1\sin\theta_2)] \\ &= \frac{r_1}{r_2}[\cos(\theta_1-\theta_2) + i\sin(\theta_1-\theta_2)] \\ &= \frac{r_1}{r_2}\angle(\theta_1-\theta_2) \end{aligned}$$

**정리 4.3 복소수의 나눗셈 법칙**

두 복소수의 나눗셈의 크기는 분자의 크기에서 분모의 크기를 나눈 것과 같고, 편각은 분자의 편각에서 분모의 편각을 뺀 것과 같다.

$z_1 = r_1\angle\theta_1,\ z_2 = r_2\angle\theta_2$ 일때 $\frac{z_1}{z_2} = \frac{r_1}{r_2}\angle(\theta_1-\theta_2)$

**예제 4.10**

$z_1=1+i2,\ z_2=2-i$일 때 $z_1z_2,\ \dfrac{z_1}{z_2}$를 구하라.

**풀이.** $r_1=\sqrt{1^2+2^2}=\sqrt{5},\ \theta_1=\tan^{-1}\left(\dfrac{2}{1}\right)=63.4°$

$r_2=\sqrt{2^2+(-1)^2}=\sqrt{5},\ \theta_2=\tan^{-1}\left(-\dfrac{1}{2}\right)=-26.6°$이므로 극형식으로 표현하면

$z_1=\sqrt{5}\angle 63.4°,\ z_2=\sqrt{5}\angle -26.6°$이다. 따라서

$z_1z_2=\sqrt{5}\cdot\sqrt{5}\angle(63.4°-26.6°)=5\angle 36.8°=5(\cos 36.8°+i\sin 36.8°)=4+i3$

$\dfrac{z_1}{z_2}=\dfrac{\sqrt{5}}{\sqrt{5}}\angle(63.4°+26.6°)=1\angle 90°=(\cos 90°+i\sin 90°)=i$가 된다.

이제 $z=r(\cos\theta+i\sin\theta)$일 때 $z^n$을 구해보자. 극형식의 곱셈 법칙에 따라

$$z^n=r^n\angle n\theta=r^n(\cos n\theta+i\sin n\theta)$$

와 같다. 이때 $r=1$이면

$$z^n=(\cos\theta+i\sin\theta)^n=(\cos n\theta+i\sin n\theta)$$

와 같다. 이를 드모아브르 정리라 한다.

**정리 4.4 드모아브르(De Moivre) 정리**

$$(\cos\theta+i\sin\theta)^n=\cos n\theta+i\sin n\theta$$

드모아브르 정리를 이용하면 복소수의 지수승 연산을 간단하게 할 수 있다.

**예제 4.11**

$z=1+i$일 때 $z^{10}$을 드모아브르 공식을 이용하여 구하라.

**풀이.** $z$를 극형식으로 표현하면 $z=\sqrt{2}(\cos 45° + i\sin 45°)$이므로 드모아브르 공식을 사용하면

$$\begin{aligned} z^{10} &= (\sqrt{2})^{10}(\cos 450° + i\sin 450°) \\ &= 32(\cos 90° + i\sin 90°) \\ &= i32 \end{aligned}$$

**예제 4.11**

드모아브르 공식을 이용하여 다음의 값을 구하라.

(a) $\left(\cos\frac{\pi}{3}+i\sin\frac{\pi}{3}\right)^6$  (b) $(\cos 10° + i\sin 10°)^{12}$

(c) $(\sqrt{3}-i)^6$  (d) $\left(\frac{1+i}{\sqrt{3}+i}\right)^{12}$

**풀이.** (a) $\left(\cos\frac{\pi}{3}+i\sin\frac{\pi}{3}\right)^6=\cos 6\cdot\frac{\pi}{3}+i\sin 6\cdot\frac{\pi}{3}=\cos 2\pi+i\sin 2\pi=1$

(b) $(\cos 10° + i\sin 10°)^{12}=\cos 120° + i\sin 120° =-\frac{1}{2}+i\frac{\sqrt{3}}{2}$

(c) 
$$\begin{aligned} (\sqrt{3}-i)^6 &= \left\{2\left[\cos\left(-\frac{\pi}{6}\right)+i\sin\left(-\frac{\pi}{6}\right)\right]\right\}^6 = 2^6\left[\cos 6\cdot\left(-\frac{\pi}{6}\right)+i\sin 6\cdot\left(-\frac{\pi}{6}\right)\right] \\ &= 2^6[\cos(-\pi)+i\sin(-\pi)]=-64 \end{aligned}$$

(d) 
$$\begin{aligned} \left(\frac{1+i}{\sqrt{3}+i}\right)^{12} &= \left\{\frac{\sqrt{2}\left(\cos\frac{\pi}{4}+i\sin\frac{\pi}{4}\right)}{2\left(\cos\frac{\pi}{6}+i\sin\frac{\pi}{6}\right)}\right\}^{12} \\ &= \left\{\frac{\sqrt{2}}{2}\left[\cos\left(\frac{\pi}{4}-\frac{\pi}{6}\right)+i\sin\left(\frac{\pi}{4}-\frac{\pi}{6}\right)\right]\right\}^{12} \\ &= \left\{\frac{\sqrt{2}}{2}\left[\cos\frac{\pi}{12}+i\sin\frac{\pi}{12}\right]\right\}^{12} \\ &= \left(\frac{\sqrt{2}}{2}\right)^{12}\left(\cos 12\cdot\frac{\pi}{12}+i\sin 12\cdot\frac{\pi}{12}\right) \\ &= \frac{1}{64}(\cos\pi+i\sin\pi)=-\frac{1}{64} \end{aligned}$$

**예제 4.12**

드모아브르 공식을 이용하여 다음의 값을 구하라.

(a) $\left(\cos\frac{\pi}{3}+i\sin\frac{\pi}{3}\right)^6$ (b) $(\cos 10°+i\sin 10°)^{12}$

(c) $(\sqrt{3}-i)^6$ (d) $\left(\frac{1+i}{\sqrt{3}+i}\right)^{12}$

**풀이.** (a) $\left(\cos\frac{\pi}{3}+i\sin\frac{\pi}{3}\right)^6=\cos 6\cdot\frac{\pi}{3}+i\sin 6\cdot\frac{\pi}{3}=\cos 2\pi+i\sin 2\pi=1$

(b) $(\cos 10°+i\sin 10°)^{12}=\cos 120°+i\sin 120°=-\frac{1}{2}+i\frac{\sqrt{3}}{2}$

(c) $$(\sqrt{3}-i)^6=\left\{2\left[\cos\left(-\frac{\pi}{6}\right)+i\sin\left(-\frac{\pi}{6}\right)\right]\right\}^6=2^6\left[\cos 6\cdot\left(-\frac{\pi}{6}\right)+i\sin 6\cdot\left(-\frac{\pi}{6}\right)\right]$$
$$=2^6[\cos(-\pi)+i\sin(-\pi)]=-64$$

(d) $$\left(\frac{1+i}{\sqrt{3}+i}\right)^{12}=\left\{\frac{\sqrt{2}\left(\cos\frac{\pi}{4}+i\sin\frac{\pi}{4}\right)}{2\left(\cos\frac{\pi}{6}+i\sin\frac{\pi}{6}\right)}\right\}^{12}$$
$$=\left\{\frac{\sqrt{2}}{2}\left[\cos\left(\frac{\pi}{4}-\frac{\pi}{6}\right)+i\sin\left(\frac{\pi}{4}-\frac{\pi}{6}\right)\right]\right\}^{12}$$
$$=\left\{\frac{\sqrt{2}}{2}\left[\cos\frac{\pi}{12}+i\sin\frac{\pi}{12}\right]\right\}^{12}$$
$$=\left(\frac{\sqrt{2}}{2}\right)^{12}\left(\cos 12\cdot\frac{\pi}{12}+i\sin 12\cdot\frac{\pi}{12}\right)$$
$$=\frac{1}{64}(\cos\pi+i\sin\pi)=-\frac{1}{64}$$

**예제 4.13**

드모아브르 정리를 이용하여 $\sin 2\theta$, $\cos 2\theta$, $\sin 3\theta$, $\cos 3\theta$를 $\sin\theta$와 $\cos\theta$의 항으로 표시하라.

**풀이.** 드모아브르 정리에 의해

$$(\cos\theta + i\sin\theta)^2 = \cos 2\theta + i\sin 2\theta$$

왼쪽 항을 전개하면

$$\cos^2\theta - \sin^2\theta + i2\sin\theta\cos\theta = \cos 2\theta + i\sin 2\theta$$

가 된다. 이제 양변을 비교하면 아래와 같이 $\sin 2\theta$와 $\cos 2\theta$에 관한 식을 얻을 수 있다.

$$\cos^2\theta - \sin^2\theta = \cos 2\theta$$
$$2\sin\theta\cos\theta = \sin 2\theta$$

마찬가지 방법으로
$(\cos\theta + i\sin\theta)^3 = \cos 3\theta + i\sin 3\theta$ 이므로

$$\cos^3\theta + i3\cos^2\theta\sin\theta - 3\sin^2\theta\cos\theta - i\sin^3\theta = \cos 3\theta + i\sin 3\theta$$

가 되고, 양변을 비교하면

$$\cos^3\theta - 3\sin^2\theta\cos\theta = \cos 3\theta$$
$$3\sin\theta\cos^2\theta - \sin^3\theta = \sin 3\theta$$

이므로, 왼쪽 항에 $\sin^2\theta = 1 - \cos^2\theta$, $\cos^2\theta = 1 - \sin^2\theta$을 대입하면

$$\cos^3\theta - 3(1 - \cos^2\theta)\cos\theta = \cos 3\theta$$
$$3\sin\theta(1 - \sin^2\theta) - \sin^3\theta = \sin 3\theta$$

이고 이를 정리하면 다음과 같이 $\sin 3\theta$와 $\cos 3\theta$에 관한 식을 얻을 수 있다.

$$4\cos^3\theta - 3\cos\theta = \cos 3\theta$$
$$3\sin\theta - 4\sin^3\theta = \sin 3\theta$$

## 4.7 복소수의 지수 형식

복소수는 1장에서 설명한 맥라우린 급수에 의해 지수 형식으로 표현할 수도 있다.

$$\sin x = x - \frac{1}{3!}x^3 + \frac{1}{5!}x^5 - \frac{1}{7!}x^7 + \cdots$$

$$\cos x = 1 - \frac{1}{2!}x^2 + \frac{1}{4!}x^4 - \frac{1}{6!}x^6 + \cdots$$

$$e^x = 1 + x + \frac{1}{2!}x^2 + \frac{1}{3!}x^3 + \frac{1}{4!}x^4 + \cdots$$

즉 극형식의 복소수에 $\sin\theta$와 $\cos\theta$의 맥라우린 급수식을 대입하면

$$\begin{aligned}
z &= r(\cos\theta + i\sin\theta) \qquad (1)\\
&= r\left[\left(1 - \frac{1}{2!}\theta^2 + \frac{1}{4!}\theta^4 - \frac{1}{6!}\theta^6 + \cdots\right) + i\left(\theta - \frac{1}{3!}\theta^3 + \frac{1}{5!}\theta^5 - \frac{1}{7!}\theta^7 + \cdots\right)\right]\\
&= r\left(1 + i\theta - \frac{1}{2!}\theta^2 - \frac{1}{3!}i\theta^3 + \frac{1}{4!}\theta^4 + \frac{1}{5!}\theta^5 - \frac{1}{6!}\theta^6 + \cdots\right)\\
&= r\left(1 + i\theta + \frac{1}{2!}(i\theta)^2 + \frac{1}{3!}(i\theta)^3 + \frac{1}{4!}(i\theta)^4 + \frac{1}{5!}(i\theta)^5 + \cdots\right)\\
&= re^{i\theta} \qquad (2)
\end{aligned}$$

가 된다. 따라서 식 (1), (2)으로부터

$$e^{i\theta} = \cos\theta + i\sin\theta \qquad (3)$$

임을 알 수 있으며, 이를 오일러 공식이라 한다.
또한

$$e^{-i\theta} = \cos(-\theta) + i\sin(-\theta) = \cos\theta - i\sin\theta \qquad (4)$$

이므로 식 (3), (4)로부터

$$\cos\theta = \frac{e^{i\theta} + e^{-i\theta}}{2}, \quad \sin\theta = \frac{e^{i\theta} - e^{-i\theta}}{2i}$$

와 같은 유용한 공식을 얻을 수 있다.

**정리 4.5 오일러(Euler) 공식**

$$e^{i\theta}=\cos\theta+i\sin\theta$$

$$\cos\theta=\frac{e^{i\theta}+e^{-i\theta}}{2},\quad \sin\theta=\frac{e^{i\theta}-e^{-i\theta}}{2i}$$

**예제 4.14**

$z=3e^{i\frac{\pi}{4}}$의 크기와 편각을 구하라.

**풀이.** 크기 $r$는 3, 편각은 $\frac{\pi}{4}$이다.

## 4.8 복소 영역

복소수들이 어떤 영역에 분포되어 있을 때 간단한 수식을 이용하여 복소수의 위치를 표현할 수 있다.

예를 들어 [그림 4.3]과 같이 복소수 $z$가 중심이 $a$, 반지름이 $\rho$인 원 위에 놓여 있다면

$$|z-a|=\rho$$

로 표현할 수 있다. 이는 $z=x+iy$일 때

$$|z-a|=|(x+iy)-a|=|(x-a)+iy|$$

$$=\sqrt{(x-a)^2+y^2}=\rho$$

가 되므로 이를 정리하면

$$(x-a)^2+y^2=\rho^2$$

와 같이 원의 방정식이 되기 때문이다. 따라서 중심이 $(a, 0)$, 반지름이 $\rho$인 원 위에 복소수가 위치해 있음을 알 수 있다.
반면 [그림 4.4]와 같이 복소수가 원 내부에 위치한 경우이면

$$|z-a| \leq \rho$$

[그림 4.5]와 같이 원 외부에 위치한 경우에는 다음과 같이 표현된다.

$$|z-a| > \rho$$

또한 [그림 4.6]에서와 같이 복소수가 제 1사분면에 존재하는 경우이면

$$0 \leq \arg(z) < \frac{\pi}{2}$$

와 같이 쓸 수 있다.

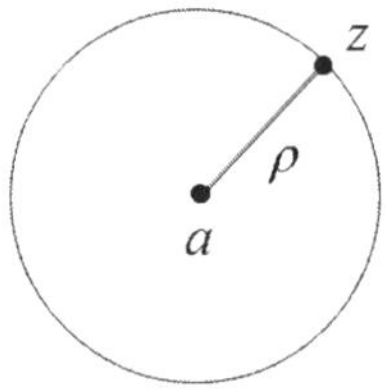


[그림 4.3] $|z-a| = \rho$

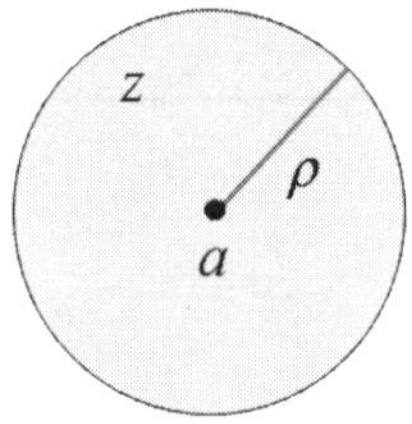


[그림 4.4] $|z-a| \leq \rho$

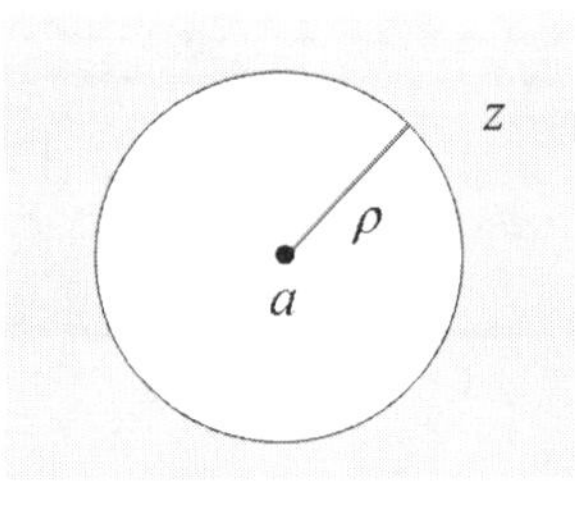


[그림 4.5] $|z-a| > \rho$

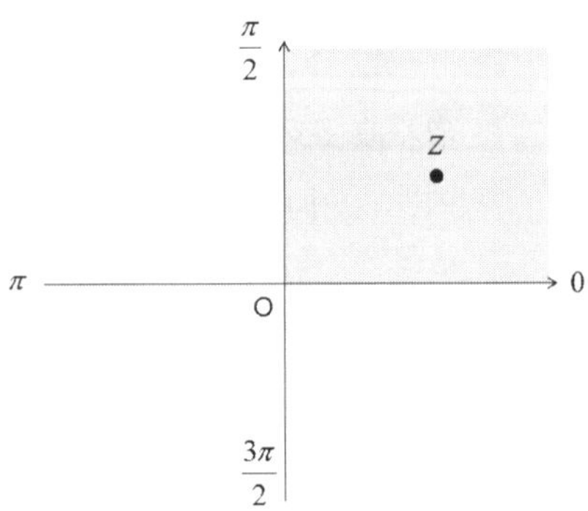


[그림 4.6] $0 \leq \arg(z) < \frac{\pi}{2}$

**예제 4.15**

복소수의 위치를 $|z-3-i| \leq 2$로 표현할 때 복소 평면의 영역을 구하라.

**풀이.** $z = x + iy$라 두면, $|(x-3) + i(y-1)| \leq 2$이므로

$\sqrt{(x-3)^2 + (y-1)^2} \leq 2$, 즉 $(x-3)^2 + (y-1)^2 \leq 2^2$이 된다.

이는 반지름이 $(3,1)$, 지름이 2인 원의 내부에 복소수가 존재함을 의미한다.

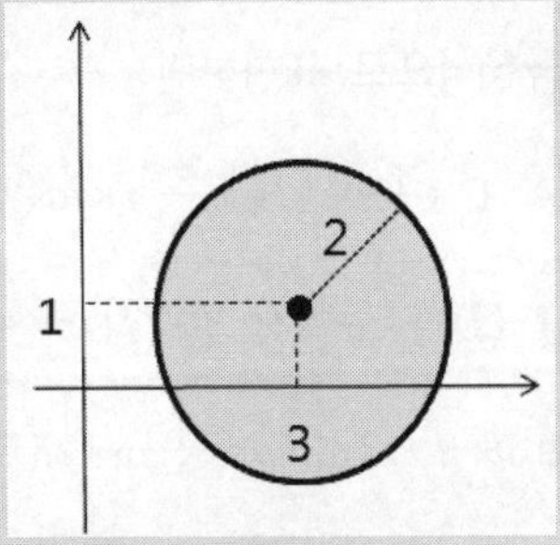


예제 4.15의 복소 영역

**예제 4.16**

복소수의 위치를 $\frac{\pi}{2} \leq \arg(z) < \frac{3\pi}{2}$로 표현할 때 복소 평면의 영역을 구하라.

**풀이.** 복소수는 2사분면과 3사분면에 존재한다.

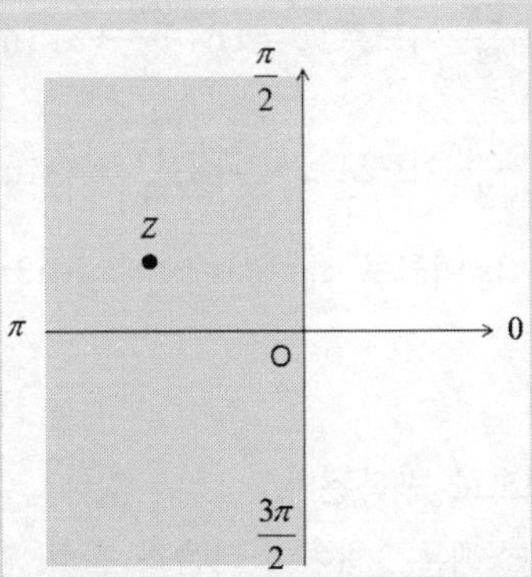


예제 4.16의 복소 영역

## 4.9 복소 방정식

$x^3=1$의 실수해는 $x=1$로 단일 해를 가지지만, 복소수의 개념으로 확장하면 3개의 해를 가지게 된다.

즉, 복소수 $z=r(\cos\theta+i\sin\theta)$라 두면 드모르강 정리에 의해

$$z^3=r^3(\cos 3\theta+i\sin 3\theta) \tag{1}$$

가 되고, 우변항 1을 극형식으로 표현하면

$$1=[\cos(2n\pi)+i\sin(2n\pi)] \tag{2}$$

가 된다. 따라서 식 (1), (2)를 주어진 방정식 $z^3=1$에 대입하면

$$r^3(\cos 3\theta+i\sin 3\theta)=[\cos(2n\pi)+i\sin(2n\pi)]$$

이므로 양변을 비교하면

$$r^3=1 \Rightarrow r=1$$

$$3\theta=2n\pi \Rightarrow \theta=\frac{2n\pi}{3}$$

이다. 따라서 복소해는

$$z=\cos\left(\frac{2n\pi}{3}\right)+i\sin\left(\frac{2n\pi}{3}\right)$$

가 된다. 이때 $n=0$일 때, $\theta=0$이므로 $z=\cos 0+i\sin 0=1$

$n=1$일 때, $\theta=\frac{2\pi}{3}$이므로 $z=\cos\frac{2\pi}{3}+i\sin\frac{2\pi}{3}=-\frac{1}{2}+i\frac{\sqrt{3}}{2}$

$n=2$일 때, $\theta=\frac{4\pi}{3}$이므로 $z=\cos\frac{4\pi}{3}+i\sin\frac{4\pi}{3}=-\frac{1}{2}-i\frac{\sqrt{3}}{2}$

$n=3$일 때, $\theta=2\pi$이므로 $z=\cos 2\pi+i\sin 2\pi=1$

$$\vdots$$

와 같이 해는 주기적으로 반복된다.

따라서 서로 다른 복소해는 3개이며 다음과 같다.

$$z=\cos\left(\frac{2n\pi}{3}\right)+i\sin\left(\frac{2n\pi}{3}\right),\quad n=0,1,2$$

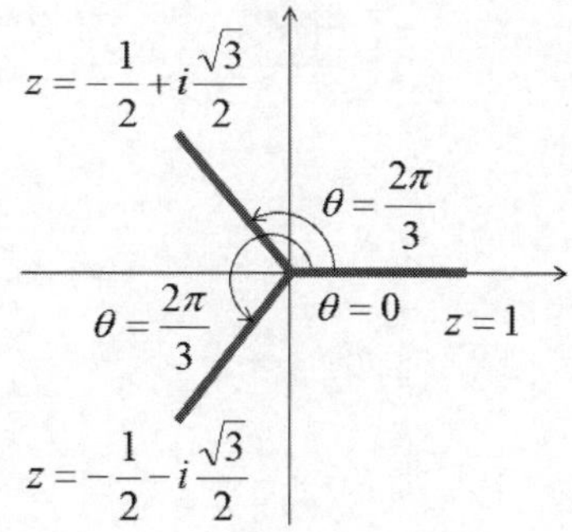


[그림 4.7] 복소해의 위치

**예제 4.17**

$z^4=8(-1+i\sqrt{3})$을 만족하는 복소수 $z$를 구하고, 서로 다른 근이 4개임을 보여라.

**풀이.** 먼저 복소 방정식의 해를 $z=r(\cos\theta+i\sin\theta)$라 두고, 드모르강 정리를 이용하면

$$z^4=r^4(\cos 4\theta+i\sin 4\theta)$$

이고, 우변항 $8(-1+i\sqrt{3})$을 극형식으로 표현하면

$$r=\sqrt{(-1)^2+(\sqrt{3})^2}=2,\ \ \theta=\pi+\tan^{-1}\left(\frac{\sqrt{3}}{1}\right)=\frac{2\pi}{3}$$

이므로

$$8(-1+i\sqrt{3})=8\left\{2\left[\cos\left(2n\pi+\frac{2\pi}{3}\right)+i\sin\left(2n\pi+\frac{2\pi}{3}\right)\right]\right\}$$

가 된다. 따라서 주어진 방정식은

$$r^4(\cos 4\theta+i\sin 4\theta)=16\left[\cos\left(2n\pi+\frac{2\pi}{3}\right)+i\sin\left(2n\pi+\frac{2\pi}{3}\right)\right]$$

이므로, 좌변항과 우변항을 비교하면

$$r^4=16 \quad \Rightarrow r=2$$

$$4\theta=2n\pi+\frac{2\pi}{3} \quad \Rightarrow \theta=\frac{n\pi}{2}+\frac{\pi}{6}$$

가 된다. 따라서

$$z=2\left[\cos\left(\frac{n\pi}{2}+\frac{\pi}{6}\right)+i\sin\left(\frac{n\pi}{2}+\frac{\pi}{6}\right)\right]$$

이다. 그러나

$n=0$일 때 $\theta=\frac{\pi}{6}$

$n=1$일 때 $\theta=\frac{\pi}{2}+\frac{\pi}{6}=\frac{2\pi}{3}$

$n=2$일 때 $\theta=\pi+\frac{\pi}{6}=\frac{7\pi}{6}$

$n=3$일 때 $\theta=\frac{3\pi}{2}+\frac{\pi}{6}=\frac{5\pi}{3}$

$n=4$일 때 $\theta=2\pi+\frac{\pi}{6}=\frac{\pi}{6}$

$\vdots$

와 같이 해는 주기적으로 반복되므로 $n$의 값은 제한된다.

따라서 $z=2\left[\cos\left(2n\pi+\frac{2\pi}{3}\right)+i\sin\left(2n\pi+\frac{2\pi}{3}\right)\right]$, 여기서 $n=0,1,2,3$이다.

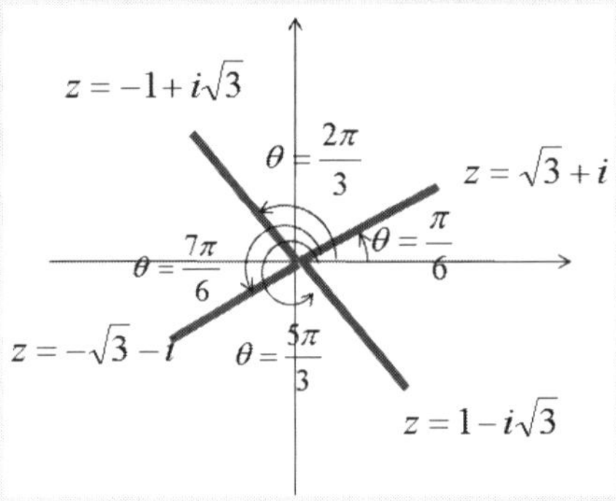

# Exercises

1. 다음을 계산하라.

(a) $(5-i2)+(-3+i4)$ (b) $(3-i2)\cdot(-1+i)$ (c) $\dfrac{-5+i5}{4-i3}$

(d) $\dfrac{i+i^2+i^3}{1+i}$ (e) $\dfrac{3}{3-i2}+\dfrac{-2+i3}{i}$ (f) $i3\cdot(4-i2)$

(g) $\dfrac{-1}{i}+i$ (h) $\dfrac{i3}{(1-i2)^7}$

2. 다음의 복소수의 켤레 복소수를 구하라.

(a) $i\dfrac{1}{3}$ (b) $5+i3$ (c) $-14$ (d) $\cos wt+i\sin wt$

(e) $-5+i2$ (f) $6-i5$ (g) $6$ (h) $i$

3. 다음에 주어진 복소수를 극형식으로 표현하라.

(a) $3-i$ (b) $2i$ (c) $-\sin\theta+i\cos\theta$ (d) $5+i2$

(e) $\dfrac{(1-i)^{10}}{i}$ (f) $(2+i)(1-i)$ (g) $1+i\sqrt{3}$ (h) $3$

4. 다음의 식을 간략화하라.

$$\frac{\left(\sqrt{2}\angle\left(\frac{3\pi}{4}\right)\right)^2\left(2\angle\left(-\frac{\pi}{3}\right)\right)^2}{2\angle\left(-\frac{\pi}{6}\right)}$$

5. $10e^{i\frac{2\pi}{3}}$ 을 복소수로 표현하라.

6. 다음에 주어진 복소수의 실수부와 허수부를 구분하라.

(a) $5e^{i\frac{\pi}{3}}$ (b) $e^{i\frac{2\pi}{3}}$ (c) $10e^{i\pi}$ (d) $2e^{-i\pi}$

7. $z=e^{1+i\frac{\pi}{4}}$를 $x+iy$의 형태로 표현하라.

8. $z=1-i$를 지수 형태로 표현하라.

9. $z^2=i4$를 만족하는 모든 복소수 $z$를 구하라.

10. $z^4+1=i\sqrt{3}$를 만족하는 모든 복소수 $z$를 구하라.

11. $|z+i2|=|1-i|$를 만족하는 모든 복소수 $z$를 구하라.

12. $|z+i2|<1$을 만족하는 복소수 영역을 그리시오.

13. $|z|>4$을 만족하는 복소수 영역을 그리시오.

14. $z_1=3-i,\ z_2=2+i3$라 가정할 때 $(z_1z_2)^*=z_1{}^*z_2{}^*$가 성립함을 증명하라.

# Solution

1. (a) $2+i2$ (b) $-1+i5$ (c) $\frac{-7+i}{5}$ (d) $\frac{-1+i}{2}$

   (e) $\frac{48+i32}{13}$ (f) $6+i12$ (g) $i2$ (h) $\frac{-834+i87}{78125}$

2. (a) $-i\frac{1}{3}$ (b) $5-i3$ (c) $-14$ (d) $\cos wt - i\sin wt$

   (e) $-5-i2$ (f) $6+i5$ (g) $6$ (h) $-i$

3. (a) $\sqrt{10}(\cos 18.4° - i\sin 18.4)$ (b) $2(\cos 90° + i\sin 90°)$ (c) $i(\cos\theta + i\sin\theta)$

   (d) $\sqrt{29}(\cos 21.8° + i\sin 21.8°)$ (e) $32(\cos 3\pi - i\sin 3\pi)$ 또는 $32(\cos\pi - i\sin\pi)$

   (f) $\sqrt{10}(\cos 18.4° - i\sin 18.4)$ (g) $2(\cos\frac{\pi}{3} + i\sin\frac{\pi}{3})$ (h) $3(\cos 2\pi + i\sin 2\pi)$

4. $4\angle\pi$ 또는 $-4$

5. $-5+i5\sqrt{3}$

6. (a) 실수부 $\frac{5}{2}$, 허수부 $\frac{5\sqrt{3}}{2}$ (b) 실수부 $-\frac{1}{2}$, 허수부 $\frac{\sqrt{3}}{2}$

   (c) 실수부 $-10$, 허수부 $0$ (d) 실수부 $-2$, 허수부 $0$

7. $e(\frac{1}{\sqrt{2}} + i\frac{1}{\sqrt{2}})$

8. $\sqrt{2}e^{-i\frac{\pi}{4}}$

9. $z_1 = \sqrt{2} + i\sqrt{2}$, $z_2 = -\sqrt{2} - i\sqrt{2}$

10. $r=\sqrt[4]{2}$, $\theta=\dfrac{n\pi}{2}+\dfrac{\pi}{6}, n=0,1,2,3$

11. 복소수는 중심이 $(0,-2)$이고 반지름이 $\sqrt{2}$인 원 위에 존재한다.

12.

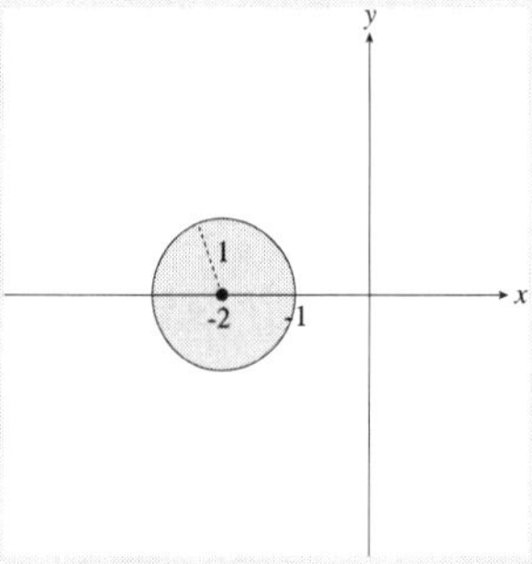


13.

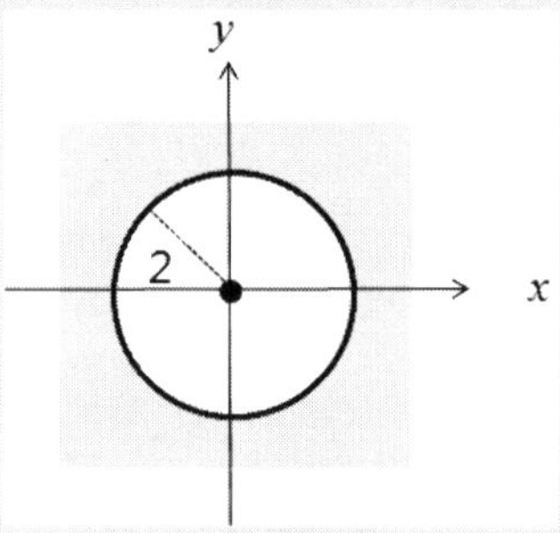




14. $z_1z_2=(3-i)(2+i3)=9+i7$, $(z_1z_2)^*=9-i7$

$z_1^*=(3+i), z_2^*=(2-i3)$

$z_1^*z_2^*=(3+i)(2-i3)=9-i7$

따라서 $(z_1z_2)^*=z_1^*z_2^*$

# 행렬

chapter 05



## 5.1 개요

행렬은 컴퓨터 발전의 바탕이 될 뿐만 아니라 인구분석, 암호이론, 최적화이론, 수치해석, 통계적 분석 등 현대 수학 응용의 대부분에서 광범위하게 이용되고 있다. 또한 컴퓨터 그래픽스 분야에서 3차원 공간의 실세계를 2차원 평면인 컴퓨터 화면에 현실감 있게 표현하는 기본 수단이기도 하며, 우리 사회의 여러 현상의 문제를 수학적으로 표현한 후 행렬의 성질을 이용하여 논리적으로 해결할 수 있다.

## 5.2 행렬의 정의

행렬(matrix)이란 수나 문자를 행(row)방향과 열(column)방향으로 나열하여 직사각형 또는 정사각형 모양으로 배열한 것이다.
행은 행렬의 가로 줄, 열은 행렬의 세로 줄을 의미하며, $m$개의 행과 $n$개의 열로 이루어진 행렬을 크기를 $m \times n$인 행렬이라 한다. 예를 들어 $2 \times 2$ 행렬과 $3 \times 2$의 예로는 각각 다음과 같다.

$$\begin{bmatrix} 1 & 0 \\ -1 & 2 \end{bmatrix}, \begin{bmatrix} 0 & 2 \\ 1 & -1 \\ 3 & 2 \end{bmatrix}$$

$m$개의 행과 $n$개의 열을 갖는 크기 $m \times n$의 행렬 $A$는 다음과 같이 정의된다.

$$A = \begin{bmatrix} a_{11} & a_{12} & \cdots & a_{1n} \\ a_{21} & a_{22} & \cdots & a_{2n} \\ \vdots & \vdots & \vdots & \vdots \\ a_{m1} & a_{m2} & \cdots & a_{mn} \end{bmatrix}$$

여기서 $a_{ij}$는 i번째 행과 j번째 열의 원소를 뜻하며, $1 \le i \le m$, $1 \le j \le n$이다.

만일 행과 열의 크기가 같다면, 즉 다음과 같이 $m = n$이면 정방행렬(square matrix)라고 한다.

$$\begin{bmatrix} a_{11} & a_{12} & \cdots & a_{1n} \\ a_{21} & a_{22} & \cdots & a_{2n} \\ \vdots & \vdots & \vdots & \vdots \\ a_{n1} & a_{n2} & \cdots & a_{nn} \end{bmatrix}$$

예를 들어 $2 \times 2$와 $3 \times 3$ 정방 행렬의 예는 아래와 같다.

$$\begin{bmatrix} 1 & 0 \\ 2 & -1 \end{bmatrix}, \begin{bmatrix} 2 & 0 & -2 \\ 3 & 1 & -1 \\ -1 & 1 & 0 \end{bmatrix}$$

또한 하나의 행으로만 구성된 행렬을 행벡터(row vector)라 하고, $1 \times n$ 행벡터는 다음과 같이 정의된다.

$$[a_1 \; a_2 \cdots a_n]$$

반면 하나의 열로 이루어진 행렬은 열벡터(column vector)라 하며, $m \times 1$의 열벡터는 다음과 같다.

$$\begin{bmatrix} a_1 \\ a_2 \\ \vdots \\ a_m \end{bmatrix}$$

또한 행렬의 왼쪽 상단에서 오른쪽 하단까지의 대각선을 주대각(main diagonal)이라 하고, 주대각에 위치한 원소 $a_{11}, a_{22}, \dots, a_{nn}$을 주대각 원소들이라 한다.

주대각

$$\begin{bmatrix} a_{11} & a_{12} & \cdots & a_{1n} \\ a_{21} & a_{22} & \cdots & a_{2n} \\ \vdots & \vdots & \vdots & \vdots \\ a_{n1} & a_{n2} & \cdots & a_{nn} \end{bmatrix}$$

**예제 5.1**

행렬 $A$가 $\begin{bmatrix} 2 & 2 & -1 \\ -1 & 0 & 3 \\ 0 & 1 & 4 \end{bmatrix}$일 때

(a) $A$의 크기와 (b) 주대각 요소들을 나열하라.

**풀이.** (a) $A$의 크기는 $3 \times 3$이다

(b) 주대각 요소는 2, 0, 4이다

## 5.3 행렬의 연산

### 5.3.1 행렬의 덧셈과 뺄셈

행렬 $A$, $B$의 덧셈 및 뺄셈 $A \pm B$는 크기가 같은 경우에만 성립하며, 서로 대응되는 원소들끼리 더하거나 뺀다.

행렬 $A$와 $B$의 덧셈 및 뺄셈은 두 행렬의 크기가 같은 경우에만 성립되며 연산 결과는 아래와 같다.

$$A + B = \begin{bmatrix} a_{11} & a_{12} & \cdots & a_{1n} \\ a_{21} & a_{22} & \cdots & a_{2n} \\ \vdots & \vdots & \vdots & \vdots \\ a_{m1} & a_{m2} & \cdots & a_{mn} \end{bmatrix} \pm \begin{bmatrix} b_{11} & b_{12} & \cdots & b_{1n} \\ b_{21} & b_{22} & \cdots & b_{2n} \\ \vdots & \vdots & \vdots & \vdots \\ b_{m1} & b_{m2} & \cdots & b_{mn} \end{bmatrix} = \begin{bmatrix} a_{11} \pm b_{11} & a_{12} \pm b_{12} & \cdots & a_{1n} \pm b_{1n} \\ a_{21} \pm b_{21} & a_{22} \pm b_{22} & \cdots & a_{2n} \pm b_{2n} \\ \vdots & \vdots & \vdots & \vdots \\ a_{m1} \pm b_{m1} & a_{m2} \pm b_{m2} & \cdots & a_{mn} \pm b_{mn} \end{bmatrix}$$

**예제 5.2**

행렬 $A=\begin{bmatrix}1 & 3\\0 & -1\end{bmatrix}$, $B=\begin{bmatrix}2 & 0\\1 & 4\end{bmatrix}$, $C=\begin{bmatrix}-1 & 2\\1 & 3\end{bmatrix}$일 때 다음을 연산하라.

(a) $A+B$ (b) $B+A$ (c) $A-B$ (d) $B-A$

(e) $(A+B)+C$ (f) $A+(B+C)$ (g) $(A-B)-C$ (h) $A-(B-C)$

**풀이.** (a) $A+B=\begin{bmatrix}1+2 & 3+0\\0+1 & -1+4\end{bmatrix}=\begin{bmatrix}3 & 3\\1 & 3\end{bmatrix}$

(b) $B+A=\begin{bmatrix}2+1 & 0+3\\1+0 & 4-1\end{bmatrix}=\begin{bmatrix}3 & 3\\1 & 3\end{bmatrix}$

(c) $A-B=\begin{bmatrix}1-2 & 3-0\\0-1 & -1-4\end{bmatrix}=\begin{bmatrix}-1 & 3\\-1 & -5\end{bmatrix}$

(d) $B-A=\begin{bmatrix}2-1 & 0-3\\1-0 & 4+1\end{bmatrix}=\begin{bmatrix}1 & -3\\1 & 5\end{bmatrix}$

(e) $(A+B)+C=\begin{bmatrix}3 & 3\\1 & 3\end{bmatrix}+\begin{bmatrix}-1 & 2\\1 & 3\end{bmatrix}=\begin{bmatrix}2 & 5\\2 & 6\end{bmatrix}$

(f) $A+(B+C)=\begin{bmatrix}1 & 3\\0 & -1\end{bmatrix}+\begin{bmatrix}1 & 2\\2 & 7\end{bmatrix}=\begin{bmatrix}2 & 5\\2 & 6\end{bmatrix}$

(g) $(A-B)-C=\begin{bmatrix}-1 & 3\\-1 & -5\end{bmatrix}-\begin{bmatrix}-1 & 2\\1 & 3\end{bmatrix}=\begin{bmatrix}0 & 1\\-2 & -8\end{bmatrix}$

(h) $A-(B-C)=\begin{bmatrix}1 & 3\\0 & -1\end{bmatrix}-\begin{bmatrix}3 & -2\\0 & 1\end{bmatrix}=\begin{bmatrix}-2 & 5\\0 & -2\end{bmatrix}$

연산 결과 행렬의 덧셈은 교환 법칙과 결합 법칙이 성립하나, 뺄셈은 교환법칙과 결합 법칙이 성립하지 않음을 알 수 있다.

**정리 5.1 행렬의 덧셈과 뺄셈 법칙**

행렬의 덧셈은 교환법칙과 결합법칙이 모두 성립하나, 뺄셈은 교환법칙과 결합법칙 모두 성립하지 않는다.

### 5.3.2 행렬의 곱셈

행렬 $A$, $B$의 곱셈 $AB$는 행렬 $A$의 열의 수와 행렬 $B$의 행의 수가 같을 때만 성립하며, 연산 결과는 $A$의 $i$번째 행과 $B$의 $j$번째 열의 대응되는 원소들을 곱하여 더한 것을 원소로 가진다.

> 크기 $m\times n$의 행렬 $A$과 $k\times l$의 행렬 $B$의 곱셈 $AB$은
> $$n=k$$
> 일 때 성립되며, 곱셈 결과의 크기는 $m\times l$이다.
> $$AB=\begin{bmatrix} a_{11} & a_{12} & \cdots & a_{1n} \\ a_{21} & a_{22} & \cdots & a_{2n} \\ \vdots & \vdots & \vdots & \vdots \\ a_{m1} & a_{m2} & \cdots & a_{mn} \end{bmatrix}\begin{bmatrix} b_{11} & b_{12} & \cdots & b_{1l} \\ b_{21} & b_{22} & \cdots & b_{2l} \\ \vdots & \vdots & \vdots & \vdots \\ b_{k1} & b_{k2} & \cdots & b_{kl} \end{bmatrix}$$
> $$=\begin{bmatrix} a_{11}b_{11}+a_{12}b_{21}+\cdots+a_{1n}b_{k1} & \cdots & a_{11}b_{1l}+a_{12}b_{2l}+\cdots+a_{1n}b_{kl} \\ a_{21}b_{11}+a_{22}b_{21}+\cdots+a_{2n}b_{k1} & \cdots & a_{21}b_{1l}+a_{22}b_{2l}+\cdots+a_{2n}b_{kl} \\ \vdots & \vdots & \vdots \\ a_{m1}b_{11}+a_{m2}b_{21}+\cdots+a_{mn}b_{k1} & \cdots & a_{m1}b_{1l}+a_{m2}b_{2l}+\cdots+a_{mn}b_{kl} \end{bmatrix}$$

**예제 5.3**

$A=\begin{bmatrix} 1 & 0 \\ 2 & -1 \end{bmatrix}$, $B=\begin{bmatrix} 2 & 1 \\ 3 & -2 \\ 2 & 0 \end{bmatrix}$ 일 때, $AB$를 계산하라.

**풀이.** 행렬 $A$의 크기는 $2\times 2$, $B$의 크기는 $3\times 2$이며, 행렬 $A$의 열크기 2와 행렬 $B$의 행 크기 3이 다르므로 곱셈 연산을 할 수 없다.

**예제 5.4**

$A=\begin{bmatrix} 1 & 0 \\ 2 & -1 \end{bmatrix}$, $B=\begin{bmatrix} 2 & 1 \\ 3 & -2 \end{bmatrix}$, $C=\begin{bmatrix} -1 & 3 \\ 2 & -1 \end{bmatrix}$ 일 때, 다음을 계산하라.

(a) $AB$　　(b) $BA$　　(c) $(AB)C$　　(d) $A(BC)$

**풀이.** (a) $AB=\begin{bmatrix} 1 & 0 \\ 2 & -1 \end{bmatrix}\begin{bmatrix} 2 & 1 \\ 3 & -2 \end{bmatrix}=\begin{bmatrix} 2+0 & 1-0 \\ 4-3 & 2+2 \end{bmatrix}=\begin{bmatrix} 2 & 1 \\ 1 & 4 \end{bmatrix}$

(b) $BA=\begin{bmatrix}2 & 1\\3 & -2\end{bmatrix}\begin{bmatrix}1 & 0\\2 & -1\end{bmatrix}=\begin{bmatrix}2-2 & 0-1\\3-4 & 0+2\end{bmatrix}=\begin{bmatrix}0 & -1\\-1 & 2\end{bmatrix}$

(c) $(AB)C=\begin{bmatrix}2 & 1\\1 & 4\end{bmatrix}\begin{bmatrix}-1 & 3\\2 & -1\end{bmatrix}=\begin{bmatrix}-2+2 & 6-1\\-1+8 & 3-4\end{bmatrix}=\begin{bmatrix}0 & 5\\7 & -1\end{bmatrix}$

(d) $$\begin{aligned}A(BC)&=\begin{bmatrix}1 & 0\\2 & -1\end{bmatrix}\left\{\begin{bmatrix}2 & 1\\3 & -2\end{bmatrix}\begin{bmatrix}-1 & 3\\2 & -1\end{bmatrix}\right\}=\begin{bmatrix}1 & 0\\2 & -1\end{bmatrix}\begin{bmatrix}-2+2 & 6-1\\-3-4 & 9+2\end{bmatrix}\\&=\begin{bmatrix}1 & 0\\2 & -1\end{bmatrix}\begin{bmatrix}0 & 5\\-7 & 11\end{bmatrix}=\begin{bmatrix}0-0 & 5+0\\0+7 & 10-11\end{bmatrix}=\begin{bmatrix}0 & 5\\7 & -1\end{bmatrix}\end{aligned}$$

$\therefore\ AB\neq BA,\ (AB)C=A(BC)$

연산 결과 곱셈은 교환법칙은 성립하지 않으나 결합법칙은 성립함을 알 수 있다. 따라서 행렬의 곱셈에서는 연산 순서에 주의하여야 한다.

**정리 5.2 행렬의 곱셈 법칙**

행렬의 곱셈은 교환법칙은 성립하지 않지만 결합법칙은 성립한다.

### 5.3.3 스칼라와의 곱

임의의 실수 $k$에 대해 행렬 $A$의 모든 원소를 $k$배 한 것을 스칼라곱이라 하며, $kA$로 표기한다.

스칼라 $k$와 크기가 $m\times n$인 행렬 $A$의 스칼라곱 $kA$는 다음과 같이 정의된다.

$$kA=k\begin{bmatrix}a_{11} & a_{12} & \cdots & a_{1n}\\a_{21} & a_{22} & \cdots & a_{2n}\\\vdots & \vdots & \vdots & \vdots\\a_{m1} & a_{m2} & \cdots & a_{mn}\end{bmatrix}=\begin{bmatrix}ka_{11} & ka_{12} & \cdots & ka_{1n}\\ka_{21} & ka_{22} & \cdots & ka_{2n}\\\vdots & \vdots & \vdots & \vdots\\ka_{m1} & ka_{m2} & \cdots & ka_{mn}\end{bmatrix}$$

**예제 5.5**

$A=\begin{bmatrix}1 & 0\\ 2 & -1\end{bmatrix}$일 때, $-\frac{1}{3}A$를 계산하라.

**풀이.** $-\frac{1}{3}A=-\frac{1}{3}\begin{bmatrix}1 & 0\\ 2 & -1\end{bmatrix}=\begin{bmatrix}-\frac{1}{3} & 0\\ -\frac{2}{3} & \frac{1}{3}\end{bmatrix}$

**예제 5.6**

$A=\begin{bmatrix}1 & 0\\ 2 & -1\end{bmatrix}$, $B=\begin{bmatrix}3 & 1\\ -1 & -2\end{bmatrix}$일 때, $A-2B$를 계산하라.

**풀이.** $A-2B=\begin{bmatrix}1 & 0\\ 2 & -1\end{bmatrix}-2\begin{bmatrix}3 & 1\\ -1 & -2\end{bmatrix}=\begin{bmatrix}-5 & -2\\ 4 & 3\end{bmatrix}$

### 5.3.4 행렬의 동치

두 행렬 $A$와 $B$가 있을 때 서로 대응되는 원소가 모두 같다면 두 행렬은 동치라고 하고, $A=B$로 표기한다.

> 같은 크기를 가지는 $m\times n$의 두 행렬 $A$와 $B$의 대응되는 모든 원소가 같다면 이들은 동치이다.
>
> $$A=\begin{bmatrix}a_{11} & a_{12} & \cdots & a_{1n}\\ a_{21} & a_{22} & \cdots & a_{2n}\\ \vdots & \vdots & \vdots & \vdots\\ a_{m1} & a_{m2} & \cdots & a_{mn}\end{bmatrix}=\begin{bmatrix}b_{11} & b_{12} & \cdots & b_{1n}\\ b_{21} & b_{22} & \cdots & b_{2n}\\ \vdots & \vdots & \vdots & \vdots\\ b_{m1} & b_{m2} & \cdots & b_{mn}\end{bmatrix}=B$$
>
> $$\Leftrightarrow a_{11}=b_{11}, a_{12}=b_{12}, \cdots, a_{mn}=b_{mn}$$

### 5.3.5 행렬의 전치

행렬의 행과 열의 위치를 바꾼 것을 전치 행렬(transpose matrix)이라 하며, $A^T$

라 표기한다.

크기 $m \times n$의 행렬 $A$에서 행과 열의 위치를 바꾼 것을 전치행렬이라 하고, $A^T$이라 표기한다.

$$A = \begin{bmatrix} a_{11} & a_{12} & \cdots & a_{1n} \\ a_{21} & a_{22} & \cdots & a_{2n} \\ \vdots & \vdots & \vdots & \vdots \\ a_{m1} & a_{m2} & \cdots & a_{mn} \end{bmatrix} \text{일 때, } A^T = \begin{bmatrix} a_{11} & a_{21} & \cdots & a_{m1} \\ a_{12} & a_{22} & \cdots & a_{m2} \\ \vdots & \vdots & \vdots & \vdots \\ a_{1n} & a_{2n} & \cdots & a_{mn} \end{bmatrix}$$

**예제 5.7**

$A = \begin{bmatrix} 1 & 0 & 1 \\ 2 & -1 & 3 \end{bmatrix}$일 때, $A^T$를 계산하라.

**풀이.** $A^T = \begin{bmatrix} 1 & 2 \\ 0 & -1 \\ 1 & 3 \end{bmatrix}$

## 5.4 특수 행렬

### 5.4.1 단위 행렬

단위행렬(identity matrix)이란 정방행렬에서 주대각 원소가 1이고 나머지 원소는 모두 0인 행렬을 말하며, $I$로 표기한다.

$$\begin{bmatrix} 1 & 0 \\ 0 & 1 \end{bmatrix}, \quad \begin{bmatrix} 1 & 0 & 0 \\ 0 & 1 & 0 \\ 0 & 0 & 1 \end{bmatrix}$$

행렬 $A$와 단위 행렬 $I$의 크기가 같을 때 $AI = IA = A$이다.

$$AI = \begin{bmatrix} 2 & 3 \\ -1 & 4 \end{bmatrix}\begin{bmatrix} 1 & 0 \\ 0 & 1 \end{bmatrix} = \begin{bmatrix} 2 & 3 \\ -1 & 4 \end{bmatrix} = A$$

$$IA = \begin{bmatrix} 1 & 0 \\ 0 & 1 \end{bmatrix}\begin{bmatrix} 2 & 3 \\ -1 & 4 \end{bmatrix} = \begin{bmatrix} 2 & 3 \\ -1 & 4 \end{bmatrix} = A$$

즉 임의의 행렬에 단위 행렬을 곱하면 원래의 행렬과 동일하다.

**정리 5.3 행렬 $A$와 단위 행렬 $I$와의 곱셈 법칙**

임의의 행렬 $A$와 단위 행렬 $I$의 곱셈 결과는 항상 $A$이다.

$$AI = IA = A$$

### 5.4.2 대각 행렬

대각 행렬(diagonal matrix)이란 정방행렬에서 주대각을 기준으로 위쪽과 아래쪽의 원소들이 모두 0인 행렬을 말한다.

$$\begin{bmatrix} 3 & 0 \\ 0 & 1 \end{bmatrix}, \quad \begin{bmatrix} 1 & 0 & 0 \\ 0 & -1 & 0 \\ 0 & 0 & 1 \end{bmatrix}$$

따라서 단위행렬은 대각 행렬의 특수한 형태이며 주대각 원소들이 1인 행렬이다.

### 5.4.3 삼각 행렬

삼각 행렬(triangular matrix)은 정방행렬에서 주대각선의 위쪽 또는 아래쪽에 있는 원소가 모두 0인 원소이다. 특히 주대각 아래쪽의 원소가 모두 0이면 상삼각행렬(upper triangular matrix), 주대각 위쪽의 원소가 모두 0이면 하삼각행렬(lower triangular matrix)이라 한다. 다음의 예는 각각 상삼각행렬과 하삼각행렬을 보인 것이다.

$$\begin{bmatrix} 1 & 2 & 0 \\ 0 & -1 & 1 \\ 0 & 0 & 1 \end{bmatrix}, \quad \begin{bmatrix} 1 & 0 & 0 \\ 2 & 3 & 0 \\ 1 & 0 & 1 \end{bmatrix}$$

### 5.4.4 대칭 행렬

대칭 행렬(symmetric matrix)이란 정방행렬로서 전치 행렬과 같을 때를 의미한다. 즉,

$$A = A^T$$

을 만족하는 행렬을 말한다. 예를 들어

$A = \begin{bmatrix} 1 & 3 & 5 \\ 3 & -1 & 0 \\ 5 & 0 & 1 \end{bmatrix}$ 와 $A^T = \begin{bmatrix} 1 & 3 & 5 \\ 3 & -1 & 0 \\ 5 & 0 & 1 \end{bmatrix}$ 는 서로 같으므로 대칭 행렬이다.

대칭행렬은 주대각을 기준으로 값이 같음을 알 수 있다.

**예제 5.8**

다음은 어떠한 행렬인지 설명하라.

(a) $\begin{bmatrix} 2 & 0 & 0 \\ 0 & 1 & 0 \\ -1 & 0 & 1 \end{bmatrix}$ (b) $\begin{bmatrix} 1 & 0 & 0 \\ 0 & 3 & 0 \\ 0 & 0 & 1 \end{bmatrix}$ (c) $\begin{bmatrix} -1 & 2 & 1 \\ 2 & 0 & 3 \\ 1 & 3 & 1 \end{bmatrix}$ (d) $\begin{bmatrix} 1 & 0 & 0 \\ 0 & 1 & 0 \\ 0 & 0 & 1 \end{bmatrix}$

**풀이.** (a)는 주대각의 위쪽이 모두 0이므로 하삼각행렬,
(b)는 주대각 원소를 제외한 모든 요소가 0이므로 대각행렬이며,
(c)는 주대각을 기준으로 값이 동일하므로 대칭행렬,
(d)는 대각행렬이면서 주 대각 원소가 1이므로 단위행렬이다.

## 5.5 행렬식

### 5.5.1 2×2 행렬의 행렬식

행렬식은 행렬의 응용에서 특히 중요하다. 예를 들어 역행렬의 존재 여부와 방정식의 근을 구할 때 사용되며, 행렬의 고유치를 구할 때도 이용된다.

행렬 $A$가 정방 행렬일 때, 행렬 $A$의 행렬식(determinant) $|A|$는 다음과 같이 정의된다.

> 크기 2×2의 행렬 $A = \begin{bmatrix} a_{11} & a_{12} \\ a_{21} & a_{22} \end{bmatrix}$의 행렬식은
>
> $$|A| = \begin{vmatrix} a_{11} & a_{12} \\ a_{21} & a_{22} \end{vmatrix} = a_{11}a_{22} - a_{12}a_{21}$$
>
> 로 정의된다.

행렬식은 절대값 기호를 사용하며, det$(A)$로 표기한다. $2 \times 2$ 행렬의 행렬식은 주대각 상에 있는 요소들을 곱한 것에서 다른 대각선 방향에 있는 요소들을 곱한 것을 뺀 것임을 알 수 있다.

**예제 5.9**

행렬 $A = \begin{bmatrix} 1 & -1 \\ 2 & 0 \end{bmatrix}$의 행렬식을 계산하라.

**풀이.** $\det(A) = |A| = \begin{vmatrix} 1 & -1 \\ 2 & 0 \end{vmatrix} = (1)\cdot(0) - (-1)\cdot(2) = 2$

### 5.5.2 3×3이상의 행렬에 대한 행렬식

$3 \times 3$ 이상의 정방 행렬에 대한 행렬식은 다음과 같은 일반식을 사용하여 계산한다.

> 크기 $3 \times 3$의 행렬 $A = \begin{bmatrix} a_{11} & a_{12} & a_{13} \\ a_{21} & a_{22} & a_{23} \\ a_{31} & a_{32} & a_{33} \end{bmatrix}$의 행렬식(1행 기준 방법을 사용)은
>
> $$|A| = \begin{vmatrix} a_{11} & a_{12} & a_{13} \\ a_{21} & a_{22} & a_{23} \\ a_{31} & a_{32} & a_{33} \end{vmatrix} = a_{11}\begin{vmatrix} a_{22} & a_{23} \\ a_{32} & a_{33} \end{vmatrix} - a_{12}\begin{vmatrix} a_{21} & a_{23} \\ a_{31} & a_{33} \end{vmatrix} + a_{13}\begin{vmatrix} a_{21} & a_{22} \\ a_{31} & a_{32} \end{vmatrix}$$
>
> $$= (a_{11}a_{22}a_{33} + a_{12}a_{23}a_{31} + a_{13}a_{21}a_{32}) - (a_{13}a_{22}a_{31} + a_{11}a_{32}a_{23} + a_{12}a_{21}a_{33})$$
>
> 이다.

행렬식 $|A|$에서 $a_{11}$이 포함된 행과 열을 제외한 나머지 원소들만으로 된 행렬식을 $a_{11}$의 소행렬식(minor matrix)이라 한다. 이때 부호를 포함한 소행렬식을 여인자(cofactor)라 하며, 행렬의 각 원소의 위치에 따른 부호는 다음과 같이 +와 -를 번갈아 가진다.

$$\begin{matrix} + & - & + & - & \cdots \\ - & + & - & + & \cdots \\ + & - & + & - & \cdots \\ - & + & - & + & \cdots \\ \vdots & \vdots & \vdots & \vdots & \end{matrix}$$

1행 기준 방법을 사용한 행렬식은 1행의 각 원소에 그의 여인자를 곱하여 구한 것이다. 그러나 1행 기준이 아닌 어떠한 행이나 열을 기준으로 계산하더라도 행렬식의 값은 항상 같다. 예를 들면 1열 기준 방법을 사용하여 행렬식을 전개해 보면 다음과 같다.

$$|A| = \begin{vmatrix} a_{11} & a_{12} & a_{13} \\ a_{21} & a_{22} & a_{23} \\ a_{31} & a_{32} & a_{33} \end{vmatrix} = a_{11}\begin{vmatrix} a_{22} & a_{23} \\ a_{32} & a_{33} \end{vmatrix} - a_{21}\begin{vmatrix} a_{12} & a_{13} \\ a_{32} & a_{33} \end{vmatrix} + a_{31}\begin{vmatrix} a_{12} & a_{13} \\ a_{22} & a_{23} \end{vmatrix}$$

$$= (a_{11}a_{22}a_{33} + a_{12}a_{23}a_{31} + a_{13}a_{21}a_{32}) - (a_{13}a_{22}a_{31} + a_{11}a_{32}a_{23} + a_{12}a_{21}a_{33})$$

따라서 1행 기준 방법과 1열 기준 방법은 행렬식의 결과가 동일함을 알 수 있다.

> 행렬식은 어떠한 행이나 어떠한 열을 기준으로 구하여도 그 결과는 항상 동일하다.

**예제 5.10**

$A = \begin{bmatrix} 3 & -1 & 5 \\ -2 & 1 & 2 \\ -2 & 4 & 3 \end{bmatrix}$에 대해 다음을 구하라.

(a) 1의 여인자를 구하라.

(b) 행렬 $A$의 행렬식을 구하라.

**풀이.** (a) 1이 포함된 행과 열을 제외한 소행렬식은 $\begin{vmatrix} 3 & 5 \\ -2 & 3 \end{vmatrix} = 9+10=19$이고

1은 부호 위치에서 볼 때 +에 해당하므로 1의 여인자는 19이다

(b) $|A| = \begin{vmatrix} 3 & -1 & 5 \\ -2 & 1 & 2 \\ -2 & 4 & 3 \end{vmatrix}$

$= [(3)(1)(3) + (-1)(2)(-2) + (5)(-2)(4)]$

$\quad - [(5)(1)(-2) + (3)\cdot(4)\cdot(2) + (-1)\cdot(-2)\cdot(3)]$

$= -47$

**예제 5.11**

$A = \begin{bmatrix} -1 & 0 & 1 \\ 3 & 1 & 0 \\ 0 & -1 & 2 \end{bmatrix}$에 대해 다음에 답하라.

(a) 1행 기준 방법을 이용하여 행렬식을 구하라.

(b) 2열 기준 방법을 이용하여 행렬식을 구하고, (a)의 결과와 비교하라.

**풀이.** (a) 1행 기준 방법을 이용하면

$$|A| = \begin{vmatrix} -1 & 0 & 1 \\ 3 & 1 & 0 \\ 0 & -1 & 2 \end{vmatrix} = (-1)\cdot\begin{vmatrix} 1 & 0 \\ -1 & 2 \end{vmatrix} - (0)\cdot\begin{vmatrix} 3 & 0 \\ 0 & 2 \end{vmatrix} + (1)\cdot\begin{vmatrix} 3 & 1 \\ 0 & -1 \end{vmatrix}$$

$$= (-1)\cdot(2) - 0 + (1)(-3) = -5$$

(b) 2열 기준 방법을 이용하여 구하면

$$|A| = \begin{vmatrix} -1 & 0 & 1 \\ 3 & 1 & 0 \\ 0 & -1 & 2 \end{vmatrix} = -(0)\cdot\begin{vmatrix} 3 & 0 \\ 0 & 2 \end{vmatrix} + (1)\cdot\begin{vmatrix} -1 & 1 \\ 0 & 2 \end{vmatrix} - (-1)\cdot\begin{vmatrix} -1 & 1 \\ 3 & 0 \end{vmatrix}$$

$$= -(0)\cdot(6-0) + (1)(-2-0) - (-1)(0-3) = -5$$

이는 (a)의 결과와 동일하다.

# 5.6 역행렬

## 5.6.1 역행렬의 정의

실수 $a$에 대해 $ax = xa = 1$을 만족하는 실수 $x$가 존재할 때, $x$를 곱셈에 대한 $a$의 역원이라 하고 $x = \frac{1}{a}$로 나타낸다. 마찬가지로 정방행렬 $A$에 대해

$$AB = BA = I$$

를 만족하는 행렬 $B$를 행렬 $A$의 역행렬(inverse matrix)이라 하고, $A^{-1}$로 표기한다.
예를 들면

$$A = \begin{bmatrix} 4 & -2 & 1 \\ 7 & 3 & 3 \\ 2 & 0 & 1 \end{bmatrix},\ B = \begin{bmatrix} 3 & -1 & -6 \\ 2 & 2 & -4 \\ -9 & -4 & 26 \end{bmatrix} \text{이라 할 때}$$

$$AB = BA = \begin{bmatrix} 4 & -2 & 1 \\ 7 & 3 & 3 \\ 2 & 0 & 1 \end{bmatrix} \begin{bmatrix} 3 & -1 & -6 \\ 2 & 2 & -4 \\ -9 & -4 & 26 \end{bmatrix} = \begin{bmatrix} 1 & 0 & 0 \\ 0 & 1 & 0 \\ 0 & 0 & 1 \end{bmatrix} = I$$

이므로 $B$는 $A$의 역행렬 $A^{-1}$이다.

> 정방행렬 $A$에 대해
>
> $$AB = BA = I$$
>
> 를 만족하는 행렬 $B$를 행렬 $A$의 역행렬(inverse matrix)이라 하고
> $A^{-1}$로 표기한다.

역행렬은 정방행렬에 대해서만 존재함을 주의하라

## 5.6.2 역행렬 계산

### 5.6.2.1 정의에 의한 계산

이 방법은 정의식 $AB = I$에서 등식이 성립하는 역행렬 $B = A^{-1}$를 찾는 것이다.

예를 들어 $A=\begin{bmatrix} 0 & 3 \\ -1 & 2 \end{bmatrix}$의 경우 역행렬을 $B=\begin{bmatrix} b_{11} & b_{12} \\ b_{21} & b_{22} \end{bmatrix}$라 하면 정의식에 의해

$$\begin{bmatrix} 0 & 3 \\ -1 & 2 \end{bmatrix}\begin{bmatrix} b_{11} & b_{12} \\ b_{21} & b_{22} \end{bmatrix}=\begin{bmatrix} 1 & 0 \\ 0 & 1 \end{bmatrix}$$

이므로 행렬의 동치 성질을 이용하여 다음의 연립 방정식을 만족하는 벡터 $B$의 원소를 구한다.

$$3b_{21}=1 \tag{1}$$

$$3b_{22}=0 \tag{2}$$

$$-b_{11}+2b_{21}=0 \tag{3}$$

$$-b_{12}+2b_{22}=1 \tag{4}$$

즉, $b_{11}=\frac{2}{3}$, $b_{12}=-1$, $b_{21}=\frac{1}{3}$, $b_{22}=0$이다.

따라서 역행렬 $A^{-1}=\begin{bmatrix} \frac{2}{3} & -1 \\ \frac{1}{3} & 0 \end{bmatrix}$이다.

**예제 5.12**

역행렬의 정의식을 이용하여 $A=\begin{bmatrix} 1 & 2 \\ 3 & 4 \end{bmatrix}$의 역행렬을 구하라.

**풀이.** $AB=I$로부터 $\begin{bmatrix} 1 & 2 \\ 3 & 4 \end{bmatrix}\begin{bmatrix} b_{11} & b_{12} \\ b_{21} & b_{22} \end{bmatrix}=\begin{bmatrix} 1 & 0 \\ 0 & 1 \end{bmatrix}$ 이므로

$b_{11}+2b_{21}=1$

$b_{12}+2b_{22}=0$

$3b_{11}+4b_{21}=0$

$3b_{12}+4b_{22}=1$

위의 네 식으로부터 $b_{11}=-2$, $b_{21}=\frac{3}{2}$, $b_{12}=1$, $b_{22}=-\frac{1}{2}$이다.

따라서 역행렬 $A^{-1}=\begin{bmatrix} -2 & 1 \\ \frac{3}{2} & -\frac{1}{2} \end{bmatrix}$이다.

### 5.6.2.2 행렬식에 의한 계산

크기 $2\times2$의 정방 행렬 $A=\begin{bmatrix} a_{11} & a_{12} \\ a_{21} & a_{22} \end{bmatrix}$에서 $D=a_{11}a_{22}-a_{12}a_{21}$라 할 때

$$A^{-1}=\frac{1}{D}\begin{bmatrix} a_{22} & -a_{12} \\ -a_{21} & a_{11} \end{bmatrix}$$

와 같이 정의된다. 단 역행렬이 존재하려면 $D\neq0$이어야 한다. $D$는 역행렬의 존재 여부를 알 수 있는 판별식이며, 행렬식 $|A|$와 같다.

크기 $2\times2$의 정방행렬 $A=\begin{bmatrix} a_{11} & a_{12} \\ a_{21} & a_{22} \end{bmatrix}$에 대해 $D=\begin{vmatrix} a_{11} & a_{12} \\ a_{21} & a_{22} \end{vmatrix}=a_{11}a_{22}-a_{12}a_{21}$일 때

$$A^{-1}=\frac{1}{D}\begin{bmatrix} a_{22} & -a_{12} \\ -a_{21} & a_{11} \end{bmatrix}$$

로 정의된다. 단 역행렬이 존재하려면 $D\neq0$이어야 한다.

**예제 5.13**

행렬식을 이용하여 $A=\begin{bmatrix} 2 & 3 \\ 4 & 6 \end{bmatrix}$의 역행렬을 구하라.

**풀이.** $D=\begin{vmatrix} 2 & 3 \\ 4 & 6 \end{vmatrix}=(2)\cdot(6)-(3)\cdot(4)=0$이므로 역행렬은 존재하지 않는다.

**예제 5.14**

행렬식을 이용하여 $A=\begin{bmatrix} 1 & 2 \\ 3 & 4 \end{bmatrix}$의 역행렬을 구하라.

**풀이.** $D=\begin{vmatrix} 1 & 2 \\ 3 & 4 \end{vmatrix}=(1)\cdot(4)-(2)\cdot(3)=-2$이므로

$$A^{-1}=-\frac{1}{2}\begin{bmatrix} 4 & -2 \\ -3 & 1 \end{bmatrix}=\begin{bmatrix} -2 & 1 \\ \frac{3}{2} & -\frac{1}{2} \end{bmatrix}$$이다

반면 크기 $3\times3$ 이상의 정방 행렬의 경우는 다음의 일반적인 공식을 사용하여 역행렬을 구할 수 있다.

> 크기가 $m\times m$인 정방행렬 $A$의 역행렬은
>
> $$A^{-1}=\frac{1}{|A|}adj(A)$$
>
> 로 정의된다. 여기서 $adj(A)$는 수반행렬을 의미한다.

수반 행렬(adjoint matrix)이란 행렬의 각 원소에 대한 여인자를 원소로 하는 행렬을 구한 후 이를 전치한 행렬로서, 정방 행렬 $A$에 대해 $adj(A)$로 표기한다.

**예제 5.15**

$A=\begin{bmatrix}3&-2&-4\\5&0&2\\1&0&1\end{bmatrix}$에 대해 다음을 계산하라.

(a) 수반 행렬 $adj(A)$을 구하라.

(b) $A$의 역행렬을 구하라.

**풀이.** (a) $adj(A)$는 각 원소에 대한 여인자를 원소로 하는 행렬을 전치한 행렬이므로

$$adj(A)=\begin{bmatrix}\begin{vmatrix}0&2\\0&1\end{vmatrix}&-\begin{vmatrix}5&2\\1&1\end{vmatrix}&\begin{vmatrix}5&0\\1&0\end{vmatrix}\\-\begin{vmatrix}-2&-4\\0&1\end{vmatrix}&\begin{vmatrix}3&-4\\1&1\end{vmatrix}&-\begin{vmatrix}3&-2\\1&0\end{vmatrix}\\\begin{vmatrix}-2&-4\\0&2\end{vmatrix}&-\begin{vmatrix}3&-4\\5&2\end{vmatrix}&\begin{vmatrix}3&-2\\5&0\end{vmatrix}\end{bmatrix}^T$$

$$=\begin{bmatrix}0&-3&0\\2&7&-2\\-4&-26&10\end{bmatrix}^T$$

$$=\begin{bmatrix}0&2&-4\\-3&7&-26\\0&-2&10\end{bmatrix}$$ 이다.

(b) 먼저 0의 수가 많은 2열을 이용하여 $A$의 행렬식을 구하면

$$|A|=-(-2)\begin{vmatrix}5&2\\1&1\end{vmatrix}=2\cdot3=6$$

이므로 정의에 의해

$$A^{-1}=\frac{1}{|A|}adj(A)=\frac{1}{6}\begin{bmatrix}0 & 2 & -4\\ -3 & 7 & -26\\ 0 & -2 & 10\end{bmatrix}=\begin{bmatrix}0 & \frac{1}{3} & -\frac{2}{3}\\ -\frac{1}{2} & \frac{7}{6} & -\frac{13}{3}\\ 0 & -\frac{1}{3} & \frac{5}{3}\end{bmatrix}$$

이다.

#### 5.6.2.3 가우스 소거법에 의한 계산

가우스 소거법은 $3\times 3$ 이상의 정방 행렬의 역행렬을 구할 때 주로 사용한다. 이 방법은 아래와 같이 역행렬을 구하고자 하는 정방행렬 $A$와 단위 행렬 $I$에 대해

$$A \mid I$$

동일한 연산 $p_n \cdots p_2 p_1$을 적용한다.

$$p_n \cdots p_2 p_1 A \mid p_n \cdots p_2 p_1 I$$

이러한 과정에서 $p_n \cdots p_2 p_1 A$ 가 단위 행렬 $I$가 되면, $p_n \cdots p_2 p_1 I$는 행렬 $A$의 역행렬이 된다. 이때 행렬 $A$를 단위 행렬 $I$로 변환하는데 다음의 방법을 사용할 수 있다.

(1) 행렬의 두 행을 서로 바꿀 수 있다.

(2) 어떤 행에 0이 아닌 임의의 상수를 곱할 수 있다

(3) 상수를 곱한 행을 다른 행에 더하거나 뺄 수 있다.

**예제 5.16**

가우스 소거법을 이용하여 $A=\begin{bmatrix}3 & -2 & -4\\ 5 & 0 & 2\\ 1 & 0 & 1\end{bmatrix}$의 역행렬을 구하라.

**풀이.** $A \mid I = \begin{matrix}3 & -2 & -4 & & 1 & 0 & 0\\ 5 & 0 & 2 & & 0 & 1 & 0\\ 1 & 0 & 1 & & 0 & 0 & 1\end{matrix}$ 에서

먼저 2행의 1열 원소 5를 0으로 만들기 위해 (1행×5) - (2행×3)의 결과로 2행의 모든 원소를 대치한다.

$$\begin{array}{cccccc} 3 & -2 & -4 & 1 & 0 & 0 \\ 0 & -10 & -26 & 5 & -3 & 0 \\ 1 & 0 & 1 & 0 & 0 & 1 \end{array}$$

다음은 3행의 1열 원소 1을 0으로 만들기 위해 (1행×1) - (3행×3)의 결과로 3행의 모든 원소를 대치한다.

$$\begin{array}{cccccc} 3 & -2 & -4 & 1 & 0 & 0 \\ 0 & -10 & -26 & 5 & -3 & 0 \\ 0 & -2 & -7 & 1 & 0 & -3 \end{array}$$

마찬가지로 3행의 2열 원소 -2을 0으로 만들기 위해 (2행×1) - (3행×5)의 결과로 3행의 모든 원소를 대치한다.

$$\begin{array}{cccccc} 3 & -2 & -4 & 1 & 0 & 0 \\ 0 & -10 & -26 & 5 & -3 & 0 \\ 0 & 0 & 9 & 0 & -3 & 15 \end{array}$$

이제 1행 2열의 원소 -2를 0으로 만들기 위해 (1행×5)-(2행×1)의 결과로 1행의 원소를 대치한다.

$$\begin{array}{cccccc} 15 & 0 & 6 & 0 & 3 & 0 \\ 0 & -10 & -26 & 5 & -3 & 0 \\ 0 & 0 & 9 & 0 & -3 & 15 \end{array}$$

또한 1행 3열의 원소 6을 0으로 만들기 위해 (1행×9) - (3행×6)의 결과로 1행의 원소를 대치한다.

$$\begin{array}{cccccc} 135 & 0 & 0 & 0 & 45 & -90 \\ 0 & -10 & -26 & 5 & -3 & 0 \\ 0 & 0 & 9 & 0 & -3 & 15 \end{array}$$

마지막으로 2행 3열의 원소 -26을 0으로 만들기 위해 (2행×9) + (3행×26)의 결과로 2행의 원소를 대치한다.

$$\begin{array}{cccccc} 135 & 0 & 0 & 0 & 45 & -90 \\ 0 & -90 & 0 & 45 & -105 & 390 \\ 0 & 0 & 9 & 0 & -3 & 15 \end{array}$$

이제 각 행을 주대각 요소인 135, -90, 9로 각각 나누어 왼쪽 행렬을 단위 행렬로 만들면 된다.

$$\begin{array}{cccccc} 1 & 0 & 0 & 0 & \frac{1}{3} & -\frac{2}{3} \\ 0 & 1 & 0 & -\frac{1}{2} & \frac{7}{6} & -\frac{13}{3} \\ 0 & 0 & 1 & 0 & -\frac{1}{3} & \frac{5}{3} \end{array}$$

따라서 역행렬 $A^{-1}$은 다음과 같다.

$$A^{-1}=\begin{bmatrix} 0 & \frac{1}{3} & -\frac{2}{3} \\ -\frac{1}{2} & \frac{7}{6} & -\frac{13}{3} \\ 0 & -\frac{1}{3} & \frac{5}{3} \end{bmatrix}$$

## 5.7 고유값과 고유벡터

고유값과 고유벡터는 진동해석, 전기해석, 열유체 해석, 제어시스템 해석 등에서 많이 다루게 되며, 1계 동차 연립 미분 방정식의 일반해를 구하거나 시스템의 안정도를 분석하기 위해 많이 활용된다.

고유벡터(eigenvector)란 임의의 벡터 $\vec{x}$에 행렬 $A$의 선형 변환을 가했을 때, 벡터 $\vec{x}$의 방향이 변하지 않는 영이 아닌 벡터를 말한다. 이때 벡터 $\vec{x}$의 확대 및 축소의 양을 나타내는 스칼라 값을 고유값(eigenvalue)이라 한다.

예를 들어 벡터 $\vec{x}$에 확대 연산 행렬 $A$를 곱하면

$$\begin{bmatrix} k & 0 \\ 0 & k \end{bmatrix}\begin{bmatrix} x_1 \\ x_2 \end{bmatrix} = k\begin{bmatrix} x_1 \\ x_2 \end{bmatrix} = \lambda\begin{bmatrix} x_1 \\ x_2 \end{bmatrix}$$

$$\Leftrightarrow \ A\vec{x} = \lambda\vec{x}$$

를 만족함을 쉽게 알 수 있다. 따라서 $A\vec{x} = \lambda\vec{x}$를 만족하는 상수 $\lambda$를 행렬 $A$의 고유값이라 하고, 벡터 $\vec{x}$를 고유벡터(eigen vector)라 한다.

> 행렬 $A$에 대해 $A\vec{x}=\lambda\vec{x}$를 만족하는 스칼라 $\lambda$를 행렬 $A$의 고유값이라 하고 벡터 $\vec{x}$를 $\lambda$에 대응하는 행렬 $A$의 고유벡터라 한다.

이제 행렬 $A$의 고유값과 고유벡터를 구하는 방법에 대해 살펴보자. $I$가 행렬 $A$와

같은 크기의 단위 행렬이라 할 때, $A\vec{x} = \lambda\vec{x}$를 바꾸어 표현하면

$$(A - \lambda I)\vec{x} = 0$$

와 같다. 따라서 고유벡터 $\vec{x}$는 다음과 같이 표현된다.

$$\vec{x} = (A - \lambda I)^{-1}\vec{0}$$

이때 영벡터가 아닌 고유벡터가 존재하려면

$$\det(A - \lambda I) = 0$$

의 조건이 만족되어야 하며, 이를 특성 방정식(characteristics equation)이라 한다. 따라서 행렬 $A$가 주어질 때 이 조건식은 $\lambda$에 관한 $n$차 방정식이 되므로 해를 구하면 $n$개의 고유값 $\lambda_i,\ i = 1, 2, \ldots, n$이 얻어진다. 이때 각각의 고유값 $\lambda_i$에 대응하는 고유벡터 $\vec{x_i}$는

$$A\vec{x_i} = \lambda_i\vec{x_i}$$

의 관계로부터 구할 수 있다.

> 행렬 $A$에 대해 고유값 $\lambda$는
>
> $$\det(A - \lambda I) = 0$$
>
> 로부터 얻어지며, 고유벡터는 각 고유값 $\lambda_i$에 대해
>
> $$A\vec{x_i} = \lambda_i\vec{x_i}$$
>
> 을 만족하는 벡터 $\vec{x}$이다.

**예제 5.17**

행렬 $A = \begin{bmatrix} 1 & 4 \\ 3 & 2 \end{bmatrix}$의 고유값과 고유벡터를 구하라.

**풀이.** $A - \lambda I = \begin{bmatrix} 1 & 4 \\ 3 & 2 \end{bmatrix} - \lambda \begin{bmatrix} 1 & 0 \\ 0 & 1 \end{bmatrix} = \begin{bmatrix} 1-\lambda & 4 \\ 3 & 2-\lambda \end{bmatrix}$ 이므로

특성 방정식은 $\det(A-\lambda I)=|A-\lambda I|=\begin{vmatrix}1-\lambda & 4\\ 3 & 2-\lambda\end{vmatrix}=(1-\lambda)(2-\lambda)-12=0$

이다.

따라서 $\lambda=-2$ 또는 5이다. 이제 각 고유치에 대한 고유벡터를 구해보면

(i) $\lambda=-2$일 때,

$$A\vec{x}=\lambda x=\begin{bmatrix}1 & 4\\ 3 & 2\end{bmatrix}\begin{bmatrix}x_1\\ x_2\end{bmatrix}=\begin{bmatrix}-2x_1\\ -2x_2\end{bmatrix}$$

로부터 $x_1+4x_2=-2x_1$, $3x_1+2x_2=-2x_2$이므로 $x_1=-\frac{4}{3}x_2$가 된다.

그러므로 $x_2$를 임의의 수 $k$라 하면 $x_1=-\frac{4}{3}k$가 되므로

고유벡터는 $\begin{bmatrix}x_1\\ x_2\end{bmatrix}=k\begin{bmatrix}-\frac{4}{3}\\ 1\end{bmatrix}$에서 비례상수 $k$를 뺀 $\begin{bmatrix}-\frac{4}{3}\\ 1\end{bmatrix}$이다.

(ii) $\lambda=5$일 때,

$$A\vec{x}=\lambda x=\begin{bmatrix}1 & 4\\ 3 & 2\end{bmatrix}\begin{bmatrix}x_1\\ x_2\end{bmatrix}=\begin{bmatrix}5x_1\\ 5x_2\end{bmatrix}$$

로부터 $x_1+4x_2=5x_1$, $3x_1+2x_2=5x_2$가 되고 따라서 $x_1=x_2$가 된다.

그러므로 $x_2$를 임의의 수 $k$라 하면 $x_1=k$가 되므로

고유벡터는 $\begin{bmatrix}x_1\\ x_2\end{bmatrix}=k\begin{bmatrix}1\\ 1\end{bmatrix}$에서 $k$를 뺀 $\begin{bmatrix}1\\ 1\end{bmatrix}$이다.

## 5.8 행렬을 이용한 연립방정식의 해

### 5.8.1 크래머 공식 이용

행렬식이 유용하게 적용되는 경우는 연립 방정식의 해를 구하는 경우이다. 이를 위해 세 개의 미지수를 가진 세 개의 연립 방정식의 경우 크래머(Crammer) 공식은 다음과 같이 정의된다.

세 개의 연립 방정식이 주어졌을 때

$$a_{11}x + a_{12}y + a_{13}z = b_1$$
$$a_{21}x + a_{22}y + a_{23}z = b_2$$
$$a_{31}x + a_{32}y + a_{33}z = b_3$$

$$x = \frac{\begin{vmatrix} b_1 & a_{12} & a_{13} \\ b_2 & a_{22} & a_{23} \\ b_3 & a_{32} & a_{33} \end{vmatrix}}{\begin{vmatrix} a_{11} & a_{12} & a_{13} \\ a_{21} & a_{22} & a_{23} \\ a_{31} & a_{32} & a_{33} \end{vmatrix}} \qquad y = \frac{\begin{vmatrix} a_{11} & b_1 & a_{13} \\ a_{21} & b_2 & a_{23} \\ a_{31} & b_3 & a_{33} \end{vmatrix}}{\begin{vmatrix} a_{11} & a_{12} & a_{13} \\ a_{21} & a_{22} & a_{23} \\ a_{31} & a_{32} & a_{33} \end{vmatrix}} \qquad z = \frac{\begin{vmatrix} a_{11} & a_{12} & b_1 \\ a_{21} & a_{22} & b_2 \\ a_{31} & a_{32} & b_3 \end{vmatrix}}{\begin{vmatrix} a_{11} & a_{12} & a_{13} \\ a_{21} & a_{22} & a_{23} \\ a_{31} & a_{32} & a_{33} \end{vmatrix}}$$

와 같다.

단, 행렬 $A$의 행렬식 $|A| \neq 0$이어야 한다.

**예제 5.18**

크래머 공식을 이용하여 다음의 연립 방정식의 해를 구하라.

$$3x + y = -1$$
$$2x - y + z = -1$$
$$5x + 5y - 7z = -16$$

**풀이.** 주어진 연립 방정식에서

$a_{11} = 3, a_{12} = 1, a_{13} = 0, b_1 = -1$

$a_{21} = 2, a_{22} = -1, a_{23} = 1, b_2 = -1$

$a_{31} = 5, a_{32} = 5, a_{33} = -7, b_3 = -16$ 이므로

$$x = \frac{\begin{vmatrix} -1 & 1 & 0 \\ -1 & -1 & 1 \\ -16 & 5 & -7 \end{vmatrix}}{\begin{vmatrix} 3 & 1 & 0 \\ 2 & -1 & 1 \\ 5 & 5 & -7 \end{vmatrix}} = \frac{0 \cdot \begin{vmatrix} -1 & -1 \\ -16 & 5 \end{vmatrix} - 1 \cdot \begin{vmatrix} -1 & 1 \\ -16 & 5 \end{vmatrix} - 7 \cdot \begin{vmatrix} -1 & 1 \\ -1 & -1 \end{vmatrix}}{0 \cdot \begin{vmatrix} 2 & -1 \\ 5 & 5 \end{vmatrix} - 1 \cdot \begin{vmatrix} 3 & 1 \\ 5 & 5 \end{vmatrix} - 7 \cdot \begin{vmatrix} 3 & 1 \\ 2 & -1 \end{vmatrix}} = -\frac{25}{25} = -1$$

$$y = \frac{\begin{vmatrix} 3 & -1 & 0 \\ 2 & -1 & 1 \\ 5 & -16 & -7 \end{vmatrix}}{\begin{vmatrix} 3 & 1 & 0 \\ 2 & -1 & 1 \\ 5 & 5 & -7 \end{vmatrix}} = \frac{-1 \cdot \begin{vmatrix} 3 & -1 \\ 5 & -16 \end{vmatrix} - 7 \cdot \begin{vmatrix} 3 & -1 \\ 2 & -1 \end{vmatrix}}{25} = \frac{50}{25} = 2$$

$$z=\frac{\begin{vmatrix}3 & 1 & -1\\ 2 & -1 & -1\\ 5 & 5 & -16\end{vmatrix}}{\begin{vmatrix}3 & 1 & 0\\ 2 & -1 & 1\\ 5 & 5 & -7\end{vmatrix}}=\frac{-1\cdot\begin{vmatrix}2 & -1\\ 5 & 5\end{vmatrix}+1\cdot\begin{vmatrix}3 & 1\\ 5 & 5\end{vmatrix}-16\cdot\begin{vmatrix}3 & 1\\ 2 & -1\end{vmatrix}}{25}=\frac{75}{25}=3$$

이다.

### 5.8.2 역행렬 이용

역행렬은 연립 방정식의 해를 구하기 위해 가장 많이 사용되며, 다음과 같이 적용된다.

세 개의 연립 방정식이 주어졌을 때

$$a_{11}x+a_{12}y+a_{13}z=b_1$$
$$a_{21}x+a_{22}y+a_{23}z=b_2$$
$$a_{31}x+a_{32}y+a_{33}z=b_3$$

이를 행렬 형태로 표현하면 다음과 같다.

$$\begin{bmatrix}a_{11} & a_{12} & a_{13}\\ a_{21} & a_{22} & a_{23}\\ a_{31} & a_{32} & a_{33}\end{bmatrix}\begin{bmatrix}x\\ y\\ z\end{bmatrix}=\begin{bmatrix}b_1\\ b_2\\ b_3\end{bmatrix}$$

여기서 $A=\begin{bmatrix}a_{11} & a_{12} & a_{13}\\ a_{21} & a_{22} & a_{23}\\ a_{31} & a_{32} & a_{33}\end{bmatrix}$, $\vec{x}=\begin{bmatrix}x\\ y\\ z\end{bmatrix}$, $b=\begin{bmatrix}b_1\\ b_2\\ b_3\end{bmatrix}$ 이라 두면

$Ax=b$ 가 되므로 $\vec{x}=A^{-1}b$ 이다.

단, 행렬식 $|A|\neq 0$ 이어야 한다.

**예제 5.19**

역행렬을 이용하여 연립 방정식의 해를 구하라.

$$3x+y=-1$$
$$2x-y+z=-1$$

$$5x+5y-7z=-16$$

**풀이.** 주어진 연립 방정식에서

계수 행렬 $A=\begin{bmatrix}3&1&0\\2&-1&1\\5&5&-7\end{bmatrix}$, 상수 벡터 $b=\begin{bmatrix}-1\\-1\\-16\end{bmatrix}$이므로 3열 기준방법으로 행렬식을 구하면

$$|A|=\begin{vmatrix}3&1&0\\2&-1&1\\5&5&-7\end{vmatrix}=-1\cdot\begin{vmatrix}3&1\\5&5\end{vmatrix}-7\cdot\begin{vmatrix}3&1\\2&-1\end{vmatrix}=-10+35=25$$

$$adj(A)=\begin{pmatrix}\begin{vmatrix}-1&1\\5&-7\end{vmatrix}&-\begin{vmatrix}2&1\\5&-7\end{vmatrix}&\begin{vmatrix}2&-1\\5&5\end{vmatrix}\\-\begin{vmatrix}1&0\\5&-7\end{vmatrix}&\begin{vmatrix}3&0\\5&-7\end{vmatrix}&-\begin{vmatrix}3&1\\5&5\end{vmatrix}\\\begin{vmatrix}1&0\\-1&1\end{vmatrix}&-\begin{vmatrix}3&0\\2&1\end{vmatrix}&\begin{vmatrix}3&1\\2&-1\end{vmatrix}\end{pmatrix}^T=\begin{bmatrix}2&7&1\\19&-21&-3\\15&-10&-5\end{bmatrix}$$ 이므로 3열 기준방법으로 행렬식을 구하면

$$\vec{x}=A^{-1}b=\frac{1}{25}\begin{bmatrix}2&7&1\\19&-21&-3\\15&-10&-5\end{bmatrix}\begin{bmatrix}-1\\-1\\-16\end{bmatrix}=\frac{1}{25}\begin{bmatrix}-25\\50\\75\end{bmatrix}=\begin{bmatrix}-1\\2\\3\end{bmatrix}$$

따라서 $x=-1$, $y=2$, $z=3$이다.

## 5.9 행렬의 응용

**예제 5.20**

**소요되는 칼로리 계산**

체중 82kg인 사람이 5km/h의 속도로 걸을 때 300cal/hr, 20km/h의 속도로 자전거를 탈 때 400cal/hr, 8km/h의 속도로 달릴 때 900cal/hr가 소비된다고 할 때, 몸무게가 82kg인 사람이 다음 행렬과 같은 주간 계획을 세웠다면 소모되는 칼로리는 얼마인가? 단 행렬 값은 운동 시간을 나타내며, 단위는 h이다.

$$\begin{array}{c}\\ 월\\ 수\\ 금\\ 토\end{array}\begin{array}{c}\text{걷기 자전거 달리기}\\ \begin{bmatrix}1.0&0&0.5\\1.0&0.75&0\\1.0&0&0.5\\1.5&1.0&0.5\end{bmatrix}\end{array}$$

**풀이.** 주간동안 소모되는 칼로리를 구하기 위해 주간 계획 행렬에 각 운동에 따른 소모 칼로리 행렬을 곱해준다.

$$\begin{bmatrix} 1.0 & 0 & 0.5 \\ 1.0 & 0.75 & 0 \\ 1.0 & 0 & 0.5 \\ 1.5 & 1.0 & 0.5 \end{bmatrix} \begin{bmatrix} 300 \\ 400 \\ 900 \end{bmatrix} = \begin{bmatrix} 750 \\ 600 \\ 750 \\ 1300 \end{bmatrix}$$

**예제 5.21**

**회로망 해석**

그림의 회로에서 폐전류 $i_1$, $i_2$를 구하라.

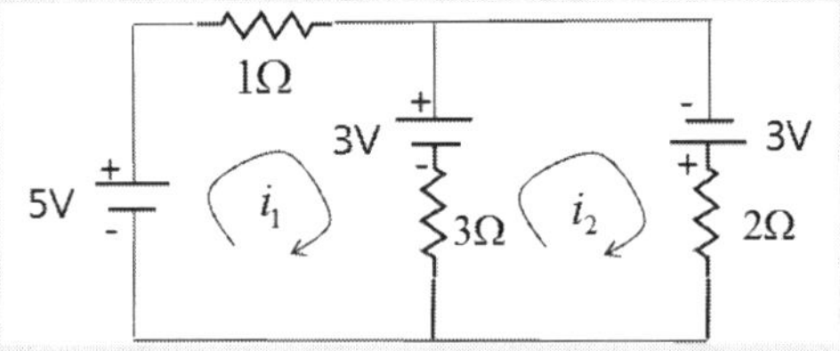


**풀이.** 폐회로 전류 $i_1$, $i_2$가 시계 방향으로 흐른다고 가정할 때 다음과 같은 폐회로 방정식을 세울 수 있다.

$$\text{폐회로 1 : } 5-3=4i_1-3i_2$$

$$\text{폐회로 2 : } 3+3=-3i_1+5i_2$$

이를 행렬 형태로 표현하면 $Ax=b$이므로

$$x=A^{-1}b$$

로부터 구할 수 있다.

$A=\begin{bmatrix} 4 & -3 \\ -3 & 5 \end{bmatrix}$, $x=\begin{bmatrix} i_1 \\ i_2 \end{bmatrix}$, $b=\begin{bmatrix} 2 \\ 6 \end{bmatrix}$ 이므로

$|A|=(4)(5)-(-3)(-3)=11$, $A^{-1}=\dfrac{1}{11}\begin{bmatrix} 5 & 3 \\ 3 & 4 \end{bmatrix}$

따라서 $\vec{x}=A^{-1}b=\dfrac{1}{11}\begin{bmatrix} 5 & 3 \\ 3 & 4 \end{bmatrix}\begin{bmatrix} 2 \\ 6 \end{bmatrix}=\dfrac{1}{11}\begin{bmatrix} 28 \\ 30 \end{bmatrix}=\begin{bmatrix} 2.55 \\ 2.73 \end{bmatrix}$

따라서 $i_1=2.55$, $i_2=2.73$이다.

# Exercises



1. $A=\begin{bmatrix}1 & 0 & -2\\ 0 & 3 & 2\end{bmatrix}$, $B=\begin{bmatrix}4 & -1 & 0\\ 2 & -3 & 1\end{bmatrix}$일 때 다음을 계산하라.

   (a) $A+B$ (b) $A-B$ (c) $3A-2B$ (d) $A^T$ (e) $AB^T$

2. 다음의 등식을 만족하는 $a$의 값을 구하라.

   $$x\begin{bmatrix}1\\ 2\\ -3\end{bmatrix}+y\begin{bmatrix}3\\ 4\\ -1\end{bmatrix}=\begin{bmatrix}a\\ 1\\ 2\end{bmatrix}$$

3. 다음 등식을 만족하는 $x$, $y$, $z$의 값을 구하라.

   $$\begin{bmatrix}x-y & 2 & -3\\ 4 & -5 & 6\end{bmatrix}+2\begin{bmatrix}x-y & 2 & -3\\ 4 & -5 & 6\end{bmatrix}=\begin{bmatrix}y+z & x-z & -9\\ 12 & x+y & 18\end{bmatrix}$$

4. $A=\begin{bmatrix}0 & -1 & 0\\ 2 & 2 & 1\\ 3 & 0 & 4\end{bmatrix}$일 때 다음에 답하라.

   (a) 2열 기준 방법으로 $|A|$를 구하라.

   (b) 역행렬 $A^{-1}$을 구하라.

5. 다음 행렬의 행렬식을 계산하라.

   (a) $A=\begin{bmatrix}2 & 1 & 4\\ 3 & 2 & 2\\ 0 & -1 & 3\end{bmatrix}$ (b) $A=\begin{bmatrix}3 & 3 & 1\\ -1 & 0 & -1\\ 4 & -1 & 3\end{bmatrix}$

   (c) $A=\begin{bmatrix}1 & 4 & 7\\ 2 & 5 & 8\\ 3 & 6 & 9\end{bmatrix}$ (d) $A=\begin{bmatrix}1 & 2 & 3\\ 4 & 5 & 6\\ 7 & 8 & 9\end{bmatrix}$

6. 다음의 연립 방정식을 Gauss 소거법을 이용하여 푸시오.

   (a) $2x+y=4$

   $5x-2y=1$

   (b) $x+y=0$

   $3x-4y=1$

(c) $-x+y+2z=0$

$3x+4y+z=0$

$2x+5y+3z=1$

(d) $3x-7y+z=4$

$x+5y+z=0$

$2x-y+3z=-2$

7. 다음의 연립 방정식을 크래머 공식을 이용하여 푸시오.

(a) $2x+y+4z=16$

$x+3y-2z=1$

$7x-6y+z=-2$

(b) $2x+4y+z=7$

$3x+2y+3z=7$

$5x-4y+4z=9$



(c) $2x-y+2z=2$

$x+10y-3z=5$

$-x+y+z=-3$

(d) $x+y+z=6$

$2x-y+z=3$

$3x+2y-z=4$

8. 다음의 연립 방정식을 역행렬을 이용하여 푸시오.

(a) $2x-y=1$

$y-2z=2$

$3x+z=-2$

(b) $x+y+z=6$

$2x-y+z=3$

$3x+2y-z=4$

(c) $x-y+z=1$

$2x+y-2z=0$

$-x+3y-z=3$

(d) $2x-y-z=3$

$4x+2y-z=15$

$4x+3y=18$

# Solution

1. (a) $\begin{bmatrix} 5 & -1 & -2 \\ 2 & 0 & 3 \end{bmatrix}$ (b) $\begin{bmatrix} -3 & 1 & -2 \\ -2 & 6 & 1 \end{bmatrix}$ (c) $\begin{bmatrix} -5 & 2 & -6 \\ -4 & 15 & 4 \end{bmatrix}$

   (d) $\begin{bmatrix} 1 & 0 \\ 0 & 3 \\ -2 & 2 \end{bmatrix}$ (e) $\begin{bmatrix} 4 & 0 \\ -3 & -7 \end{bmatrix}$

2. $a = \dfrac{6}{5}$

3. $x = -11,\ y = -4,\ z = -17$

4. (a) 5 (b) $A^{-1} = \dfrac{1}{5}\begin{bmatrix} 8 & 4 & -1 \\ -5 & 0 & 0 \\ -6 & -3 & 2 \end{bmatrix}$

5. (a) $-5$ (b) $-5$ (c) 0 (d) 0

6. (a) $x = 1,\ y = 2$ (b) $x = 0.143,\ y = -0.143$

   (c) 해가 없다. (d) $x = 2,\ y = 0,\ z = -2$

7. (a) $x = 1,\ y = 2,\ z = 3$ (b) $x = 3,\ y = 0.5,\ z = -1$

   (c) $x = 2,\ y = 0,\ z = -1$ (d) $x = 1,\ y = 2,\ z = 3$

8. (a) $x = -0.125,\ y = -1.25,\ z = -1.625$ (b) $x = 1,\ y = 2,\ z = 3$

   (c) $x = 1,\ y = 2,\ z = 2$ (d) $x = 3,\ y = 2,\ z = 1$

# 미분

chapter 06



## 6.1 개요

미분은 함수의 변화율을 의미하는 것으로서 미소한 원자의 움직임이나 사회 현상, 인구 증가율 등 변화하는 현상의 구조를 밝히는 유용한 도구로 사용되며, 수학, 물리, 경제 등 다양한 분야에서 사용된다. 예를 들어 물리에서는 속도(위치의 변화율), 밀도(길이에 대한 질량의 변화율), 전류(전하의 변화율), 힘(일의 변화율) 등을 계산하는데 미분이 사용되며, 수학에서는 함수의 최대 및 최소값을 구할 때 미분이 사용된다. 미분의 개념은 미분 방정식에도 포함된다.

## 6.2 함수의 변화율

### 6.2.1 평균 변화율

함수 $y=f(x)$에서 $x$의 값이 $a$부터 $a+\Delta x$까지 변할 때

$$\frac{\Delta y}{\Delta x}=\frac{f(a+\Delta x)-f(a)}{\Delta x}$$

를 구간 $[a,\ a+\Delta x]$에서의 $y$의 평균 변화율이라 한다.

이는 [그림 6.1]과 같이 함수 $y=f(x)$의 $x$좌표가 $a$인 점과 $a+\Delta x$인 점을 맺는 직선의 기울기를 나타낸다.

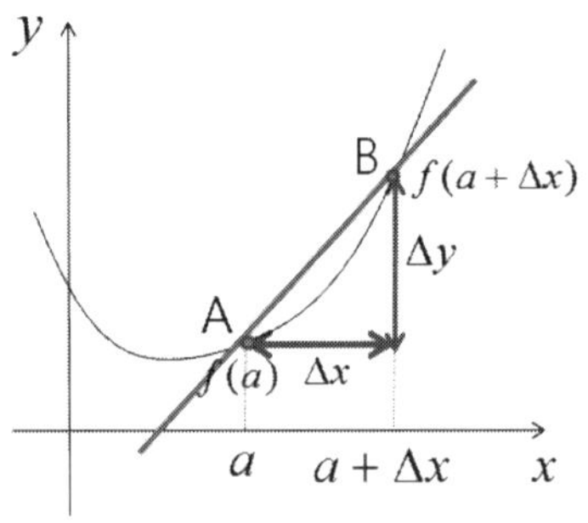


[그림 6.1] 평균 변화율

**예제 6.1**

다음 각 함수의 지정된 구간에서의 평균 변화율을 구하라.

(a) $y=x^2-3x+2$ [-1, 3]

(b) $y=3x^3-x^2-1$ [2, 4]

(c) $y=2x^4-2x^2+x+1$ [0, 1]

**풀이.** (a) $a=-1, a+\Delta x=3$이므로, $f(a)=f(-1)=6, f(a+\Delta x)=f(3)=2$

따라서 평균 변화율은 $\frac{\Delta y}{\Delta x}=\frac{f(3)-f(-1)}{(3-(-1))}=\frac{2-6}{4}=-1$

(b) $a=2, a+\Delta x=4$이므로, $f(a)=f(2)=19, f(a+\Delta x)=f(4)=175$

따라서 평균 변화율은 $\frac{\Delta y}{\Delta x}=\frac{f(4)-f(2)}{(4-2)}=\frac{175-19}{2}=78$

(c) $a=0, a+\Delta x=1$이므로, $f(a)=f(0)=1, f(a+\Delta x)=f(1)=2$

따라서 평균 변화율은 $\frac{\Delta y}{\Delta x}=\frac{f(1)-f(0)}{(1-0)}=\frac{2-1}{1}=1$

### 6.2.2 순간 변화율

함수 $y=f(x)$에서 구간 $[a,\ a+\Delta x]$에서의 평균 변화율의 $\Delta x \to 0$일 때의 극한값, 즉

$$\lim_{\Delta x \to 0}\frac{\Delta y}{\Delta x}=\lim_{\Delta x \to 0}\frac{f(a+\Delta x)-f(a)}{\Delta x}$$

를 $f(x)$의 $x=a$에서의 순간 변화율, 변화율, 또는 미분 계수라 하고,

$$f'(a), \qquad y'_{x=a}, \qquad \left[\frac{dy}{dx}\right]_{x=a}$$

로 나타낸다

순간 변화율은 [그림 6.2]에서 보는 바와 같이 $x=a$에서의 접선의 기울기를 나타낸다.

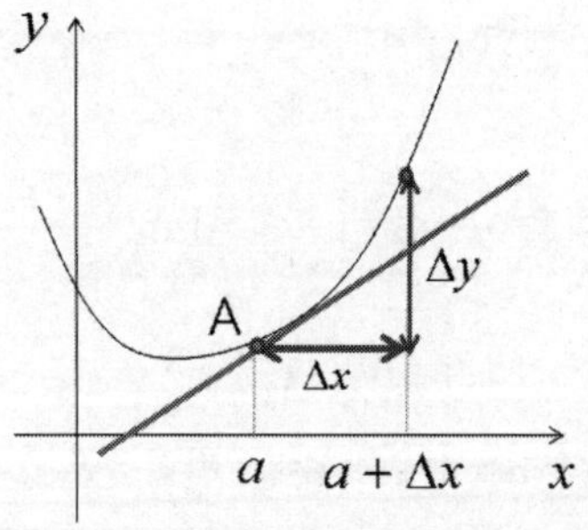


[그림 6.2] 순간 변화율

**예제 6.2**

다음 각 함수의 $x=0$에서의 순간 변화율을 구하라.

(a) $y=x^2-3x+2$ (b) $y=3x^3-x^2-1$ (c) $y=2x-1$

**풀이.** (a) $f(a)=a^2-3a+2$

$f(a+\Delta x)=(a+\Delta x)^2-3(a+\Delta x)+2=\Delta x^2+(2a-3)\Delta x+(a^2-3a+2)$이므로

순간 변화율 $y' = \lim_{\Delta x \to 0} \frac{\Delta y}{\Delta x} = \lim_{\Delta x \to 0} \frac{f(a+\Delta x) - f(a)}{\Delta x}$

$= \lim_{\Delta x \to 0} \frac{[\Delta x^2 + (2a-3)\Delta x + (a^2 - 3a + 2)] - (a^2 - 3a + 2)}{\Delta x}$

$= \lim_{\Delta x \to 0} [\Delta x + (2a-3)] = 2a - 3$

따라서 $x = a = 0$에서 순간 변화율은 -3이다.

(b) $f(a) = 3a^3 - a^2 - 1$

$f(a+\Delta x) = 3(a+\Delta x)^3 - (a+\Delta x)^2 - 1$

$= 3\Delta x^3 + (9a-1)\Delta x^2 + (9a^2 - 2a)\Delta x + (3a^3 - a^2 - 1)$

이므로

순간 변화율 $y' = \lim_{\Delta x \to 0} \frac{\Delta y}{\Delta x} = \lim_{\Delta x \to 0} \frac{f(a+\Delta x) - f(a)}{\Delta x}$

$= \lim_{\Delta x \to 0} [3\Delta x^2 + (9a-1)\Delta x + (9a^2 - 2a)] = (9a^2 - 2a)$

따라서 $x = a = 0$에서 순간 변화율은 0이다.

(c) $f(a) = 2a - 1$

$f(a+\Delta x) = 2(a+\Delta x) - 1$

이므로

순간 변화율 $y' = \lim_{\Delta x \to 0} \frac{\Delta y}{\Delta x} = \lim_{\Delta x \to 0} \frac{f(a+\Delta x) - f(a)}{\Delta x}$

$= \lim_{\Delta x \to 0} \frac{2\Delta x}{\Delta x} = 2$

따라서 $x = a = 0$에서 순간 변화율은 2이다.

## 6.3 도함수

함수 $y=f(x)$ 에서

$$y' = \lim_{\Delta x \to 0} \frac{\Delta y}{\Delta x} = \lim_{\Delta x \to 0} \frac{f(x+\Delta x)-f(x)}{\Delta x}$$

를 $x$에 관한 $y$의 도함수라 하고, $y', f'(x), \dfrac{dy}{dx}$ 등의 기호를 써서 나타낸다.

또한 함수 $f(x)$에서 도함수 $y'(x)$를 구하는 것을 $f(x)$를 $x$에 관해 미분한다고 한다.

**예제 6.3**

도함수 정의를 사용하여 다음 각 함수의 도함수를 구하라.

(a) $f(x)=x$ (b) $f(x)=3x^2+2x-1$ (c) $f(x)=2$

**풀이.** (a) $y' = \lim_{\Delta x \to 0} \frac{\Delta y}{\Delta x} = \lim_{\Delta x \to 0} \frac{x+\Delta x - x}{\Delta x} = \lim_{\Delta x \to 0} \frac{\Delta x}{\Delta x} = 1$

(b) $y' = \lim_{\Delta x \to 0} \frac{\Delta y}{\Delta x} = \lim_{\Delta x \to 0} \frac{[3(x+\Delta x)^2+2(x+\Delta x)-1]-(3x^2+2x-1)}{\Delta x}$

$= \lim_{\Delta x \to 0} \frac{3\Delta x^2+(6x+2)\Delta x}{\Delta x} = 6x+2$

(c) $y' = \lim_{\Delta x \to 0} \frac{\Delta y}{\Delta x} = \lim_{\Delta x \to 0} \frac{2-2}{\Delta x} = 0$

**정리 6.1 함수 $y=f(x)$에서**

평균 변화율은 $\frac{\Delta y}{\Delta x} = \frac{f(a+\Delta x)-f(a)}{\Delta x}$

순간 변화율은 $f'(a) = \lim_{\Delta x \to 0} \frac{\Delta y}{\Delta x} = \lim_{\Delta x \to 0} \frac{f(a+\Delta x)-f(a)}{\Delta x}$

도함수 $f'(x) = \lim_{\Delta x \to 0} \frac{\Delta y}{\Delta x} = \lim_{\Delta x \to 0} \frac{f(x+\Delta x)-f(x)}{\Delta x}$ 와 같이 정의된다.

## 6.4 미분 가능성과 연속성

함수 $y=f(x)$ 에서 $\lim_{x\to a}f(x)=f(a)$ 이면 $x=a$에서 연속이다.

$f'(a)=\lim_{\Delta x\to 0}\dfrac{f(a+\Delta x)-f(a)}{\Delta x}$ 가 존재하면, $f(x)$는 $x=a$에서 미분가능하다.

[그림 6.3]의 함수 $f(x)=|x|$에서 $x=0$에서의 도함수를 구해보자.

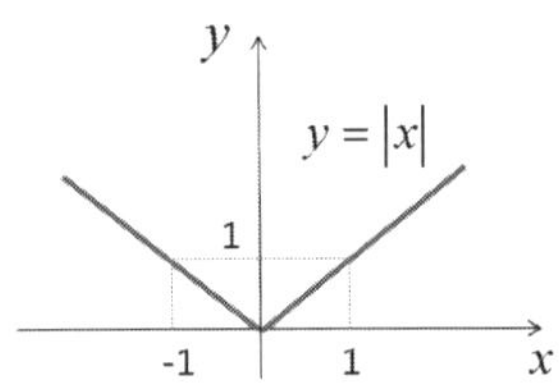


**[그림 6.3]** $f(x)=|x|$

$\lim_{x\to 0}f(x)=f(0)$이므로 $f(x)$는 $x=0$에서 연속이다. 그러나

$$f'(x)=\lim_{\Delta x\to 0}\frac{\Delta y}{\Delta x}=\lim_{\Delta x\to 0}\frac{|x+\Delta x|-|x|}{\Delta x}$$

이므로 $x=0$에서의 순간 변화율은 $f'(0)=\lim_{\Delta x\to 0}\dfrac{|\Delta x|}{\Delta x}$ 이다.

이때 $\Delta x\to 0^-$ 이면 $|\Delta x|=-\Delta x$ 이므로 $f'(0)=-1$, $\Delta x\to 0^+$ 이면 $|\Delta x|=\Delta x$ 이므로 $f'(0)=1$이 된다. 따라서 $f'(0)$은 존재하지 않으며, $x=0$에서 미분 불능이다. 이는 $x=a$에서 연속일지라도 미분이 존재하지 않음을 의미한다.

**정리 6.2 미분가능성과 연속성**

함수 $y=f(x)$가 $x=a$에서 미분 가능하면 $f(x)$는 $x=a$에서 연속이다.

그러나 역은 성립하지 않는다.

**예제 6.4**

$x=2$에서 다음 함수의 연속성을 조사하라.

(a) $f(x)=(x+2)^2$ (b) $f(x)=\dfrac{1}{x-2}$ (c) $f(x)=\dfrac{4-x^2}{3-\sqrt{x^2+5}}$

**풀이.** (a) $\lim\limits_{\Delta x\to 2}f(x)=f(2)=4$이므로 $f(x)$는 $x=2$에서 연속이다.

(b) $f(2)$는 정의되지 않으며, $\lim\limits_{x\to 2}f(x)$는 존재하지 않으므로 $x=2$에서 불연속이다.

(c) $f(2)$는 정의되지 않으며,

$$\lim_{x\to 2}f(x)=\lim_{x\to 2}\frac{4-x^2}{3-\sqrt{x^2+5}}=\lim_{x\to 2}\frac{-2x}{-\dfrac{x}{\sqrt{x^2+5}}}=6$$이므로

$x=2$에서 불연속이다.

**예제 6.5**

$x=0$에서 다음 함수의 연속성과 미분 가능성을 조사하라.

(a) $f(x)=\sqrt[3]{x^2}$ (b) $f(x)=\begin{cases}0 & x\le 0\\ x^3 & x\ge 0\end{cases}$

**풀이.** (a) $\lim\limits_{\Delta x\to 0}f(x)=f(0)=0$이므로 $f(x)$는 $x=0$에서 연속이다.

또한 $f'(0)=\lim\limits_{\Delta x\to 0}\dfrac{f(\Delta x)-f(0)}{\Delta x}=\lim\limits_{\Delta x\to 0}\dfrac{\sqrt[3]{\Delta x^2}-0}{\Delta x}=\lim\limits_{\Delta x\to 0}\dfrac{1}{\sqrt[3]{\Delta x}}$ 에서

$\lim\limits_{\Delta x\to 0^+}\dfrac{1}{\sqrt[3]{\Delta x}}=\infty,\ \lim\limits_{\Delta x\to 0^-}\dfrac{1}{\sqrt[3]{\Delta x}}=-\infty$이므로 $f'(0)$는 존재하지 않는다.

(b) $\lim\limits_{\Delta x\to 0}f(x)=f(0)=0$이므로 $f(x)$는 $x=0$에서 연속이다.

또한 $f'(0)=\lim\limits_{\Delta x\to 0}\dfrac{f(\Delta x)-f(0)}{\Delta x}=\lim\limits_{\Delta x\to 0}\dfrac{(\Delta x)^3-0}{\Delta x}=\lim\limits_{\Delta x\to 0}\Delta x^2$에서

$\lim\limits_{\Delta x\to 0^+}\Delta x^2=0,\ \lim\limits_{\Delta x\to 0^-}\Delta x^2=0$이므로 $f'(0)$는 존재한다.

## 6.5 미분법

### 6.5.1 기본 공식

앞에서는 도함수의 정의에 따라 간단한 함수의 도함수를 구해 보았다. 그러나 이런 방법은 계산이 복잡하므로 [표 6.1]의 여러 공식을 이용하여 도함수를 구하게 된다.

[표 6.1] 다양한 함수의 미분 공식

| $f(x)$ | $f'(x)$ | $f(x)$ | $f'(x)$ |
|---|---|---|---|
| $c$ | $0$ | $\cot ax$ | $-a\,\mathrm{cosec}^2 ax$ |
| $x^n$ | $nx^{n-1}$ | $e^{ax}$ | $ae^{ax}$ |
| $\sin ax$ | $a\cos ax$ | $\ln ax$ | $\dfrac{1}{x}$ |
| $\cos ax$ | $-a\sin ax$ | $\sin^{-1} ax$ | $\dfrac{a}{\sqrt{1-(ax)^2}}$ |
| $\tan ax$ | $a\sec^2 ax$ | $\cos^{-1} ax$ | $\dfrac{-a}{\sqrt{1-(ax)^2}}$ |
| $\mathrm{cosec}\, ax$ | $-a\,\mathrm{cosec}\, ax \cot ax$ | $\tan^{-1} ax$ | $\dfrac{a}{1+(ax)^2}$ |
| $\sec ax$ | $a\sec ax \tan ax$ | | |

**예제 6.6**

$f(x)=c$일 때 $f'(x)=0$임을 증명하라.

**풀이.** $f'(x)=\lim_{h\to 0}\dfrac{f(x+h)-f(x)}{h}=\lim_{h\to 0}\dfrac{c-c}{h}=0$

**예제 6.7**

$f(x)=x^n$일 때 $f'(x)=nx^{n-1}$임을 증명하라.

**풀이.** $$f'(x)=\lim_{h\to 0}\frac{f(x+h)-f(x)}{h}=\lim_{h\to 0}\frac{(x+h)^n-x^n}{h}$$
$$=\lim_{h\to 0}\frac{\left(x^n+nx^{n-1}h+\frac{n(n-1)}{2!}x^{n-2}h^2+\cdots+h^n\right)-x^n}{h}$$
$$=\lim_{h\to 0}\frac{nx^{n-1}h+\frac{n(n-1)}{2!}x^{n-2}h^2+\cdots+h^n}{h}$$
$$=\lim_{h\to 0}\left[nx^{n-1}+\frac{n(n-1)}{2!}x^{n-2}h+\cdots+h^{n-1}\right]$$
$$=nx^{n-1}$$

**예제 6.8**

$f(x)=\sin ax$일 때 $f'(x)=a\cos ax$임을 증명하라.

**풀이.** $$f'(x)=\lim_{h\to 0}\frac{f(x+h)-f(x)}{h}=\lim_{h\to 0}\frac{\sin a(x+h)-\sin ax}{h}$$
$$=\lim_{h\to 0}\frac{\left[(ax+ah)-\frac{(ax+ah)^3}{3!}+\frac{(ax+ah)^5}{5!}\cdots\right)\Big]-\Big[(ax)-\frac{(ax)^3}{3!}+\frac{(ax)^5}{5!}\cdots\right)\Big]}{h}$$
$$=a\left[1-\frac{(ax)^2}{2!}+\frac{(ax)^4}{4!}-\cdots\right]$$
$$=a\cos ax$$

**예제 6.9**

$f(x)=e^{ax}$일 때 $f'(x)=ae^{ax}$임을 증명하라.

**풀이.** $$f'(x)=\lim_{h\to 0}\frac{f(x+h)-f(x)}{h}=\lim_{h\to 0}\frac{e^{ax+ah}-e^{ax}}{h}=e^{ax}\lim_{h\to 0}\frac{e^{ah}-1}{h}$$

$$= e^{ax}\lim_{h\to 0}\frac{\left[1+(ah)+\frac{(ah)^2}{2!}+\cdots\right]-1}{h}$$

$$= e^{ax}\lim_{h\to 0}\left[a+\frac{a^2}{2!}h+\cdots\right]$$

$$= ae^{ax}$$

**예제 6.10**

$f(x)=\ln ax$ 일 때 $f'(x)=\frac{1}{x}$ 임을 증명하라.

**풀이.** $$f'(x)=\lim_{h\to 0}\frac{f(x+h)-f(x)}{h}=\lim_{h\to 0}\frac{\ln(ax+ah)-\ln ax}{h}$$

$$=\lim_{h\to 0}\frac{\ln\frac{ax+ah}{ax}}{h}=\lim_{h\to 0}\ln\left(1+\frac{h}{x}\right)^{\frac{1}{h}}=\lim_{h\to 0}\ln\left(1+\frac{h}{x}\right)^{\frac{x}{h}\cdot\frac{1}{x}}$$

$$=\frac{1}{x}\lim_{h\to 0}\ln\left(1+\frac{h}{x}\right)^{\frac{x}{h}}$$

$$=\frac{1}{x}\lim_{h\to 0}\left\{\ln\left(1+1+\frac{\frac{x}{h}(\frac{x}{h}-1)}{2!}\left(\frac{h}{x}\right)^2+\frac{\frac{x}{h}(\frac{x}{h}-1)(\frac{x}{h}-2)}{3!}\left(\frac{h}{x}\right)^3\cdots\right)\right\}$$

$$=\frac{1}{x}\lim_{h\to 0}\left\{\ln\left(1+1+\frac{1-\frac{h}{x}}{2!}+\frac{1-3\left(\frac{h}{x}\right)+2\left(\frac{h}{x}\right)^2}{3!}+\cdots\right)\right\}$$

$$=\frac{1}{x}\left[\ln\left(1+1+\frac{1}{2!}+\frac{1}{3!}+\cdots\right)\right]=\frac{1}{x}(\ln e^1)$$

$$=\frac{1}{x}$$

**예제 6.11**

다음 함수의 미분을 구하라.

(a) $10$ (b) $x^3$ (c) $\frac{1}{x}$ (d) $x\sqrt{x}$ (e) $\sec 2x$

(f) $4\sin 2x$ (g) $3\tan 4x$ (h) $3e^{-2x}$ (i) $\ln 2x$

**풀이.** (a) $y' = 0$

(b) $y' = 3x^2$

(c) $y = x^{-1}$이므로 $y' = -x^{-2} = -\frac{1}{x^2}$

(d) $y = x^{\frac{3}{2}}$이므로 $y' = \frac{3}{2}x^{\frac{1}{2}} = \frac{3}{2}\sqrt{x}$

(e) $y' = 2\sec 2x \tan 2x$

(f) $y' = 8\cos 2x$

(g) $y' = 12\sec^2 4x$

(h) $y' = -6e^{-2x}$

(i) $y' = \frac{2}{2x} = \frac{1}{x}$

### 6.5.2 미분 법칙

주어진 함수가 다양한 함수의 합성으로 구성되어 있을 때는 미분 법칙을 이용하여 미분값을 구할 수 있다. [표 6.2]는 다양한 미분 법칙을 나타낸 것이다.

[표 6.2] 다양한 미분 법칙

| 미분 법칙 | $f'(x)$ |
|---|---|
| 스칼라 곱의 법칙 | $y = c \cdot f(x)$일 때 $y' = c \cdot f'(x)$ |
| 덧셈과 뺄셈 법칙 | $y = f(x) \pm g(x)$일 때 $y' = f'(x) \pm g'(x)$ |
| 곱셈 법칙 | $y = f(x) \cdot g(x)$일 때 $y' = f'(x) \cdot g(x) + f(x) \cdot g'(x)$ |
| 나눗셈 법칙 | $y = \frac{f(x)}{g(x)}$일 때 $y' = \frac{f'(x) \cdot g(x) - f(x) \cdot g'(x)}{g^2(x)}$ |
| 체인 법칙 | $y = f(u),\ u = g(x)$일 때 $y' = \frac{dy}{dx} = \frac{dy}{du} \cdot \frac{du}{dx}$ |
| 음함수 법칙 | $y = f(x)$일 때 $\frac{d}{dx}y^n = \frac{dy^n}{dx} \cdot \frac{dy}{dx}$ |
| 매개변수 법칙 | $y = f(t),\ x = g(t)$일 때 $y' = \frac{dy}{dx} = \frac{dy}{dt} \Big/ \frac{dx}{dt}$ |

#### 6.5.2.1 스칼라 곱의 법칙

함수 $f(x)$에 스칼라 $c$를 곱하여 미분한 것은 함수 $f(x)$를 미분한 후 스칼라 $c$를 곱한 것과 같다.

**예제 6.12**

$y=cf(x)$일 때 $y'=cf'(x)$임을 증명하라.

**풀이.** $y'=[cf(x)]'=\lim_{h\to 0}\frac{cf(x+h)-cf(x)}{h}=c\cdot\lim_{h\to 0}\frac{f(x+h)-f(x)}{h}=cf'(x)$

#### 6.5.2.2 덧셈과 뺄셈 법칙

두 개의 함수 $f(x)$와 $g(x)$를 더하거나 뺀 것의 미분은 각 함수의 미분 $f'(x)$와 $g'(x)$을 더하거나 뺀 것과 같다. 이는 스칼라 곱의 법칙과 함께 미분이 선형 연산자임을 의미한다.

**예제 6.13**

$y=f(x)\pm g(x)$일 때 $y'=f'(x)\pm g'(x)$임을 증명하라.

**풀이.**
$$\begin{aligned} y' &= \lim_{h\to 0}\frac{[f(x+h)\pm g(x+h)]-[f(x)\pm g(x)]}{h} \\ &= \lim_{h\to 0}\frac{[f(x+h)-f(x)]\pm[g(x+h)-g(x)]}{h} \\ &= f'(x)\pm g'(x) \end{aligned}$$

#### 6.5.2.3 곱셈 법칙

곱셈 법칙은 미분해야 할 함수가 곱셈 형식으로 되어 있을 때 사용하는 법칙으로서, 함수 $f(x)\cdot g(x)$의 미분은 $f'(x)g(x)+f(x)g'(x)$와 같이 각 함수를 번갈아 미분한 후 다른 함수의 원함수와 곱한 후 더하는 것이다.

**예제 6.14**

$y=f(x)\cdot\ g(x)$일 때 $y'=f'(x)\cdot g(x)+f(x)\cdot g'(x)$임을 증명하라.

**풀이.** $$y'=[f(x)\cdot\ g(x)]'=\lim_{h\to 0}\frac{f(x+h)\cdot g(x+h)-f(x)\cdot g(x)}{h}$$

$$=\lim_{h\to 0}\frac{f(x+h)\cdot g(x+h)-f(x)\cdot g(x+h)+f(x)\cdot g(x+h)-f(x)\cdot g(x)}{h}$$

$$=\lim_{h\to 0}\frac{g(x+h)[f(x+h)-f(x)]+f(x)[g(x+h)-g(x)]}{h}$$

$$=\lim_{h\to 0}\left[g(x+h)\frac{[f(x+h)-f(x)]}{h}+f(x)\frac{[g(x+h)-g(x)]}{h}\right]$$

$$=g(x)\lim_{h\to 0}\left[\frac{[f(x+h)-f(x)]}{h}\right]+f(x)\lim_{h\to 0}\left[\frac{[g(x+h)-g(x)]}{h}\right]$$

$$=f'(x)\cdot g(x)+f(x)\cdot g'(x)$$

### 6.5.2.4 나눗셈 법칙

나눗셈 법칙은 미분해야 할 함수가 나눗셈 형식으로 되어 있을 때 사용하는 법칙이다. 즉 함수 $\dfrac{f(x)}{g(x)}$의 미분은 $y'=\dfrac{f'(x)\cdot g(x)-f(x)\cdot g'(x)}{g^2(x)}$와 같이 분모는 제곱하고, 분자의 경우 분자의 미분과 분모를 곱한 후 분자와 분모의 미분을 곱한 후 뺀 것과 같다.

**예제 6.15**

$y=\dfrac{f(x)}{g(x)}$일 때 $y'=\dfrac{f'(x)\cdot g(x)-f(x)\cdot g'(x)}{g^2(x)}$임을 증명하라.

**풀이.** $$y'=[\frac{f(x)}{g(x)}]'=\lim_{h\to 0}\frac{\dfrac{f(x+h)}{g(x+h)}-\dfrac{f(x)}{g(x)}}{h}$$

$$=\lim_{h\to 0}\frac{1}{h}\cdot\frac{f(x+h)g(x)-f(x)g(x+h)}{g(x)g(x+h)}$$

$$=\lim_{h\to 0}\frac{1}{h}\cdot\frac{f(x+h)g(x)-f(x)g(x)+f(x)g(x)-f(x)g(x+h)}{g(x)g(x+h)}$$

$$=\lim_{h\to 0}\frac{1}{h}\cdot\frac{g(x)[f(x+h)-f(x)]-f(x)[g(x+h)-g(x)]}{g(x)g(x+h)}$$

$$=\frac{g(x)\lim_{h\to 0}\frac{[f(x+h)-f(x)]}{h}-f(x)\lim_{h\to 0}\frac{[g(x+h)-g(x)]}{h}}{g(x)g(x)}$$

$$=\frac{f'(x)\cdot g(x)-f(x)\cdot g'(x)}{g^2(x)}$$

**예제 6.16**

나눗셈 법칙을 사용하여 다음을 증명하라.

(a) $y=\tan ax$일 때 $y'=a\sec^2 ax$

(b) $y=\sec ax$일 때 $y'=a\tan ax\sec ax$

**풀이.** (a) $y=\tan ax=\dfrac{\sin ax}{\cos ax}$이므로

$$y'=\frac{(\sin ax)'(\cos ax)-(\sin ax)(\cos ax)'}{\cos^2 ax}=\frac{a\cos^2 ax+a\sin^2 ax}{\cos^2 ax}$$

$$=\frac{a}{\cos^2 ax}=a\sec^2 ax$$

(b) $y=\sec ax=\dfrac{1}{\cos ax}$이므로

$$y'=\frac{(1)'(\cos ax)-(1)(\cos ax)'}{(\cos ax)^2}=\frac{a\sin ax}{(\cos ax)^2}$$

$$=\frac{\sin ax}{\cos ax}\frac{a}{\cos ax}=a\tan ax\sec ax$$

**예제 6.17**

다음 함수의 미분을 구하라.

(a) $y=2x^2-4x+1$ (b) $y=(x-1)(2x+1)^2$

(c) $y=\dfrac{1}{x^2+1}$ (d) $y=(x+\dfrac{1}{x})^7$

**풀이.** (a) $y'=4x-4$

(b) 곱셈 법칙을 사용하면

$$y' = (x-1)'(2x+1)^2 + (x-1)[(2x+1)^2]'$$
$$= (2x+1)^2 + 4(x-1)(2x+1) = 3(2x+1)(2x-1)$$

(c) 나눗셈 법칙을 사용하면

$$y' = \frac{-2x}{(x^2+1)^2}$$

(d) $y = 7(x+\frac{1}{x})^6(x+\frac{1}{x})' = 7(x+\frac{1}{x})^6(1-\frac{1}{x^2})$

#### 6.5.2.5 체인 법칙

체인 법칙은 복잡한 함수를 미분하고자 할 때 치환이 사용된 경우 주로 사용한다. 예를 들어 $y = f(x)$에서 $z = x$로 치환하면 $y = f(z)$가 된다. 따라서 $\frac{dy}{dx} = \frac{dz}{dx} \times \frac{dy}{dz}$를 이용하여 구할 수 있다.

**예제 6.18**

체인 법칙을 사용하여 다음 함수의 미분을 구하라.

(a) $y = t^2 - 2t,\ t = 3x - 1$ (b) $y = \log(3x^2 + 2x - 1)$

(c) $y = \log(1 - 2\sin x)$ (d) $y = 2e^{-3\sin x}$

**풀이.** (a) $\frac{dy}{dt} = 2t - 2,\ \frac{dt}{dx} = 3$이므로

$$y' = \frac{dy}{dx} = \frac{dy}{dt}\cdot\frac{dt}{dx} = 3(2t-2) = 3[2(3x-1)-2] = 18x - 12$$

(b) $t = 3x^2 + 2x - 1$라 두면 $y = \log t$이므로

$$y' = \frac{dy}{dx} = \frac{dy}{dt}\cdot\frac{dt}{dx} = \frac{1}{t}(6x+2) = \frac{6x+2}{3x^2+2x-1}$$

(c) $t = 1 - 2\sin x$라 두면 $y = \log t$이므로

$$y' = \frac{dy}{dx} = \frac{dy}{dt}\cdot\frac{dt}{dx} = \frac{1}{t}(-2\cos x) = \frac{-2\cos x}{1-2\sin x}$$

(d) $t = -3\sin x$라 두면 $y = 2e^t$이므로

$$y' = \frac{dy}{dx} = \frac{dy}{dt}\cdot\frac{dt}{dx} = 2e^t(-3\cos x) = -6\cos x e^t = -6\cos x e^{-3\sin x}$$

> 체인 법칙을 이용하여 $y=\ln f(x)$일 때 $y=\dfrac{f'(x)}{f(x)}$임을 알 수 있다

### 6.5.2.6 음함수 법칙

함수는 일반적으로 $y=f(x)$와 $f(x,y)=0$의 두가지 형태로 표현할 수 있다. 이때 $y=f(x)$를 양함수(explicit function), $f(x,y)=0$를 음함수(implicit function)라 한다.

이때 음함수의 미분은 음함수를 양함수로 바꾼 후 미분할 수 있으나 양함수로의 변형이 불가능한 경우가 많다. 예를 들어 $x^2-3y+2=0$은 $y=\dfrac{1}{3}(x^2+2)$로 변환하여 $\dfrac{dy}{dx}=\dfrac{2}{3}x$를 구할 수 있다. 반면 $3y^3+e^{2x}=5\cos 2y$는 양함수로 표현하기 어렵다. 따라서 이러한 경우에는 $f(x,y)$의 각항을 $x$에 대해 미분함으로써 $\dfrac{dy}{dx}$를 구할 수 있다. 이러한 미분법을 음함수 미분법이라 한다.

**예제 6.19**

$y=\sin^{-1}ax$일 때, $\dfrac{dy}{dx}=\dfrac{a}{\sqrt{1-(ax)^2}}$ 임을 증명하라.

**풀이.** $y=\sin^{-1}ax$이므로 $\sin y=ax$이다. 이로부터 직각 삼각형을 만들어 보면 아래와 같다. 이제 양변을 $x$에 관해 미분하면

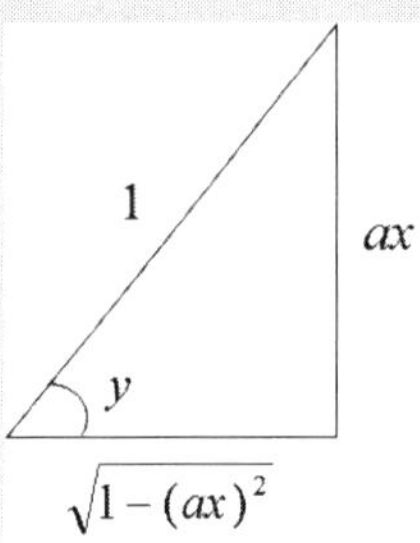


$$\frac{d}{dx}(\sin y)=\frac{d}{dx}(ax)$$

이고 $\cos y\dfrac{dy}{dx}=a$ 이므로 $\dfrac{dy}{dx}=\dfrac{a}{\cos y}$이고 직각 삼각형에서

$\cos y=\sqrt{1-(ax)^2}$이므로 $\dfrac{dy}{dx}=\dfrac{a}{\cos y}=\dfrac{a}{\sqrt{1-(ax)^2}}$

**예제 6.20**

음함수 미분법을 사용하여 다음 함수의 미분을 구하라.

(a) $\log y = y - x^2$  (b) $\frac{d}{dx}(\log y)$

(c) $2xy^4 = x^3 + 3xy^2$  (d) $\sin(x+y) = 1+y$

**풀이.** (a) $\frac{d}{dx}(\log y) = \frac{d}{dx}(y - x^2)$ 로부터

$$\frac{1}{y}\frac{dy}{dx} = \frac{dy}{dx} - \frac{d}{dx}(x^2), \quad \frac{1}{y}\frac{dy}{dx} = \frac{dy}{dx} - 2x, \quad \frac{dy}{dx}(1 - \frac{1}{y}) = 2x$$

따라서 $\frac{dy}{dx} = \frac{2xy}{y-1}$

(b) $\frac{d}{dx}(\log y) = \frac{1}{y}\frac{dy}{dx}$

(c) $\frac{d}{dx}(2xy^4) = \frac{d}{dx}(x^3 + 3xy^2)$ 로부터

$\frac{d}{dx}(2x)\cdot y^4 + 2x\frac{d}{dx}(y^4) = \frac{d}{dx}(x^3) + \frac{d}{dx}(3x)\cdot y^2 + 3x\frac{d}{dx}(y^2)$ 이므로

$$2y^4 + 8xy^3\frac{dy}{dx} = 3x^2 + 3y^2 + 6xy\frac{dy}{dx}, \quad (8xy^3 - 6xy)\frac{dy}{dx} = 3x^2 + 3y^2 - 2y^4$$

따라서 $\frac{dy}{dx} = \frac{3x^2 + 3y^2 - 2y^4}{(8xy^3 - 6xy)}$

(d) $\sin(x+y) = 1+y$ 이므로

$$\frac{d}{dx}\sin(x+y) = \frac{d}{dx}(1+y), \quad \frac{d}{dx}[\sin x\cos y + \cos x\sin y] = \frac{d}{dx}(1+y)$$

$$\cos x\cos y - \sin x\sin y\frac{dy}{dx} + (-\sin x)\sin y + \cos x\cos y\frac{dy}{dx} = \frac{dy}{dx}$$

따라서 $\frac{dy}{dx} = \frac{\cos x\cos y - \sin x\sin y}{1 + \sin x\sin y - \cos x\cos y}$

### 6.5.2.7 매개변수 법칙

$y = f(t), x = g(t)$와 같이 함수 $y$와 $x$가 $t$에 관한 함수이고 미분가능하다면, $t$를 매개변수(parameter)라 하고, 다음과 같이 체인 법칙을 사용하여 미분값을 구할 수 있다.

$$y' = \frac{dy}{dx} = \frac{dy}{dt} \Big/ \frac{dx}{dt} \qquad \text{단 } \frac{dx}{dt} \neq 0$$

**예제 6.21**

매개변수 법칙을 사용하여 다음 함수의 미분을 구하라.

(a) $y=t^2+4t,\ x=2t-1$ (b) $y=2\tan t,\ x=2\sec t-1$

(c) $y=\frac{1-t}{1+t},\ x=t^2+2$ (d) $y=e^{-3t}+e^{2t},\ x=t^3-2t+1$

**풀이.** (a) $\frac{dy}{dt}=2t+4,\ \frac{dx}{dt}=2$이므로 $\frac{dy}{dx}=\frac{2t+4}{2}=t+2$

(b) $\frac{dy}{dt}=2\sec^2 t,\ \frac{dx}{dt}=2\sec t\tan t$이므로 $\frac{dy}{dx}=\frac{2\sec^2 t}{2\sec t\tan t}=\frac{\sec t}{\tan t}$

(c) $\frac{dy}{dt}=\frac{-(1+t)-(1-t)}{(1+t)^2}=\frac{-2}{(1+t)^2},\ \frac{dx}{dt}=2t$이므로

$$\frac{dy}{dx}=\frac{\left(\frac{-2}{(1+t)^2}\right)}{2t}=-\frac{-1}{t(1+t)^2}$$

(d) $\frac{dy}{dt}=-3e^{-3t}+2e^{2t},\ \frac{dx}{dt}=3t^2-2$이므로 $\frac{dy}{dx}=\frac{-3e^{-3t}+2e^{2t}}{3t^2-2}$

### 6.5.3 고차 미분

함수 $y=f(x)$가 미분 가능하면 도함수 $f'(x)$도 한 함수이지만 만일 이것이 미분가능하면 그 도함수 $\{f'(x)\}'$를 생각할 수 있다. 이때 $\{f'(x)\}'$를 함수 $f(x)$의 2차 도함수라 하고, 다음과 같이 나타낸다.

$$f''(x),\ y'',\ \frac{d^2y}{dx^2}$$

마찬가지로 함수 $y=f(x)$가 $x$에 관해 $n$번 미분한 것을 $n$차 도함수라 하며 다음과 같이 나타낸다.

$$f^{(n)}(x),\ y^{(n)},\ \frac{d^ny}{dx^n}$$

**예제 6.22**

다음 함수의 2차 미분 및 3차 미분을 구하라.

(a) $y=\sin^2 x$  (b) $y=\log x$  (c) $y=\sqrt{x}$  (d) $y=3x^2-2x+1$

**풀이.** (a) $y'=2\sin x\cos x$, $y''=2[\cos x\cos x+\sin x(-\sin x)]=2\cos^2 x-2\sin^2 x$

(b) $y'=\dfrac{1}{x}$, $y''=-\dfrac{1}{x^2}$

(c) $y=x^{\frac{1}{2}}$ 이므로

$$y'=\frac{1}{2}x^{-\frac{1}{2}}=\frac{1}{2\sqrt{x}},\quad y''=-\frac{1}{4}x^{-\frac{3}{2}}=-\frac{1}{4\sqrt{x^3}}$$

(d) $y'=6x-2$, $y''=6$

## 6.6 미분의 응용

### 6.6.1 1차 미분을 사용한 극값의 판정

**정리 6.3**

함수 $f(x)$가 어떤 한 점 $\alpha$에서 $f'(\alpha)=0$이고 $x=\alpha$의 좌우에서 $f'(x)$의 부호가 양에서 음으로 변하면 $x=\alpha$에서 극대이고, 음에서 양으로 변하면 $x=\alpha$에서 극소이다.

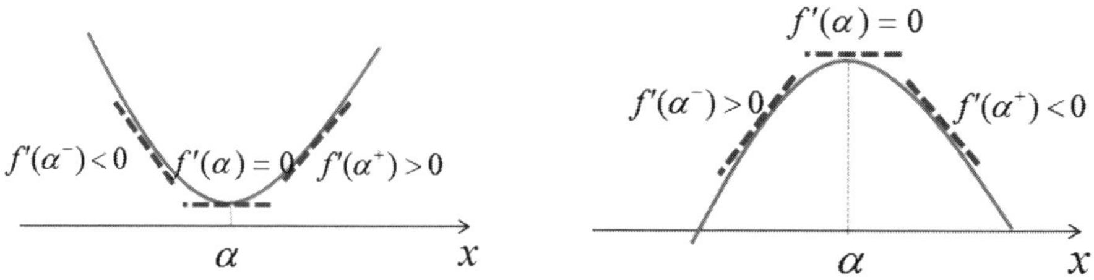


[그림 6.4] 1차 미분과 극값

**예제 6.23**

다음에 주어진 함수의 극대값 및 극소값을 구하라.

(a) $f(x)=2x^3-9x^2+12x-1$

(b) $f(x)=3x^4-8x^3-6x^2+24x+9$

**풀이.** (a) $f'(x)=6x^2-18x+12=6(x-1)(x-2)$

$f'(x)=0$에서 $x=1, x=2$이며, 이 점에서 극대 및 극소값을 가진다.

(1) $x=1$의 좌우 임의의 한 점에 대해

$f'(0)=12>0$

$f'(1.5)=-1.5<0$이므로 $x=1$에서 $f(1)=4$의 극대값을 가진다.

(2) $x=2$의 좌우 한점에 대해

$f'(1.5)<0$

$f'(3)=12>0$이므로 $x=2$에서 $f(2)=3$의 극소값을 가진다.

(b) $f'(x)=12x^3-24x^2-12x+24=12(x-2)(x-1)(x+1)$

$f'(x)=0$에서 $x=-1, x=1, x=2$이며, 이 점에서 극대 및 극소값을 가진다.

(1) $x=-1$의 좌우 임의의 한 점에 대해

$f'(-2)=-144<0$

$f'(0)=24>0$이므로 $x=-1$에서 $f(-1)=-10$의 극소값을 가진다.

(2) $x=1$의 좌우 임의의 한 점에 대해

$f'(0)>0$

$f'(1.5)=-4.5<0$이므로 $x=1$에서 $f(1)=22$의 극대값을 가진다.

(3) $x=2$의 좌우 한점에 대해

$f'(1.5)<0$

$f'(3)=96>0$이므로 $x=2$에서 $f(2)=17$의 극소값을 가진다.

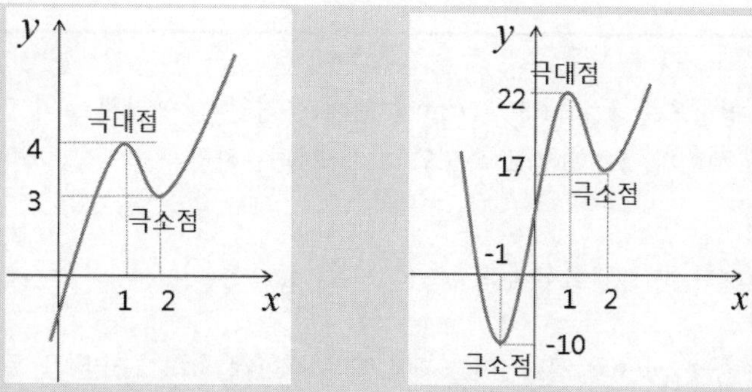


(a) $f(x)=2x^3-9x^2+12x-1$ (b) $f(x)=3x^4-8x^3-6x^2+24x+9$

[그림 6.5] 함수 그래프

## 6.5.2 2차 미분을 이용한 극값 판정

**정리 6.4** $f(x)$가 어떤 구간에서

$f'(\alpha)=0$이고 $f''(x)<0$이면 $x=\alpha$에서 $f(x)$는 극대이고,

$f'(\alpha)=0$이고 $f''(x)>0$이면 $x=\alpha$에서 $f(x)$는 극소이다

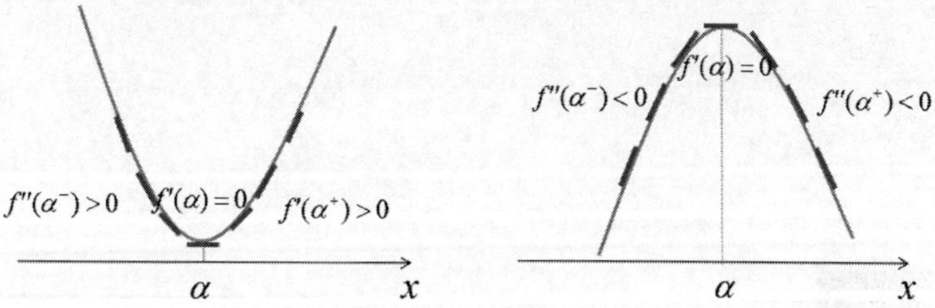


[그림 6.6] 2차 미분과 극값

## 6.5.3 1차 및 2차 미분을 이용한 속도 및 가속도 계산

**정리 6.5** 시간에 따라 이동하는 물체가 있다고 할 때,

$v=\lim_{\Delta t\to 0}\frac{\Delta x}{\Delta t}=\frac{dx}{dt}$ 를 속도라 하고,

$a=\lim_{\Delta t\to 0}\frac{\Delta v}{\Delta t}=\frac{dv}{dt}$ 를 가속도라 한다.

**예제 6.24**

한 물체가 $x$방향으로 $x=2+3t-5t^2$m에 의해 움직인다. 여기서 $x$의 단위는 m이고, $t$의 단위는 s(초)이다. 5초에서의 속도와 가속도를 구하라.

**풀이.** 5초에서 이 물체의 속도는 $v=\frac{dx}{dt}=3-10t=3-10(5)=-47$m/s, 순간 가속도는 $a=\frac{dv}{dt}=-10$m/s$^2$이다. 이는 시간에 무관하게 항상 감속되고 있음을 의미한다.

### 6.5.4 전자기 유도

전원을 인가하지 않은 코일 주위에 자석을 움직이면 코일에는 순간적으로 전류가 유도되며 이를 전자기유도라 한다. 코일에 유도되는 전류는 자석을 얼마나 빨리 움직이느냐에 따라 달라지며, 코일의 감은 수 $N$이 클수록 더 큰 전류가 유도된다.

**정리 6.6**

감은 수 $N$의 코일에 유도되는 기전력은 코일을 지나는 자속밀도의 변화율에 비례한다.

$$V=-N\frac{d\phi}{dt}$$

**예제 6.25**

100번 감은 정사각형 모양의 폐회로에 0.3초 동안 -0.5Wb만큼 자속밀도가 변하였다. 이 회로에 유도된 기전력을 구하라.

**풀이.** 회로에 생기는 유도 기전력은

$$V=-N\frac{d\phi}{dt}=-100\frac{(-0.5)}{0.3}=166.7\,[\mathrm{V}]$$

# Exercises

1. 다음의 주어진 값에서 함수의 연속성을 조사하라.

(a) $f(x)=x^2-1,\ x=\dfrac{1}{2}$　　(b) $f(x)=\dfrac{x^3+1}{x+1},\ x=-1$

(c) $f(x)=\sin 2x,\ x=\dfrac{\pi}{4}$　　(d) $f(x)=\tan\dfrac{x}{2},\ x=\dfrac{\pi}{2}$

2. 다음 함수를 미분하라.

(a) $y=e^{2\sin x}$　　(b) $y=\log(\cos 4x)$

(c) $y=\dfrac{1}{x^2+1}$　　(d) $y=(2x+1)^4$

(e) $y=3\log(x^2+x-1)$　　(f) $y=3e^t\sin(\dfrac{t}{2})$

(g) $x=\cos 2t,\ y=3t$　　(h) $\dfrac{d}{dx}(y^{-5})$

3. $x^3+\dfrac{x}{t}=t^2+x^2t$일 때 $\dfrac{dx}{dt}$를 구하라.

4. $x=\dfrac{3-t}{t^2},\ y=\dfrac{2\cos x}{1-t^3}$일 때 $\dfrac{dy}{dx}$를 구하라.

5. $y^2\sin x+y=\tan^{-1}x$의 $\dfrac{dy}{dx}$를 구하라.

6. $y=2x^2e^{-x}$일 때 $y',\ y'',\ y'''$을 구하라.

7. 다음의 함수를 대수적 미분법을 이용하여 미분하라.

(a) $y=e^{-\sin 2x}$　　(b) $y=te^{-t}\cos t$

(c) $y=\dfrac{1-t^3}{\sin t}$　　(d) $y=\sqrt{1-2t^3}\,t^2$

8. $y=4-t-t^2$의 최대점 또는 최소점을 구하라.

# Solution

1. (a) 연속 (b) 불연속 (c) 연속 (d) 연속

2. (a) $y' = 2\cos x\, e^{2\sin x}$ (b) $y' = -4\tan 4x$

(c) $y' = \dfrac{-2x}{(x^2+1)^2}$ (d) $y' = 8(2x+1)^3$

(e) $y' = \dfrac{3(2x+1)}{x^2+x-1}$ (f) $y' = 3e^t\left[\sin\left(\dfrac{t}{2}\right) + \dfrac{1}{2}\cos\left(\dfrac{t}{2}\right)\right]$

(g) $y' = \dfrac{3}{-2\sin 2t}$ (h) $y' = -5y^{-6}\dfrac{dy}{dx}$

3. $\dfrac{dx}{dt} = \dfrac{2t^3 + t^2x^2 + x}{t(3x^2t + 1 - 2xt^2)}$

4. $\dfrac{dy}{dx} = -\dfrac{3yt^4 + 2\sin x(1+2xt)}{(1-t^3)(1+2xt)}$

5. $\dfrac{dy}{dx} = \dfrac{1 - y^2\cos x(1+x^2)}{(1+2y\sin x)(1+x^2)}$

6. $y' = 2xe^{-x}(2-x)$, $y'' = 2e^{-x}(2-4x+x^2)$, $y''' = 2e^{-x}(-6+6x-x^2)$

7. (a) $y' = -2\cos 2x e^{-\sin 2x}$ (b) $y' = e^{-t}\cos t - te^{-t}(\cos t + \sin t)$

(c) $y' = \dfrac{-3t^2\sin t - (1-t^3)\cos t}{\sin^2 t}$ (d) $y' = \dfrac{-3t^4}{\sqrt{1-2t^3}} + 2t\sqrt{1-2t^3}$

8. $t = -\dfrac{1}{2}$ 에서 최대값 $y = \dfrac{17}{4}$

# 적분

chapter 07



## 7.1 개요

적분은 미분의 역과정으로서 넓이나 부피, 길이를 구하는 문제에 응용되며, 미분 방정식을 풀거나 퓨리에 해석에 많이 사용된다. 뿐만 아니라 여러 가지 물리량을 정의하고, 계산하는데도 중요한 구실을 하고 있다. 그리고 변수가 하나인 함수로부터 일반적으로 다변수함수와 복소수변수인 함수까지 확장시켜 함수의 대역적인 성질을 연구하는데 매우 유용하게 사용되고 있다.

## 7.2 적분의 정의

함수 $f(x)$가 주어졌을 때

$$F'(x) = f(x)$$

인 함수 $F(x)$를 $f(x)$의 부정적분(indefinite integral)이라 하고, $f(x)$를 원시함수라 한다.

따라서 부정적분은 미분해서 원시함수 $f(x)$가 되었을 때, 그 원래의 함수가 무엇인지를 구하는 것이다.

예를 들어 $x^2$의 도함수를 구하면 $2x$가 되므로 $x^2$을 $2x$의 부정적분이라 한다.

$$(x^2)' = 2x$$

그러나 $2x$의 부정적분이 $x^2$만 있는 것은 아니다. 즉 $x^2-1$, $x^2+1$, $x^2+2$ 등 무수히 많다. 즉 $c$를 임의의 상수라 할 때 $(x^2+c)' = 2x$이므로 $2x$의 임의의 부정적분은 $x^2+c$라 할 수 있다.

따라서 $F(x)$가 $f(x)$의 부정적분 중의 하나이면 임의의 상수 $c$에 대해

$$[F(x)+c]' = F'(x) = f(x)$$

이며, $f(x)$의 임의의 부정적분은 부정적분 $F(x)$를 사용하여 다음과 같이 나타낼 수 있다.

$$\int f(x)dx = F(x)+c,\ c\text{는 임의의 상수}$$

여기서 $\int$은 적분 기호를 나타내며 더한다는 의미의 sum의 머리 글자 $S$을 길게 늘어뜨린 것으로서 인테그럴(integral)이라고 읽는다. 그리고 $dx$는 $x$에 관해 적분한다는 뜻이다.

**예제 7.1**

다음의 식에서 $f(x)$를 구하라.

(a) $\int f(x)dx = x^2+c$

(b) $\int f(x)dx = \frac{1}{3}x^3+3x+c$

(c) $\int f(x)dx = \cos x + e^{-x}+c$

(d) $\int f(x)dx = \sec x + c$

**풀이.** 우변항을 미분하여 $f(x)$를 찾는다.

(a) $f(x) = 2x$

(b) $f(x) = x^2+3$

(c) $f(x) = -\sin x - e^{-x}$

(d) $f(x) = \tan x \sec x$

## 7.3 부정적분 공식

적분은 미분의 역과정이므로 미분의 기본 공식으로부터 [표 7.1]과 같은 부정적분의 기본 공식을 얻을 수 있다.

[표 7.1] 다양한 함수의 부정적분 공식

| $f(x)$ | $\int f(x)dx$ | $f(x)$ | $\int f(x)dx$ |
|---|---|---|---|
| $A$ | $Ax+c$ | $\sec ax$ | $\frac{1}{a}\ln\lvert\sec ax+\tan ax\rvert+c$ |
| $x^n,\ n\neq-1$ | $\frac{1}{n+1}x^{n+1}+c$ | $\cot ax$ | $\frac{1}{a}\ln\lvert\sin ax\rvert+c$ |
| $x^{-1}=\frac{1}{x}$ | $\ln\lvert x\rvert+c$ | $e^x$ | $e^x+c$ |
| $\sin ax$ | $-\frac{1}{a}\cos ax+c$ | $a^x,\ a>0, a\neq1$ | $\frac{a^x}{\ln a}+c$ |
| $\cos ax$ | $\frac{1}{a}\sin ax+c$ | $\ln x$ | $x\ln x-x+c$ |
| $\tan ax$ | $\frac{\ln\lvert\sec ax\rvert}{a}+c$ | $\frac{1}{\sqrt{a^2-x^2}}$ | $\sin^{-1}\frac{x}{a}+c$ |
| $\operatorname{cosec} ax$ | $\frac{1}{a}\ln\lvert\operatorname{cosec} ax-\cot ax\rvert+c$ | $\frac{1}{a^2+x^2}$ | $\frac{1}{a}\cdot\tan^{-1}\frac{x}{a}+c$ |

**예제 7.2**

[표 7.1]을 사용하여 다음의 부정적분을 구하라.

(a) $\int 3dx$ (b) $\int(4x^3-6x^2+1)dx$ (c) $\int\cos\frac{2}{3}xdx$

(d) $\int e^{-2x}dx$ (e) $\int(x+\frac{1}{x})^2dx$ (f) $\int\frac{x-1}{\sqrt{x}}dx$

(g) $\int(2e^x-3^x)dx$ (h) $\int\frac{2}{4+x^2}dx$

**풀이.** (a) $3x+c$ (b) $x^4-2x^3+x+c$ (c) $\frac{3}{2}\sin\frac{2}{3}x+c$

(d) $-\frac{1}{2}e^{-2x}+c$ (e) $\frac{1}{3}x^3+2x-\frac{1}{x}+c$ (f) $\frac{2}{3}x\sqrt{x}-2\sqrt{x}+c$

(g) $2e^x-\frac{3^x}{\log 3}+c$ (h) $\tan^{-1}\left(\frac{x}{2}\right)+c$

## 7.4 적분 법칙

두 개 이상의 함수가 합성된 경우의 미분은 미분 법칙을 사용하는 것과 같이 합성 함수의 적분에는 다양한 적분 법칙이 사용된다. [표 7.2]는 몇가지 적분 법칙을 요약한 것이다.

[표 7.2] 적분 법칙

| 적분 법칙 | $\int f(x)dx$ |
|---|---|
| 스칼라 곱의 법칙 | $\int k\cdot f(x)dx = k\int f(x)dx$ |
| 덧셈과 뺄셈 법칙 | $\int [f(x) \pm g(x)]dx = \int f(x)dx \pm \int g(x)dx$ |
| 치환적분 1 | $\int f(x)dx = F(x) + c$라 할 때,<br>$\int f(ax+b)dx = \frac{1}{a}F(ax+b) + c \ ,a \neq 0$ |
| 치환적분 2 | $\int \frac{f'(x)}{f(x)}dx = \ln\|f(x)\| + c$ |
| 곱셈법칙(부분적분) | $\int f'(x)g(x)dx = f(x)g(x) - \int f(x)g'(x)dx$ |

### 7.4.1 스칼라 곱의 적분

함수 $f(x)$에 스칼라 $k$를 곱한 것을 적분한 것은 $f(x)$를 적분한 것에 스칼라 $k$를 곱한 것과 같다. 이러한 성질은 적분이 선형성을 가짐을 말해준다.

$$\int k\cdot f(x)dx = k\int f(x)dx$$

**예제 7.3**

다음의 적분을 구하라.

(a) $\int 3\cos 2x dx$ (b) $\int 4x dx$ (c) $\int \frac{3}{x} dx$ (d) $\int -e^x dx$

**풀이.** (a) $\int 3\cos 2x dx = 3\int \cos 2x dx = \frac{3}{2}\sin 2x + c$

(b) $\int 4x dx = 4\int x dx = 4(\frac{1}{2}x^2 + c) = 2x^2 + c$

(c) $\int \frac{3}{x} dx = 3\int \frac{1}{x} dx = 3(\ln|x| + c) = 3\ln|x| + c$

(d) $\int -e^x dx = -\int e^x dx = -(e^x + c) = -e^x + c$

### 7.4.2 덧셈과 뺄셈의 적분

두 함수 $f(x)$와 $g(x)$를 더하거나 뺀 것의 적분은 각 함수를 적분한 것을 더하거나 뺀 것과 같다.

$$\int [f(x) \pm g(x)] dx = \int f(x) dx \pm \int g(x) dx$$

**예제 7.4**

다음의 적분을 구하라.

(a) $\int (x+2) dx$ (b) $\int (e^{4x} - e^{-x}) dx$

(c) $\int (\cos x + 2\sin 3x) dx$ (d) $\int (1 - x - x^2) dx$

**풀이.** (a) $\int (x+2) dx = \int x dx + \int 2 dx = \frac{1}{2}x^2 + 2x + c$

(b) $\int (e^{4x} - e^{-x}) dx = \int e^{4x} dx - \int e^{-x} dx = \frac{1}{4}e^{4x} + e^{-x} + c$

(c) $\int(\cos x + 2\sin 3x)dx = \int \cos x dx + 2\int \sin 3x dx = \sin x - \frac{2}{3}\cos 3x + c$

(d) $\int(1 - x - x^2)dx = \int 1dx - \int xdx - \int x^2 dx = x - \frac{1}{2}x^2 - \frac{1}{3}x^3 + c$

### 7.4.3 치환적분

치환 적분은 복잡한 함수를 적분하고자 할 때 주로 사용하는 적분 기법이다. 예를 들어

$$\int \frac{2x+2}{x^2+2x+1}dx$$

의 경우 분모를 $x^2+2x+1 = z$라 두면

$$\frac{d}{dx}(x^2+2x+1) = \frac{dz}{dx}, \text{ 즉 } 2(x+1) = \frac{dz}{dx}$$

이므로, $dx = \dfrac{dz}{2(x+1)}$가 된다.

따라서 이를 주어진 적분식에 대입하면

$$\int \frac{2x+2}{z}\frac{dz}{2(x+1)} = \int \frac{1}{z}dz = \ln|z| + c = \ln|x^2+2x+1| + c$$

가 된다. 이는 분자가 분모식을 미분한 결과와 같을 때 다음 식이 성립함을 의미한다.

$$\int \frac{f'(x)}{f(x)}dx = \ln|f(x)| + c$$

**예제 7.5**

치환적분법을 이용하여 다음을 증명하라.

(a) $\int \sin ax dx = -\frac{1}{a}\cos ax + c$

(b) $\int \tan ax dx = \frac{1}{a}\ln|\sec ax| + c$

(c) $\int \operatorname{cosec} ax dx = \frac{1}{a}\ln|\operatorname{cosec} ax - \cot ax| + c$

(d) $\int \cot ax dx = \frac{1}{a}\ln|\sin ax| + c$

(e) $\int \frac{1}{\sqrt{a^2 - x^2}} dx = \sin^{-1}\left(\frac{x}{a}\right) + c$

(f) $\int \frac{1}{a^2 + x^2} dx = \frac{1}{a}\tan^{-1}\left(\frac{x}{a}\right) + c$

**풀이.** (a) $ax = t$라 두면

$adx = dt$이므로 $\int \sin t \frac{1}{a} dt = -\frac{1}{a}\cos t + c = -\frac{1}{a}\cos ax + c$

(b) $\int \tan ax dx = \int \frac{\sin ax}{\cos ax} dx$ 이므로 $\cos ax = t$라 두면

$-a\sin ax dx = dt$이다.

따라서 $-\int \frac{\sin ax}{t}\frac{1}{a\sin ax} dt = -\int \frac{1}{at} dt = -\frac{1}{a}\ln|t| + c = \frac{1}{a}\ln|\cos ax|^{-1} + c$

그러므로 $\int \tan t \frac{1}{a} dt = \frac{1}{a}\ln|\sec ax| + c$

(c) $\int \operatorname{cosec} ax dx = \int \frac{1}{\sin ax} dx = \int \frac{\sin ax}{\sin^2 ax} dx = \int \frac{\sin ax}{1 - \cos^2 ax} dx$ 에서

$\cos ax = t$라 두면 $-a\sin ax dx = dt$이므로

$$\begin{aligned}
\int \frac{\sin ax}{1-\cos^2 ax} dx &= -\frac{1}{a}\int \frac{\sin ax}{1-t^2}\frac{1}{\sin ax} dt = -\frac{1}{a}\int \frac{1}{1-t^2} dt \\
&= -\frac{1}{2a}\int \left[\frac{1}{1+t} + \frac{1}{1-t}\right] dt \\
&= -\frac{1}{2a}\left[\ln|1+t| - \ln|1-t|\right] + c \\
&= \frac{1}{2a}\left[\ln|1-t| - \ln|1+t|\right] + c \\
&= \frac{1}{2a}\ln\left|\frac{1-t}{1+t}\right| + c = \frac{1}{a}\ln\left|\sqrt{\frac{1-t}{1+t}}\right| + c \\
&= \frac{1}{a}\ln\left|\sqrt{\frac{1-\cos ax}{1+\cos ax}}\right| + c \\
&= \frac{1}{a}\ln\left|\sqrt{\frac{(1-\cos ax)}{(1+\cos ax)}\cdot\frac{(1-\cos ax)}{(1-\cos ax)}}\right| + c
\end{aligned}$$

$$= \frac{1}{a}\ln\left|\sqrt{\frac{(1-\cos ax)^2}{(1-\cos^2 ax)}}\right| + c$$

$$= \frac{1}{a}\ln\left|\sqrt{\frac{(1-\cos ax)^2}{\sin^2 ax}}\right| + c$$

$$= \frac{1}{a}\ln\left|\sqrt{\left(\frac{1-\cos ax}{\sin ax}\right)^2}\right| + c$$

$$= \frac{1}{a}\ln\left|\frac{1-\cos ax}{\sin ax}\right| + c$$

따라서 $\int \operatorname{cosec} ax dx = \frac{1}{a}\ln|\operatorname{cosec} ax - \cot ax| + c$

(d) $\int \cot ax dx = \int \frac{1}{\tan ax}dx = \int \frac{\cos ax}{\sin ax}dx$ 에서

$\sin ax = t$라 두면 $a\cos ax dx = dt$이므로

$$\int \frac{\cos ax}{\sin ax}dx = \int \frac{\cos ax}{t}\frac{1}{a\cos ax}dt$$

$$= \frac{1}{a}\int \frac{1}{t}dt = \frac{1}{a}\ln|t| + c$$

$$= \frac{1}{a}\ln|\sin ax| + c$$

따라서 $\int \cot ax dx = \frac{1}{a}\ln|\sin ax| + c$

(e) $\int \frac{1}{\sqrt{a^2 - x^2}}dx$ 에서 $x = a\sin\theta$라 두면

$dx = a\cos\theta d\theta$, $\theta = \sin^{-1}\frac{x}{a}$ 이므로

$$\int \frac{1}{\sqrt{a^2(1-\sin^2\theta)}}a\cos\theta d\theta = \int d\theta = \theta + c$$

따라서 $\int \frac{1}{\sqrt{a^2 - x^2}}dx = \sin^{-1}\frac{x}{a} + c$

(f) $\int \frac{1}{a^2 + x^2}dx$ 에서 $x = a\tan\theta$라 두면 $dx = a\sec^2\theta d\theta$, $\theta = \tan^{-1}\frac{x}{a}$ 이므로

$$\int \frac{1}{a^2 + x^2}dx = \int \frac{1}{a^2(1+\tan^2\theta)}a\sec^2\theta d\theta = \frac{1}{a}\int d\theta = \frac{1}{a}\theta + c$$

따라서 $\int \frac{1}{a^2 + x^2}dx = \frac{1}{a}\tan^{-1}\frac{x}{a} + c$

**예제 7.6**

치환적분법을 이용하여 다음의 부정적분을 구하라.

(a) $\int (2x-3)^5 dx$ (b) $\int \sin(2x+1)dx$ (c) $\int e^{2x+1}dx$

(d) $\int \frac{x}{x^2+2}dx$ (e) $\int \tan^2(2x+1)dx$ (f) $\int (1+\sin x)^2 \cos x dx$

**풀이.** (a) $\int (2x-3)^5 dx$ 에서 $2x-3=t$라 두면 $2dx=dt$이므로

$$\int t^5 \frac{1}{2}dt = \frac{1}{12}t^6 + c = \frac{1}{12}(2x-3)^6 + c$$

(b) $\int \sin(2x+1)dx$ 에서 $2x+1=t$라 두면 $2dx=dt$이므로

$$\int \sin t \frac{1}{2}dt = -\frac{1}{2}\cos t + c = -\frac{1}{2}\cos(2x+1) + c$$

(c) $\int e^{2x+1}dx$ 에서 $2x+1=t$라 두면 $2dx=dt$이므로

$$\int e^t \frac{1}{2}dt = \frac{1}{2}e^t + c = \frac{1}{2}e^{(2x+1)} + c$$

(d) $\int \frac{x}{x^2+2}dx$ 에서 $x^2+2=t$라 두면 $2xdx=dt$이므로

$$\int \frac{x}{t}\frac{1}{2x}dt = \frac{1}{2}\int \frac{1}{t}dt = \frac{1}{2}\log(t) + c = \frac{1}{2}\log(x^2+2) + c$$

(e) $\int \tan^2(2x+1)dx = \int [\sec^2(2x+1)-1]dx = \int \sec^2(2x+1)dx - \int 1dx$

$2x+1=t$라 두면 $2dx=dt$이므로

$$\int \sec^2(2x+1)dx = \int \sec^2 t \frac{1}{2}dt = \frac{1}{2}\tan t = \frac{1}{2}\tan(2x+1) + c$$

따라서 $\int \tan^2(2x+1)dx = \frac{1}{2}\tan(2x+1) - x + c$

(f) $\int (1+\sin x)^2 \cos x dx$ 에서 $1+\sin x = t$라 두면 $\cos x dx = dt$이므로

$$\int t^2 \cos x \frac{1}{\cos x}dt = \int t^2 dt = \frac{1}{3}t^3 + c = \frac{1}{3}(1+\sin x)^3 + c$$

### 7.4.4 부분적분

부분 적분은 두 개의 함수 $f(x)$와 $g(x)$가 곱으로 이루어져 있을 때 사용되는 적분 기법으로서 곱셈 함수의 미분법에 의해 쉽게 유도된다. 예를 들어

$$\frac{d}{dx}(f(x)\cdot g(x)) = \frac{d}{dx}[f(x)]g(x) + f(x)\frac{d}{dx}[g(x)]$$

이므로

$$f(x)\frac{d}{dx}[g(x)] = \frac{d}{dx}(f(x)\cdot g(x)) - \frac{d}{dx}[f(x)]g(x)$$

가 된다. 따라서

$$\int f(x)\frac{d}{dx}[g(x)]dx = f(x)\cdot g(x) - \int \frac{d}{dx}[f(x)]g(x)$$

가 성립된다. 부정적분을 [그림 7.1]과 같이 풀어 쓰면 더 쉽게 이해할 수 있다.

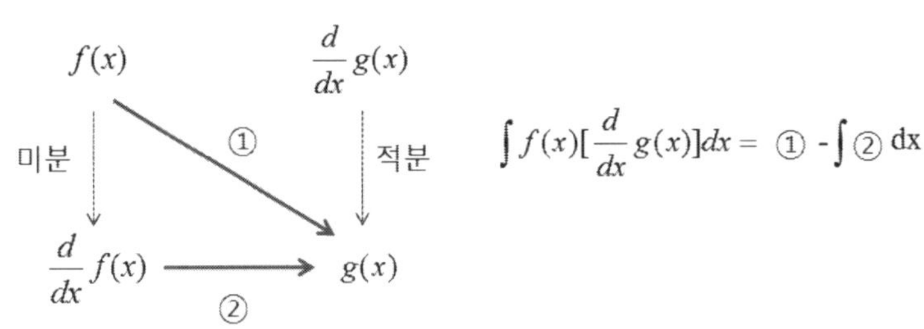


[그림 7.1] 부정적분 과정도

먼저 $\int f(x)[\frac{d}{dx}g(x)]dx$에서 두 함수 중에서 미분해서 차수가 감소하거나 간략화되는 함수를 왼쪽에 또는 적분해서 차수가 줄어들거나 간략화될 수 있는 함수는 오른쪽에 둔다.

예를 들어 $\frac{d}{dx}g(x)$는 적분하면 $g(x)$로 간략화되므로 이를 오른쪽에 두고 나머지 $f(x)$는 왼쪽에 두면 된다. 다음은 왼쪽 함수 $f(x)$는 미분, 오른쪽 함수 $\frac{d}{dx}g(x)$

는 각각 적분한다. 그리고 $f(x)$와 $g(x)$를 곱한(①) 결과에 $\frac{d}{dx}f(x)$와 $g(x)$를 곱한 결과(②)를 한번 더 적분한 것을 빼면 된다.

**예제 7.7**

부분적분을 이용하여 다음의 부정적분을 구하라.

(a) $\int \ln x dx$ (b) $\int x\cos x dx$ (c) $\int xe^{-x}dx$

(d) $\int x^2 \ln x dx$ (e) $\int (\ln x)^2 dx$

**풀이.** (a) $f'(x)=1,\ g(x)=\ln(x)$이므로 $f(x)=x,\ g'(x)=\frac{1}{x}$가 된다.

따라서 $\int \ln x dx = x\ln x - \int x \cdot \frac{1}{x}dx = x\ln x - x + c$

이를 그림으로 나타내면 적분 결과가 동일함을 알 수 있다.

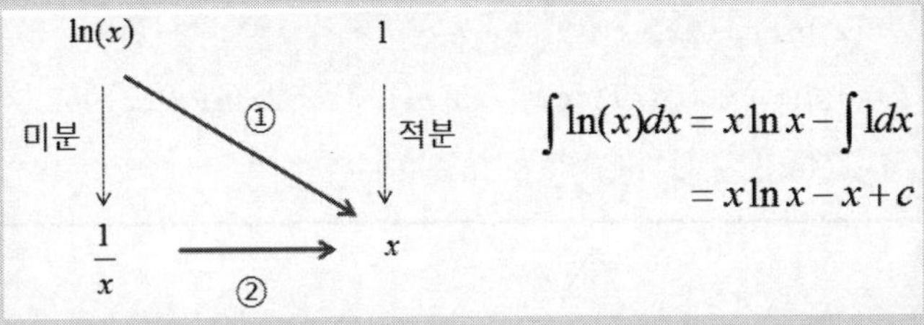


(b) $f'(x)=\cos x,\ g(x)=x$이므로 $f(x)=\sin x,\ g'(x)=1$가 된다.

따라서 $\int x\cos x dx = x\sin x - \int 1 \cdot \sin x dx = x\sin x + \cos x + c$

(c) $f'(x)=e^{-x},\ g(x)=x$이므로 $f(x)=-e^{-x},\ g'(x)=1$가 된다.

따라서 $\int xe^{-x}dx = -xe^{-x} + \int 1 \cdot e^{-x}dx = -xe^{-x} - e^{-x} + c$

(d) $f'(x)=x^2,\ g(x)=\ln(x)$이므로 $f(x)=\frac{1}{3}x^3,\ g'(x)=\frac{1}{x}$가 된다.

따라서 $\int x^2 \ln x dx = \frac{1}{3}x^3\ln x - \int x^2 \cdot \frac{1}{3}dx = \frac{1}{3}x^3\ln x - \frac{1}{9}x^3 + c$

(e) $f'(x)=1,\ g(x)=(\ln x)^2$이므로 $f(x)=x,\ g'(x)=2\log x(\frac{1}{x})$가 된다.

따라서 $\int (\ln x)^2 dx = x(\ln x)^2 - 2\int \ln x dx = x(\log x)^2 - 2x\ln x + 2x + c$

**예제 7.8**

$I_n = \int (\ln x)^n$라 할 때

(a) $I_n = x(\ln x)^n - nI_{n-1}$ $(n=1,2,3,\dots)$이 성립함을 증명하라.

(b) $I_1, I_2, I_3$을 구하라.

**풀이.** (a) $u' = 1, v = (\ln x)^n$으로 놓으면 $u = x$, $v' = n(\ln x)^{n-1} \cdot \dfrac{1}{x}$ 이므로

$$I_n = \int (\ln x)^n = x(\ln x)^n - \int x \cdot n(\ln x)^{n-1} \cdot \frac{1}{x} dx$$
$$= x(\ln x)^n - n\int (\ln x)^{n-1} dx$$

따라서 $I_n = x(\ln x)^n - nI_{n-1}$

(b) $I_1 = \int \ln x \, dx = x\ln x - x + c$

$$I_2 = x(\ln x)^2 - nI_1 = x(\ln x)^2 - 2(x\ln x - x) + c$$
$$= x(\ln x)^2 - 2x\ln x + 2x + c$$
$$I_3 = x(\ln x)^3 - 3I_2 = x(\ln x)^3 - 3(x(\ln x)^2 - 2x\ln x + 2x) + c$$
$$= x(\ln x)^3 - 3x(\ln x)^2 + 6x\ln x - 6x + c$$

### 7.4.5 부분분수 적분

부분분수 적분은 함수가 복잡한 분수식으로 되어 있을 때 부분분수로 전개한 후 각각을 적분하여 합성하는 기법이다. 분수식을 부분분수로 전개하는 방법은 1.4절에서 자세히 설명하였다.

**예제 7.9**

부분 분수 적분법을 이용하여 다음의 함수를 적분하라.

(a) $\displaystyle\int \frac{1}{x^2-9} dx$ (b) $\displaystyle\int \frac{1}{x^2+4x-5} dx$

(c) $\displaystyle\int \frac{x+1}{x^3+x^2-6x} dx$ (d) $\displaystyle\int \frac{x^3+x^2+x+2}{x^4+3x^2+2} dx$

**풀이.** (a) $\frac{1}{x^2-9}=\frac{1}{(x-3)(x+3)}=\frac{1}{6}\left\{\frac{1}{x-3}-\frac{1}{x+3}\right\}$ 이므로

$$\int\frac{1}{x^2-9}dx=\frac{1}{6}\int\left[\frac{1}{x-3}-\frac{1}{x+3}\right]dx$$

$$=\frac{1}{6}\left[\ln|x-3|-\ln|x+3|\right]+c$$

$$=\frac{1}{6}\ln\left|\frac{x-3}{x+3}\right|+c$$

(b) $\frac{1}{x^2+4x-5}=\frac{1}{(x-1)(x+5)}=\frac{1}{6}\left\{\frac{1}{x-1}-\frac{1}{x+5}\right\}$이므로

$$\int\frac{1}{x^2+4x-5}dx=\frac{1}{6}\int\left[\frac{1}{x-1}-\frac{1}{x+5}\right]dx$$

$$=\frac{1}{6}\left[\ln|x-1|-\ln|x+5|\right]+c=\frac{1}{6}\ln\left|\frac{x-1}{x+5}\right|+c$$

$$=\frac{1}{6}\ln\left|\frac{x-1}{x+5}\right|+c$$

(c) $\frac{x+1}{x^3+x^2-6x}=\frac{x+1}{x(x^2+x-6)}=\frac{x+1}{x(x-2)(x+3)}=\frac{A}{x}+\frac{B}{x-2}+\frac{C}{x+3}$ 에서

$A=-\frac{1}{6}$, $B=\frac{3}{10}$, $C=-\frac{2}{15}$ 이므로

$\frac{x+1}{x^3+x^2-6x}=-\frac{1}{6}\cdot\frac{1}{x}+\frac{3}{10}\cdot\frac{1}{x-2}-\frac{2}{15}\cdot\frac{1}{x+3}$ 가 된다. 따라서

$$\int\frac{x+1}{x^3+x^2-6x}dx=-\frac{1}{6}\int\frac{1}{x}dx+\frac{3}{10}\int\frac{1}{x-2}dx-\frac{2}{15}\int\frac{1}{x+3}dx$$

$$=-\frac{1}{6}\ln|x|+\frac{3}{10}\ln|x-2|-\frac{2}{15}\ln|x+3|+c$$

(d) $\frac{x^3+x^2+x+2}{x^4+3x^2+2}=\frac{x^3+x^2+x+2}{(x^2+1)(x^2+2)}=\frac{Ax+B}{(x^2+1)}+\frac{Cx+D}{(x^2+2)}$ 에서

$A=0$, $B=1$, $C=1$, $D=0$이므로

$$\frac{x^3+x^2+x+2}{x^4+3x^2+2}=\frac{1}{(x^2+1)}+\frac{x}{(x^2+2)}$$

따라서 $\int\frac{x^3+x^2+x+2}{x^4+3x^2+2}dx=\int\frac{1}{x^2+1}dx+\int\frac{x}{x^2+2}dx$

$$=\tan^{-1}x+\frac{1}{2}\int\frac{2x}{x^2+2}dx$$

$$=\tan^{-1}x+\frac{1}{2}\ln|x^2+2|+c$$

# 7.5 정적분

## 7.5.1 정적분의 정의

[그림 7.2]와 같이 함수 $y = f(x)$가 폐구간 [a, b]에서 연속일 때 그 구간을 균일하게 $n$등분하여 $x_0 = a,\ x_1,\ x_2,\ \cdots,\ x_{n-1},\ x_n = b$라 하고, 이 간격을 $\frac{b-a}{n} = \Delta x$라 할 때

$$\lim_{n\to\infty}\sum_{k=1}^{n} f(x_k)\Delta x = \int_a^b f(x)dx$$

의 값을 함수 $f(x)$의 $a$에서 $b$까지의 정적분이라 하고, $\int_a^b f(x)dx$로 나타낸다.

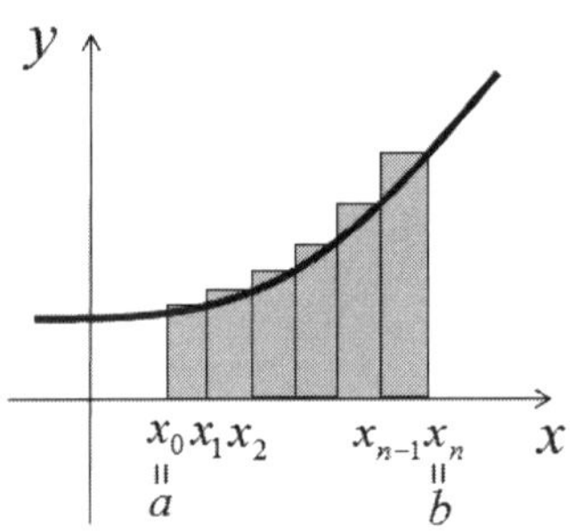


[그림 7.2] 정적분의 정의

이때 $a$를 정적분의 아래끝(lower limit of integral), $b$를 위끝(upper limit of integral)이라 한다.

정적분은 정의에서 알 수 있듯이 주어진 범위 내에서 구간을 잘게 나눈 후 그 함수 아래의 넓이를 구한 것이라 볼 수 있다.

## 7.5.2 정적분의 성질

부정적분의 해는 항상 적분 상수 $c$를 포함하고 있으나 정적분은 주어진 범위 내에서 함수의 넓이를 구하는 것이므로 적분 상수를 포함하지 않는다.

또한 [그림 7.3]과 같이 $\int_a^b f(x)dx = \int_{-\infty}^b f(x)dx - \int_{-\infty}^a f(x)dx = F(b) - F(a)$

와 같다.

여기서 $F(x)$는 $f(x)$의 부정적분을 의미한다.

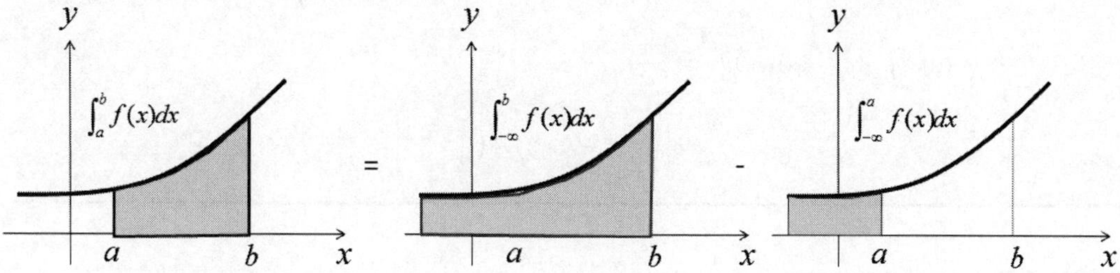


[그림 7.3] 정적분의 계산

따라서 아래끝 $a$와 위끝 $b$의 위치를 바꾸면

$$\int_b^a f(x)dx = \int_{-\infty}^a f(x)dx - \int_{-\infty}^b f(x)dx = -\left[\int_{-\infty}^b f(x)dx - \int_{-\infty}^a f(x)dx\right] = -\int_a^b f(x)dx$$

즉 정적분은 다음과 같은 성질을 가짐을 알 수 있다.

$$\int_a^b f(x)dx = -\int_b^a f(x)dx$$

**예제 7.10**

다음 정적분을 계산하라.

(a) $\int_0^3 xdx$ (b) $\int_2^3 (t-3t^3)dt$

(c) $\int_{-1}^2 (x+1)(x-1)dx$ (d) $\int_0^3 (e^{2x} - \sin x)dx$

**풀이.** (a) $\int_0^3 xdx = \left[\frac{1}{2}x^2\right]_0^3 = \frac{1}{2}(3^2 - 0^2) = \frac{9}{2}$

(b) $\int_2^3 (t-3t^3)\,dt = \left[\frac{1}{2}t^2 - \frac{3}{4}t^4\right]_2^3$

$$= \left[\left(\frac{9}{2} - \frac{243}{4}\right) - (2-12)\right] = -\frac{225}{4} + 10 = -\frac{185}{4}$$

(c) $\int_{-1}^{2}(x+1)(x-1)dx=\int_{-1}^{2}(x^2-1)dx$

$$=\left[\frac{1}{3}x^3-x\right]_{-1}^{2}=\left[(\frac{8}{3}-2)-(-\frac{1}{3}+1)\right]=0$$

(d) $\int_{0}^{3}(e^{2x}-\sin x)dx=\left[\frac{1}{2}e^{2x}+\cos x\right]_0^3$

$$=\left[(\frac{1}{2}e^6+\cos 3)-(\frac{1}{2}+1)\right]=\frac{1}{2}e^6+\cos 3-\frac{3}{2}$$

## 7.5.3 정적분의 부분적분법

정적분의 부분적분법은 다음과 같이 부정적분의 부분적분법과 같으나 각 항에 적분 구간이 각각 적용된다는 차이점이 있다.

$$\int_a^b f(x)g(x)dx=[f(x)g(x)]_a^b-\int_a^b f(x)g'(x)dx$$

**예제 7.11**

다음 정적분을 계산하라.

(a) $\int_0^1 xe^x dx$　　(b) $\int_2^3 \log x dx$

(c) $\int_0^{\frac{\pi}{2}} x\cos x dx$　　(d) $\int_{-1}^{1}(x-1)(2x^2+1)dx$

**풀이.** (a) $f'(x)=e^x$, $g(x)=x$이므로 $f(x)=e^x$, $g'(x)=1$

$$\int_0^1 xe^x dx=xe^x|_0^1-\int_0^1 e^x dx=e^1-e^x|_0^1=e-[e-1]=1$$

(b) $f'(x)=1$, $g(x)=\log x$이므로 $f(x)=x$, $g'(x)=\frac{1}{x}$

$$\int_2^3 \log x dx=x\log x|_2^3-\int_2^3 1dx=(3\log 3-2\log 2)-x|_2^3=3\log 3-2\log 2-1$$

(c) $f'(x)=\cos x$, $g(x)=x$이므로 $f(x)=\sin x$, $g'(x)=1$

$$\int_0^{\frac{\pi}{2}} x\cos x dx = x\sin x\Big|_0^{\pi/2} - \int_0^{\frac{\pi}{2}} \sin x dx$$

$$= \frac{\pi}{2} + \cos x\Big|_0^{\pi/2} = \frac{\pi}{2} + (0-1) = \frac{\pi}{2} - 1$$

(d) $f'(x) = 2x^2+1,\ g(x) = x-1$이므로 $f(x) = \frac{2}{3}x^3 + x,\ g'(x) = 1$

$$\int_{-1}^{1} (x-1)(2x^2+1)dx = (x-1)(\frac{2}{3}x^3+x)\Big|_{-1}^{1} - \int_{-1}^{1} (\frac{2}{3}x^3+x)dx$$

$$= (0-\frac{10}{3}) - \left[\frac{1}{6}x^4 + \frac{1}{2}x^2\right]_{-1}^{1} = -\frac{10}{3}$$

## 7.6 적분의 응용

### 7.6.1 평면 도형의 면적

**예제 7.12**

곡선 $y = 4x - x^2$과 $x$축으로 둘러싸인 부분의 면적을 구하라.

**풀이.** 주어진 곡선은 그림과 같이 $x = 0, 4$에서 $x$축과 교차한다. 따라서 면적은 정적분을 사용하여 구할 수 있다.

$$\int_0^4 (4x - x^2)dx = \left[2x^2 - \frac{1}{3}x^3\right]_0^4 = \frac{32}{3}$$

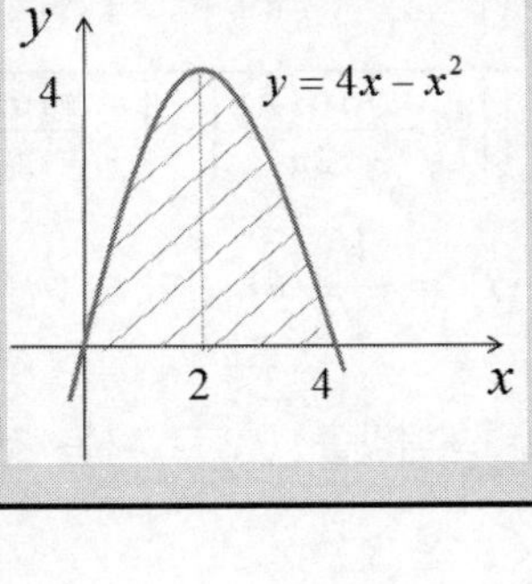

### 7.6.2 교류 신호의 평균값과 실효치 계산

교류는 시간에 따라 크기와 방향이 변화하며 일반적으로 정현파 형태로 표현된다.

$$v(t) = V_m \sin(wt + \phi)$$

여기서 $V_m$은 교류 신호의 최대값, $w$는 각주파수, $\phi$, $T$는 각각 위상각과 주기를 나타낸다. 교류는 주로 평균값과 실효값으로 나타낸다.
평균값(average)은 한 주기 동안의 순시값의 평균을 취한 것으로서 다음과 같이 정의된다.

$$v_{avg} = \frac{1}{T}\int_0^T v(t)dt$$

또한 실효치(rms, root mean square)는 순시치의 제곱을 평균하고 이를 제곱근한 것이다.

$$\begin{aligned}
v_{rms} &= \sqrt{\frac{1}{T}\int_0^T v^2(t)dt} = \sqrt{\frac{1}{T}\int_0^T V_m^2 \sin^2(wt+\phi)dt} \\
&= \sqrt{\frac{1}{T}\int_0^T V_m^2 \left[\frac{1-\cos 2(wt+\phi)}{2}\right]dt} \\
&= \frac{V_m}{\sqrt{2}}\sqrt{\frac{1}{T}\int_0^T [1-\cos 2(wt+\phi)]dt} \\
&= \frac{V_m}{\sqrt{2}}\sqrt{\frac{1}{T}\left[t - \frac{\sin(wt+\phi)}{2w}\right]_0^T} \\
&= \frac{V_m}{\sqrt{2}}\sqrt{\frac{1}{T}\left\{\left[T - \frac{\sin(wT+\phi)}{2w}\right] - \left[0 - \frac{\sin(\phi)}{2w}\right]\right\}}
\end{aligned}$$

이때 $w = \dfrac{2\pi}{T}$ 이므로

$$\begin{aligned}
&= \frac{V_m}{\sqrt{2}}\sqrt{\frac{1}{T}\left\{\left[T - \frac{\sin(2\pi+\phi)}{2w}\right] - \left[- \frac{\sin(\phi)}{2w}\right]\right\}} \\
&= \frac{V_m}{\sqrt{2}}\sqrt{\frac{1}{T}\left\{\left[T - \frac{\sin(\phi)}{2w}\right] - \left[- \frac{\sin(\phi)}{2w}\right]\right\}} \\
&= \frac{V_m}{\sqrt{2}}\sqrt{\frac{1}{T}\cdot T} = \frac{V_m}{\sqrt{2}}
\end{aligned}$$

와 같다.

즉 교류 신호의 실효치는 최대값을 $\sqrt{2}$ 로 나눈 것과 같다.

### 7.6.3 교류회로에서의 축전기

[그림 10.5(a)]와 같이 축전기 $C$에 교류 전류 $i(t)=I_m \sin wt$가 흐를 때 축전기에 축적되는 전압은

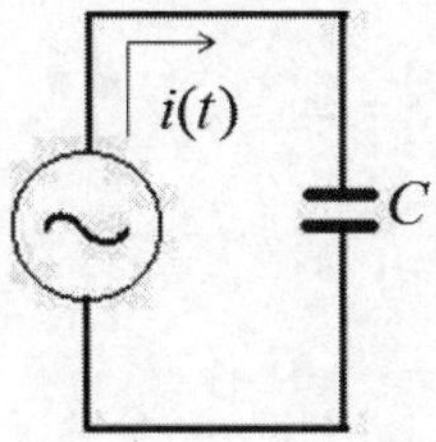


$$v_C(t)=\frac{1}{C}\int i(t)dt=\frac{1}{C}\int I_m \sin \omega t dt$$
$$=-\frac{1}{\omega C}I_m \cos\omega t=\frac{1}{wc}I_m \sin(\omega t-\frac{\pi}{2})$$

가 된다. 이로부터 축전기의 전류는 전압보다 $\frac{\pi}{2}$ 앞섬을 알 수 있다.

**예제 7.13**

커패시턴스가 0.1μF인 축전기에 실효값 141[V], 진동수 1[kHz], 위상각 10°인 정현파 교류 전압을 가했을 때 전류의 순시값을 구하라.

**풀이.** 최대값은 실효치와 $r_2$의 곱이므로 $V_m=141r_2 \fallingdotseq 200V$이다. 따라서 축전기에 인가된 교류 전압은 $v(t)=200\sin(2\pi\cdot 10^3t+10^\circ)$이고
축전기에 흐르는 전류는

$$i(t)=C\frac{dv(t)}{dt}=(0.1\times 10^{-6})\frac{d}{dt}[200\sin(2\pi 10^3t+10^\circ)]$$
$$=1.26\cos(2\pi 10^3t+10^\circ)=12.6\sin(2\pi 10^3t+100^\circ)$$

이다.

# Exercises

1. 다음 함수를 적분하라.

(a) $\int e^x \sin x dx$ (b) $\int \frac{\ln x}{x} dx$ (c) $\int \frac{2x+1}{x^2+x+1} dx$

(d) $\int \frac{x}{x+1} dx$ (e) $\int \ln x^3 dx$ (f) $\int x^2 \sin x dx$

(g) $\int \sin x \cos x dx$ (h) $\int x^3 \sqrt{(1-x^2)}\, dx$

2. 다음의 함수를 적분하라.

(a) $\int_1^3 x^5 dx$ (b) $\int_0^\pi \cos x dx$ (c) $\int_0^\pi \cos^4 x \sin x dx$

(d) $\int_0^1 \sqrt[3]{x}\, dx$ (e) $\int_1^3 \frac{\sin\sqrt{x}}{\sqrt{x}} dx$ (f) $\int_1^4 \frac{1}{1+e^t} dt$

(g) $\int_3^5 \frac{t}{\sqrt{t^2+1}} dt$ (h) $\int_0^{0.5} t^2 \tan(t^3) dt$

3. 다음의 함수를 적분하라.

(a) $\int \frac{1}{x^2-4} dx$ (b) $\int \frac{4}{5x-7} dx$ (c) $\int \frac{x+1}{x^3+x^2-6x} dx$

(d) $\int \frac{2x+2}{x^2+2x+1} dx$ (e) $\int_1^3 \frac{8-x}{6x^2-x-1} dx$ (f) $\int_0^1 \frac{x^2+2x-15}{x^2-2x-3} dx$

(g) $\int_{+1}^2 \frac{5x}{(x+1)(2x-3)} dx$ (h) $\int_0^1 \frac{1}{t^2+3t+3} dt$

4. $x=0$에서 $x=2$까지의 구간에서 곡선 $y=x^3$과 $x$축 사이의 면적을 구하라.

5. $y=x$와 $y=x^3$으로 둘러싸인 부분의 면적을 구하라.

6. 인덕터 $L$에 전류 $i(t)=50\cos 377t$[A]를 흘려 주었더니 양단 전압이 $v(t)=125\sin 377t$가 되었다. $L$의 값을 구하라. 단 인덕터의 양단 전압과 전류는 다음의 관계가 있다.

$$i(t)=\frac{1}{L}\int v(t)dt$$

# Solution

1. (a) $\frac{e^x}{2}(\sin x - \cos x) + c$ (b) $\frac{1}{2}(\ln x)^2 + c$ (c) $\ln|x^2 + x + 1| + c$

(d) $x - \ln|x+1| + c$ (e) $\frac{3}{x} + c$ (f) $-x^2\cos x + 2x\sin x + 2\cos x + c$

(g) $-\frac{1}{4}\cos 2x + c$ (h) $\frac{1}{5}(1-x^2)^{5/2} - \frac{1}{3}(1-x^2)^{3/2} + c$



2. (a) 121.3 (b) 0 (c) $\frac{2}{5}$ (d) $\frac{3}{4}$

(e) $2(-\cos\sqrt{3} + \cos 1)$ (f) $\ln\left|\frac{e^3(1+e)}{1+e^4}\right|$ (g) $\sqrt{26} - \sqrt{10}$

(h) $\frac{1}{3}\ln|1.01|$

3. (a) $\frac{1}{4}\ln\left|\frac{x-2}{x+2}\right| + c$ (b) $\frac{4}{5}\ln|5x-7| + c$

(c) $-\frac{1}{6}\ln|x| + \frac{3}{10}\ln|x-2| - \frac{2}{15}\ln|x+3| + c$ (d) $\ln|x^2 + 2x + 1| + c$

(e) $\frac{3}{2}\ln 5 - \frac{5}{3}\ln 10 + \frac{5}{3}\ln 4$ (f) $1 + 4\ln 2$ (g) $\ln\frac{3}{2}$

(h) $\frac{2}{\sqrt{3}}\left(\tan^{-1}\frac{5}{\sqrt{3}} - \tan^{-1}\frac{3}{\sqrt{3}}\right)$

4. 4

5. $\frac{1}{2}$

6. $6.6mH$

# 미분 방정식

chapter 08



## 8.1 개요

미분 방정식은 유체역학, 천체역학, 전기회로, 제어시스템 등 시간에 따라 변화하는 물리적 현상을 수학적으로 모델링할 때 자주 사용된다. 즉, 특정 현상을 미분 방정식으로 표현하고, 미분 방정식의 정확한 해를 찾은 후 해의 분석을 통해 미래를 예측한다. 예를 들어 전기회로에서 초기 전류나 전압을 초기값으로 하고 시간에 대한 회로의 미분 방정식을 세워 푼 다음, 특정 시간에 흐르는 전류나 전압을 예측하게 된다.

## 8.2 미분 방정식의 정의

미분 방정식(differential equation)이란 독립변수 $x$와 미지함수 $y=f(x)$, 그리고 함수 $y$의 도함수 $\frac{dy}{dx}$, $\frac{d^2y}{dx^2}$, $\cdots$ 와의 관계를 표현한 방정식을 말한다. 예를 들어

$$y^2+3y+1=0$$

은 대수 방정식이나

$$\frac{d^2y}{dx^2}+2\frac{dy}{dx}-y+3=0,\ y+\frac{dy}{dx}=-1$$

은 미분 방정식이다.

## 8.3 미분 방정식의 분류

미분 방정식은 몇 가지 기준에 따라 여러 형태로 분류되며, 이에 따라 해를 구하는 방법이 다르다.

### 8.3.1 분류 기준

#### 8.3.1.1 계(Order)

미분 방정식의 계는 미분 방정식에 포함된 도함수의 최대 미분 횟수를 의미한다. 예를 들어

$$\frac{d^2y}{dx^2}+2\frac{dy}{dx}-y+3=0$$

는 최대 미분 횟수가 2인 $\frac{d^2y}{dx^2}$의 항을 가지므로 2계 미분 방정식이라 한다.

반면

$$y+\frac{dy}{dx}=-1$$

는 1계 미분 방정식이다.

#### 8.3.1.2 차수(Degree)

미분 방정식의 차수란 최고계 도함수의 멱승값을 나타낸다. 예를 들어

$$\frac{d^2y}{dx^2}+1=0$$

는 최고계 도함수 $\frac{d^2y}{dx^2}$의 멱승이 1이므로 1차 미분 방정식이다. 특별히 1차 미분 방정식을 선형 미분 방정식(linear differential equation)이라고도 한다.
반면

$$-\left(\frac{dy}{dx}\right)^3+2\frac{dy}{dx}+y=0$$

는 최고계 도함수 $\frac{dy}{dx}$의 멱승이 3이므로 3차 미분 방정식이다.

#### 8.3.1.3 독립 변수의 개수

미분 방정식에서 한 개의 독립 변수를 가지는 경우 이를 상미분 방정식(ordinary differential equation)이라 하고, 두 개 이상의 독립 변수가 있는 미분 방정식을 편미분 방정식(partial differential equation)이라 한다. 예를 들어

$$\frac{d^3y}{dx^3}+2\left(\frac{d^2y}{dx^2}\right)^3+2x\left(\frac{dy}{dx}\right)^2+y=0$$

는 한 개의 독립 변수 $x$를 가지므로 상미분 방정식에 해당되며,

$$\frac{\partial^2 z}{\partial x^2}+\frac{\partial^2 z}{\partial y^2}=0$$

는 두 개의 독립 변수 $x$와 $y$를 포함하므로 편미분 방정식이다. 이 교재에서는 상미분 방정식에 대해서만 다루기로 한다.

**예제 8.1**

다음의 미분 방정식의 계와 차수에 대해 설명하라.

(a) $\frac{d^2y}{dx^2}+3\frac{dy}{dx}+2y=0$

(b) $y'''+2(y')^2+y=x$

(c) $(y''')^2+xy''+2y(y')^2+xy=0$

(d) $\dfrac{d^3y}{dx^3}+3\left(\dfrac{d^2y}{dx^2}\right)^2-y=1$

**풀이.** (a) 최고계 도함수는 $\dfrac{d^2y}{dx^2}$이므로 2계, 이는 $\left(\dfrac{d^2y}{dx^2}\right)^1$이므로 1차 미분 방정식

(b) 최고계 도함수는 $y'''$이므로 3계, 이는 $(y''')^1$이므로 1차 미분 방정식

(c) 최고계 도함수는 $y'''$이므로 3계, 이는 $(y''')^2$이므로 2차 미분 방정식

(d) 최고계 도함수는 $\dfrac{d^3y}{dx^3}$이므로 3계, 이는 $\left(\dfrac{d^3y}{dx^3}\right)^1$이므로 1차 미분 방정식

## 8.4 미분 방정식의 해

미분 방정식을 만족하고 도함수를 포함하지 않는 해를 그 미분 방정식의 해라 한다. $n$계 미분 방정식은 일반적으로 $n$개의 임의의 상수를 가지는 해를 가지는데, 이때 임의의 상수 $C$를 포함하는 해를 일반해(general solution)라 하고, 임의의 상수 $C$에 특별한 조건을 적용시켜 얻어지는 해를 특수해(particular solution)라 한다. 그리고 일반해에 있는 임의의 상수에 어떠한 값을 대입하더라도 얻을 수 없는 해가 존재할 수 있는데 이러한 해를 특이해(singular solution)라 한다.

**예제 8.2**

다음에 주어진 함수가 각 미분 방정식의 해임을 증명하라.

(a) $\dfrac{dy}{dx}+y=1,\ y=1+Ce^{-x}$

(b) $\dfrac{dy}{dx}+3y=0,\ y=Ce^{-3x}$

(c) $\dfrac{d^2y}{dx^2}+y=0,\ y=C_1\cos x+C_2\sin x$

(d) $\dfrac{d^2y}{dx^2}=e^x,\ y=e^x+Cx+D$

**풀이.** (a) $y=1+Ce^{-x}$ 이므로 $\frac{dy}{dx}=-Ce^{-x}$

따라서 $\frac{dy}{dx}+y=-Ce^{-x}+(1+Ce^{-x})=1$

(b) $y=Ce^{-3x}$ 이므로 $\frac{dy}{dx}=-3Ce^{-3x}$

따라서 $-3Ce^{-3x}+3(Ce^{-3x})=\frac{dy}{dx}+3y=0$

(c) $y=C_1\cos x+C_2\sin x$ 이므로

$\frac{dy}{dx}=-C_1\sin x+C_2\cos x,\ \frac{d^2y}{dx^2}=-C_1\cos x-C_2\sin x$

따라서 $\frac{d^2y}{dx^2}+y=(-C_1\cos x-C_2\sin x)+(C_1\cos x+C_2\sin x)=0$

(d) $y=e^x+Cx+D,\ \frac{dy}{dx}=e^x+C,\ \frac{d^2y}{dx^2}=e^x$ 이므로

따라서 $\frac{d^2y}{dx^2}=e^x$

**예제 8.3**

$\frac{dy}{dx}=\cos x$ 의 일반해를 구하라. 그리고 주어진 미분 방정식의 해가 $x=\frac{\pi}{2}$ 에서 $y=2$ 라면 특수해는 얼마인가?

**풀이.** 미분 방정식의 양변을 독립변수 $x$ 에 관해 적분하면

$\int\left(\frac{dy}{dx}\right)dx=\int\cos x\,dx$ 로부터 일반해는 $y=\sin x+C$ 와 같다.

그리고 $x=\frac{\pi}{2}$ 일 때 $y=2$ 이므로 $y=\sin x+C$ 에서 $2=\sin\frac{\pi}{2}+C$ 가 되고 $C=1$ 이다

따라서 특수해는 $y=\sin x+1$ 이다.

# 8.5 1계 선형 상미분방정식의 해

## 8.5.1 변수분리형 미분 방정식

변수 분리형 미분 방정식이란 다음과 같이 좌변과 우변이 각각 $x$만의 함수와 $y$만의 함수로 분리될 수 있는 형태를 가지는 경우를 말한다.

$$g(y)dy = f(x)dx$$

미분 방정식이 변수 분리형인 경우 양변을 적분함으로써 일반해를 간단하게 구할 수 있다.

$$\int g(y)dy = \int f(x)dx + C$$

**예제 8.4**

$(1+x)\dfrac{dy}{dx}=1+y$의 해를 구하라.

**풀이.** 좌변과 우변을 각각 $y$와 $x$만의 식으로 정리하면 $\dfrac{1}{1+y}dy=\dfrac{1}{1+x}dx$가 된다.

이제 양변을 적분하면 $\displaystyle\int\frac{1}{1+y}dy=\int\frac{1}{1+x}dx+C$

따라서 일반해는

$$\ln(1+y)=\ln(x+1)+C$$

만일 변수가 직접적으로 분리되지 않는다면 적절한 치환을 사용하여 변수 분리법을 이용할 수 있다.

**예제 8.5**

$\frac{dy}{dx} - \left(\frac{y}{x}\right)^2 - \frac{y}{x} = 1$의 해를 구하라.

**풀이.** 주어진 미분 방정식은 즉각적으로 변수가 분리되지 않으므로 $\frac{y}{x} = v$, 즉 $y = xv$로 치환하면 $\frac{dy}{dx} = \frac{d}{dx}(xv) = v + x\frac{dv}{dx}$이 되므로 주어진 미분 방정식에 이들을 대입한다.

$$v + x\frac{dv}{dx} = 1 + v^2 + v$$

$$x\frac{dv}{dx} = 1 + v^2$$

$$\frac{1}{1+v^2}dv = \frac{1}{x}dx$$

이제 양변을 적분하면 $\int \frac{1}{1+v^2}dv = \int \frac{1}{x}dx + C$

따라서 일반해는

$\tan^{-1}v = \ln|x| + \ln|D| = \ln|Dx|$가 되므로

$v = \tan(\ln|Dx|)$이다. 그러므로

$\frac{y}{x} = \tan(\ln|Dx|)$가 되고

$y = x\tan(\ln|Dx|)$가 해가 된다.

### 8.5.2 동차형 미분 방정식

동차형 미분 방정식이란 다음과 같이 우변이 $\frac{y}{x}$만의 함수로 표현될 수 있는 형태를 말한다.

$$\frac{dy}{dx} = f\left(\frac{y}{x}\right)$$

동차형 미분 방정식의 일반해는 다음과 같이 얻을 수 있다. 먼저 $\frac{y}{x}=v$라 두면

$$y = vx$$

와 같이 변수분리형으로 변환된다.

$$\frac{dy}{dx}=\frac{d}{dx}(vx)=v+x\frac{dv}{dx}$$

따라서 위의 식을 주어진 미분 방정식에 대입하면

$$v+x\frac{dv}{dx}=f(v),\ \text{즉}\ \frac{1}{f(v)-v}dv=\frac{1}{x}dx$$

이 되므로 양변을 적분하면 일반해는 다음과 같다.

$$\int\frac{1}{f(v)-v}dv=\int\frac{1}{x}dx+C$$

**예제 8.6**

$(x+y)+(x-y)\frac{dy}{dx}=0$의 해를 구하라.

**풀이.** 주어진 미분 방정식의 양변을 $x$로 나누면

$$(1+\frac{y}{x})+(1-\frac{y}{x})\frac{dy}{dx}=0$$

가 되고, $\frac{y}{x}=v$라 두면 $y=xv$, $\frac{dy}{dx}=v+x\frac{dv}{dx}$이므로

$(1+v)+(1-v)(v+x\frac{dv}{dx})=0$, $(1+2v-v^2)+x(1-v)\frac{dv}{dx}=0$ 가 된다.

이제 변수 분리하면 $\frac{(1-v)}{(1+2v-v^2)}dv+\frac{1}{x}dx=0$이며

이들의 양변을 적분하면

$$\int\frac{(1-v)}{(1+2v-v^2)}dv+\int\frac{1}{x}dx=C$$

$\frac{1}{2}\ln(1+2v-v^2)+\ln x=C$, 양변에 2를 곱해주면

$\ln(1+2v-v^2)+2\ln x=2C$

$\ln[x^2(1+2v-v^2)]=2C$

따라서 $x^2(1+2v-v^2)=e^{2C}$가 된다. 마지막으로 $v=\frac{y}{x}$를 대입하면

$x^2(1+2\frac{y}{x}-\left(\frac{y}{x}\right)^2)=e^{2C}$, 즉 일반해는 $x^2+2xy-y^2=e^{2C}$가 된다.

### 8.5.3 완전 미분 방정식

1계 상미분 방정식의 일반적인 형태는 다음과 같다.

$$P(x,y)dx+Q(x,y)dy=0$$

이때 방정식의 좌변이 임의의 함수 $u(x,y)$의 전미분 $du$와 같다면

즉,

$$\frac{\partial P}{\partial y}=\frac{\partial Q}{\partial x}$$

이면 이를 **완전 미분 방정식**이라 한다.

예를 들어 다음과 같은 미분 방정식이 주어졌다고 가정하자.

$$ydx+xdy=0$$

이는 변수 분리형으로도 해를 구할 수 있으나 다음과 같이 전미분 형태로도 표현할 수 있다.

$$ydx+xdy=d(xy)=0$$

이때 주어진 미분 방정식의 일반해가 $xy=c$임을 쉽게 알 수 있다. 이와같이 주어진 미분 방정식이 어떤 함수의 전미분 형태로 표현된다면, 이를 완전 미분 방정식이라 하며, 해를 바로 구할 수 있는 것이다.

이제 일반적인 형태의 경우로 확장하여 설명해 보자. 함수 $u(x,y)$가 연속 편도함수를 가진다면, $u$의 미분은

$$du = \frac{\partial u}{\partial x}dx + \frac{\partial u}{\partial y}dy$$

이다. 이때 $u(x,y) = c$, 즉 $u$가 상수이면 $du = 0$이 된다. 따라서 함수 $u(x,y)$가 주어지고

$$du = \frac{\partial u}{\partial x}dx + \frac{\partial u}{\partial y}dy = P(x,y)dx + Q(x,y)dy = 0$$

가 성립하면 이 미분 방정식은 완전 미분 방정식이 된다. 이때 완전 미분 방정식이 되려면

$$\frac{\partial u}{\partial x} = P(x,y),\ \frac{\partial u}{\partial y} = Q(x,y)$$

가 만족되어야 하며, $\frac{\partial u}{\partial x} = P(x,y)$에서 $u = \int P(x,y)dx + f(y)$

$\frac{\partial u}{\partial y} = Q(x,y)$에서 $Q = \frac{\partial}{\partial y}\left[\int P(x,y)dx + f(y)\right] = \frac{\partial}{\partial y}\int P(x,y)dx + f'(y)$

이므로 $f(y) = \int \left[Q - \frac{\partial}{\partial y}\int P(x,y)dx\right]dy + C$

가 된다. 따라서 일반해는 다음과 같다.

$$\int P(x,y)dx + \int \left[Q - \frac{\partial}{\partial y}\int P(x,y)dx\right]dy = C$$

**예제 8.7**

$\frac{\partial P}{\partial y} = \frac{\partial Q}{\partial x}$가 완전 미분 방정식이 되기 위한 필요충분 조건임을 증명하라.

**풀이.** $du = \frac{\partial u}{\partial x}dx + \frac{\partial u}{\partial y}dy = P(x,y)dx + Q(x,y)dy = 0$이 되려면

$$\frac{\partial u}{\partial x} = P(x,y),\ \frac{\partial u}{\partial y} = Q(x,y)$$

가 성립되어야 하며, $\frac{\partial P}{\partial y} = \frac{\partial}{\partial y}\left(\frac{\partial u}{\partial x}\right) = \frac{\partial^2 u}{\partial x \partial y}$, $\frac{\partial Q}{\partial x} = \frac{\partial}{\partial x}\left(\frac{\partial u}{\partial y}\right) = \frac{\partial^2 u}{\partial x \partial y}$이므로

$\frac{\partial P}{\partial y}=\frac{\partial Q}{\partial x}$ 을 만족한다.

**예제 8.8**

$(x^3+5xy^2)dx+(5x^2y+2y^3)dy=0$의 해를 구하라.

**풀이.** 주어진 미분 방정식을 $Pdx+Qdy=0$이라 두면

$$P=x^3+5xy^2,\ \ Q=5x^2y+2y^3$$

이다. 이때 $\frac{\partial P}{\partial y}=10xy=\frac{\partial Q}{\partial x}$ 이므로 완전 미분 방정식이다.

따라서 일반해는 다음과 같이 구해진다.

$$\begin{aligned} u &= \int (x^3+5xy^2)dx+\int\left[(5x^2y+2y^3)-\frac{\partial}{\partial y}\int (x^3+5xy^2)dx\right]dy \\ &=(\frac{1}{4}x^4+\frac{5}{2}x^2y^2)+\int\left[(5x^2y+2y^3)-\frac{\partial}{\partial y}(\frac{1}{4}x^4+\frac{5}{2}x^2y^2)\right]dy \\ &=(\frac{1}{4}x^4+\frac{5}{2}x^2y^2)+\int[(5x^2y+2y^3)-5x^2y]dy \\ &=(\frac{1}{4}x^4+\frac{5}{2}x^2y^2)+\frac{1}{2}y^4 \\ &\Rightarrow(\frac{1}{4}x^4+\frac{5}{2}x^2y^2)+\frac{1}{2}y^4=C \text{ 이므로} \end{aligned}$$

일반해는 다음과 같다.

$$x^4+10x^2y^2+2y^4=4C=D,\ \text{여기서 } D\text{는 상수이다}$$

**예제 8.9**

$(x^3+2xy+y)dx+(y^3+x^2+x)dy=0$의 해를 구하라.

**풀이.** $P(x)=x^3+2xy+y,\ Q=y^3+x^2+x$라 할 때 $\frac{\partial P}{\partial y}=2x+1=\frac{\partial Q}{\partial x}$ 이므로 완전 미분 방정식이다.

따라서 $u=\int (x^3+2xy+y)dx+\int\left[(y^3+x^2+x)-\frac{\partial}{\partial y}\int (x^3+2xy+y)dx\right]dy$

$$= (\frac{1}{4}x^4 + x^2y + xy) + \int \left[ (y^3 + x^2 + x) - \frac{\partial}{\partial y}(\frac{1}{4}x^4 + x^2y + xy) \right] dy$$

$$= (\frac{1}{4}x^4 + x^2y + xy) + \int [(y^3 + x^2 + x) - (x^2 + x)] dy$$

$$= (\frac{1}{4}x^4 + x^2y + xy) + \int y^3 dy$$

$$= (\frac{1}{4}x^4 + x^2y + xy) + (\frac{1}{4}y^4)$$

$$= \frac{1}{4}x^4 + x^2y + xy + \frac{1}{4}y^4$$

$$\Rightarrow \frac{1}{4}x^4 + x^2y + xy + \frac{1}{4}y^4 = C$$ 이므로

일반해는

$x^4 + 4x^2y + 4xy + y^4 = 4C = D$, 여기서 $D$는 상수이다

### 8.5.4 적분 인자법

일반적으로 1계 선형 미분 방정식은 다음과 같은 형태를 가지며, 적분인자(integrating factor)를 곱함으로써 쉽게 해를 구할 수 있다.

$$\frac{dy}{dx} + P(x)y = Q(x)$$

적분인자를 $\mu(x, y)$라 할 때 위의 식에 이를 곱하면

$$\mu\frac{dy}{dx} + \mu P(x)y = \mu Q(x)$$

이며, 좌변항을 $\mu\frac{dy}{dx} + \mu P(x)y = \frac{d(\mu y)}{dx}$라 가정하면

$\mu\frac{dy}{dx} + \mu P(x)y = \mu\frac{dy}{dx} + y\frac{d\mu}{dx}$ 이므로 $\mu P(x) = \frac{d\mu}{dx}$ 임을 알 수 있다.

이는 변수 분리법에 의해 $P(x)dx = \frac{1}{\mu}d\mu$와 같이 분리되므로 양변을 적분하면

$$\int P(x)dx = \int \frac{1}{\mu}d\mu$$

가 된다. 따라서 적분인자는 다음과 같이 구할 수 있다.

$$\mu = e^{\int P(x)dx}$$

또한 $\dfrac{d(\mu y)}{dx} = \mu Q(x)$이므로 $\mu y = \int \mu Q(x)dx$,

$$y = \frac{1}{\mu}\int \mu Q(x)dx$$

가 된다.

> 1계 선형 미분 방정식 $\dfrac{dy}{dx} + P(x)y = Q(x)$에서
>
> 적분 인자가 $\mu = e^{\int P(x)dx}$ 일 때, 일반해는 $y = \dfrac{1}{\mu}\int \mu Q(x)dx$이다

**예제 8.10**

적분 인자를 사용하여 $\dfrac{dy}{dx} + 2y = 6$의 해를 구하라.

**풀이.** $P(x) = 2$, $Q(x) = 6$이므로 $\mu = e^{\int 2dx} = e^{2x}$이고

$$y = \frac{1}{\mu}\int \mu Q(x)dx = \frac{1}{e^{2x}}\int 6e^{2x}dx = e^{-2x}(3e^{2x} + C) = 3 + Ce^{-2x}$$

**예제 8.11**

적분 인자를 사용하여 $x\dfrac{dy}{dx} + y = x^4$의 해를 구하라.

**풀이.** 미분 방정식의 양변을 $x$로 나누면 $\dfrac{dy}{dx} + \dfrac{1}{x}y = x^3$이고

$P(x) = \dfrac{1}{x}$, $Q(x) = x^3$이므로 $\mu = e^{\int \frac{1}{x}dx} = e^{\ln x} = x$이고

$$y = \frac{1}{\mu}\int \mu Q(x)dx = \frac{1}{x}\int x(x^3)dx = \frac{1}{x}\left(\frac{1}{5}x^5 + C\right) = \frac{1}{5}x^4 + \frac{C}{x}$$

# 8.6 2계 선형 상미분방정식의 해

## 8.6.1 2계 상수 계수 동차 선형 상미분 방정식

2계 선형 상미분 방정식은 역학, 파동, 열전도 등에서 많이 이용되며, 다음과 같이 쓸 수 있다.

$$y'' + p(x)y' + q(x)y = r(x)$$

이때 $r(x) = 0$ 이면 동차(homogeneous)라 하고, $r(x) \neq 0$ 이면 비동차(nonhomogeneous)라 한다. 또한 계수 $p(x)$와 $q(x)$가 상수인 경우 상수 계수라 한다.
따라서 2계 상수 계수 동차 상미분 방정식은 다음과 같이 표현된다.

$$y'' + ay' + by = 0$$

여기서 $a$와 $b$는 상수이다.
이제 2계 상수 계수 동차 상미분 방정식의 일반해를 구해보자.
먼저 $y = e^{\lambda x}$라 두면, $y' = \lambda e^{\lambda x}$, $y'' = \lambda^2 e^{\lambda x}$이다. 따라서 2계 상수 계수 동차 상미분 방정식에 대입하면

$$\lambda^2 e^{\lambda x} + a\lambda e^{\lambda x} + be^{\lambda x} = (\lambda^2 + a\lambda + b)e^{\lambda x} = 0$$

가 된다. 여기서 $e^{\lambda x} \neq 0$이 아니므로

$$(\lambda^2 + a\lambda + b) = 0$$

이어야 한다. 이 방정식을 특성 방정식이라 하고, 특성 방정식의 해에 따라 2계 상수계수 동차 상미분 방정식의 일반해는 다음과 같다.

**정리 8.1 2계 상수계수 동차 상미분 방정식의 일반해는 다음과 같다.**

1. 두 개의 서로 다른 실근 $\lambda_1$, $\lambda_2$을 가질 때, $y = c_1 e^{\lambda_1 x} + c_2 e^{\lambda_2 x}$
2. 중근 $\lambda = -\frac{a}{2}$을 가질 때, $y = (c_1 + c_2 x)e^{-\frac{a}{2}x}$
3. 두 개의 서로 다른 허근 $\lambda_1 = \alpha + i\beta$, $\lambda_2 = \alpha - i\beta$을 가질 때,
   $y = e^{\alpha x}(c_1 \cos\beta x + c_2 \sin\beta x)$

**예제 8.12**

$y'' - 3y' + 2y = 0$의 해를 구하라.

**풀이.** 주어진 미분 방정식의 특성 방정식은 $\lambda^2 - 3\lambda + 2 = 0$이므로 $\lambda = 1$ 또는 $\lambda = 2$이다.

따라서 일반해는 $y_1 = c_1 e^x + c_2 e^{2x}$이다.

**예제 8.13**

$y'' + 10y' + 25y = 0$의 해를 구하라.

**풀이.** 미분 방정식의 특성 방정식은 $\lambda^2 + 10\lambda + 25 = 0$이므로 중근 $\lambda = -5$이다.
따라서 일반해는 $y_1 = (c_1 + c_2 x)e^{-5x}$이다.

**예제 8.14**

$y'' + y' + y = 0$의 해를 구하라.

**풀이.** 특성 방정식은 $\lambda^2 + \lambda + 1 = 0$이므로 $\lambda = \frac{-1 \pm i\sqrt{3}}{2}$이다. 따라서

$\alpha = -\frac{1}{2}$, $\beta = \frac{\sqrt{3}}{2}$이므로 일반해는 $y_1 = e^{-\frac{1}{2}x}(c_1 \cos\frac{\sqrt{3}}{2}x + c_2 \sin\frac{\sqrt{3}}{2}x)$이다.

### 8.6.2 2계 상수 계수 비동차 선형 상미분 방정식

앞에서 설명한 바와 같이 2계 상수 계수 비동차 선형 상미분 방정식의 형태는 다음과 같다.

$$y'' + ay' + by = r(x)$$

비동차 미분 방정식은 동차 미분 방정식과는 달리 3단계를 통해 해를 구할 수 있다.

> 1단계 : $r(x) = 0$인 동차 상미분 방정식의 일반해 $y_H$를 구한다.
> 2단계 : 미정계수법을 사용하여 비동차 상미분 방정식의 특수해 $y_P$를 구한다.
> 3단계 : 비동차 상미분 방정식의 일반해 $y = y_H + y_P$를 구한다.

미정 계수법(method of undetermined coefficients)은 비동차 상미분 방정식을 푸는 방법으로서, $r(x)$의 형태에 따라 특수해 $y_P$를 가정한 후 미분 방정식을 만족하도록 $y_P$에 포함된 미정 계수를 결정하게 된다. 단 이 방법은 $r(x)$가 지수함수이거나, 삼각함수, 다항식일 때만 적용할 수 있다. 이는 몇 번을 미분하더라도 성질이 변하지 않고 항상 같은 종류의 함수이기 때문이다.

[표 8.1] $r(x)$에 따른 특수해의 형태

| $r(x)$ | $y_p(x)$ |
|---|---|
| $Ae^{kx}$ | $Ce^{kx}$ |
| $A$ | $C$ |
| $kx^n$ ($n$차 방정식) | $C_n x^n + C_{n-1}x^{n-1} + \cdots + C_0$ |
| $k\cos wt$, $k\sin wt$ | $C_1 \sin wt + C_2 \cos wt$ |
| $ke^{ax}\cos wt$, $ke^{ax}\sin wt$ | $e^{ax}(C_1 \sin wt + C_2 \cos wt)$ |

**예제 8.15**

$y'' - 6y' + 8y = x$의 일반해를 구하라.

**풀이.** 단계 1. $r(x) = 0$이라 가정하면 $y'' - 6y' + 8y = 0$이므로 특성 방정식은

$\lambda^2 - 6\lambda + 8 = 0$이 되고 $\lambda = 2$ 또는 $\lambda = 4$가 된다.

따라서 $y_H = C_1 e^{2x} + C_2 e^{4x}$이다.

단계 2. $r(x) = x$, 즉 1차식이므로, $y_P = C_3 x + C_4$, 즉 1차식이라 가정한다.

이때 $y_P' = C_3$, $y_P'' = 0$이므로 이를 주어진 미분 방정식에 대입하면

$-6C_3 + 8(C_3 x + C_4) = x$가 되고, 양변을 비교하면

$-6C_3 + 8C_4 = 0$, $8C_3 = 1$

즉, $C_3 = \frac{1}{8}$, $C_4 = \frac{3}{32}$이 된다.

따라서 특수해는 $y_P = \frac{1}{8}x + \frac{3}{32}$이다

단계 3. 주어진 미분 방정식의 일반해는

$y = y_H + y_P = C_1 e^{2x} + C_2 e^{4x} + \frac{1}{8}x + \frac{3}{32}$이다.

**예제 8.16**

$\frac{d^2y}{dx^2} + \frac{dy}{dx} + y = 4\cos 3x$의 일반해를 구하라.

**풀이.** 단계 1. $r(x) = 0$이라 가정하면 $y'' + y' + y = 0$이므로 특성 방정식은

$\lambda^2 + \lambda + 1 = 0$이 되고 $\lambda = \frac{-1 \pm i\sqrt{3}}{2}$가 된다.

따라서 $y_H = e^{-\frac{1}{2}x}\left(C_1 \cos\frac{\sqrt{3}}{2}x + C_2 \sin\frac{\sqrt{3}}{2}x\right)$이다.

단계 2. $r(x) = 4\cos 3x$이므로, $y_P = C_3 \cos 3x + C_4 \sin 3x$라 가정한다.

이때 $y_P' = -3C_3 \sin 3x + 3C_4 \cos 3x$, $y_P'' = -9C_3 \cos 3x - 9C_4 \sin 3x$

이므로 이를 주어진 미분 방정식에 대입하면

$-9C_3\cos 3x - 9C_4\sin 3x - 3C_3\sin 3x + 3C_4\cos 3x$

$+ C_3\cos 3x + C_4\sin 3x = 4\cos 3x$

이므로, 양변을 비교하면

$-8C_3 + 3C_4 = 4$

$-3C_3 - 8C_4 = 0$

즉, $C_3 = -\frac{32}{73}$, $C_4 = \frac{12}{73}$ 이 된다.

따라서 특수해는 $y_P = -\frac{32}{73}\cos 3x + \frac{12}{73}\sin 3x$ 이다

단계 3. 주어진 미분 방정식의 일반해는

$y = e^{-\frac{1}{2}x}\left(C_1\cos\frac{\sqrt{3}}{2}x + C_2\sin\frac{\sqrt{3}}{2}x\right) - \frac{32}{73}\cos 3x + \frac{12}{73}\sin 3x$ 이다.

**예제 8.17**

$y'' - 2y' - 3y = 6$ 의 일반해를 구하라.

**풀이.** 단계 1. $r(x) = 0$ 이라 가정하면 $y'' - 2y' - 3y = 0$ 이므로 특성 방정식은

$\lambda^2 - 2\lambda - 3 = 0$ 이 되고 $\lambda = -1$ 또는 $\lambda = 3$ 가 된다.

따라서 $y_H = C_1e^{-x} + C_2e^{3x}$ 이다.

단계 2. $r(x) = 6$, 즉 상수이므로, $y_P = C_3$, 즉 상수라 가정한다.

이때 $y_P' = 0$, $y_P'' = 0$ 이므로 이를 주어진 미분 방정식에 대입하면

$-3C_3 = 6$ 가 되고, $C_3 = -2$ 이 된다.

따라서 특수해는 $y_P = -2$ 이다

단계 3. 주어진 미분 방정식의 일반해는

$y = C_1e^{-x} + C_2e^{3x} - 2$ 이다.

## 8.7 미분 방정식의 응용

**예제 8.18**

다음의 RL 직렬 회로에 흐르는 교류 전류 $i(t)$를 구하라.
단 초기 전류는 $i(0)=0$이라 가정한다.

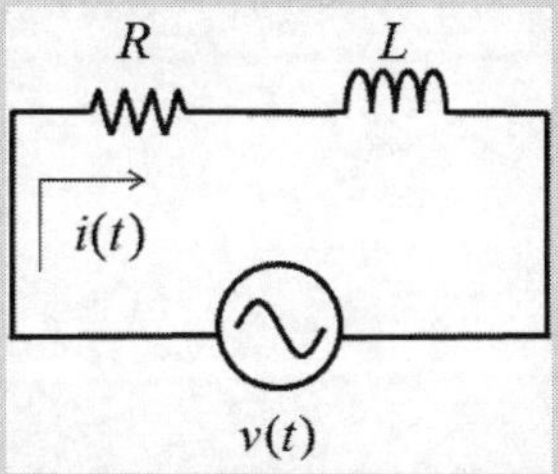


**풀이.** 키르히호프의 제 2법칙에 따라 $RL$ 직렬회로의 회로 방정식은 다음과 같다.

$$V = V_R + V_L = Ri + L\frac{di}{dt} \quad \text{또는} \quad \frac{V}{L} = \frac{R}{L}i + \frac{di}{dt}$$

이제 적분인자법을 사용하여 교류전류 $i(t)$를 구해보자.

여기서 $P(t)=\frac{R}{L}$, $Q(t)=\frac{V}{L}$이라 두면 적분인자는 $\mu = e^{\int \frac{R}{L}dt} = e^{\frac{R}{L}t}$이므로 일반해는 다음과 같다.

$$i(t) = \frac{1}{\mu}\int \mu Q(t)dt = \frac{1}{e^{\frac{R}{L}t}}\int e^{\frac{R}{L}t}\left(\frac{V}{L}\right)dt = \frac{V}{L}\frac{L}{R}e^{-\frac{R}{L}t}\left(e^{\frac{R}{L}t} + C\right)$$

$$= \frac{V}{R}[1 + Ce^{-\frac{R}{L}t}]$$

또한 초기 전류가 0, 즉 $i(0)=0$이라 가정하였을 때 위의 일반해에 대입하면 $C=-1$이므로 특수해는 다음과 같다.

$$i(t) = \frac{V}{R}[1 - e^{-\frac{R}{L}t}]$$

# Exercises

1. 다음 미분 방정식의 해를 구하라.

(a) $\frac{dy}{dx}=x^2$ (b) $\frac{dy}{dx}=xe^{-x}$ (c) $\frac{dy}{dx}=\cos x+2\sin x$ , $y(\frac{\pi}{4})=0$

2. 다음의 주어진 함수가 미분 방정식의 해가 됨을 보여라.

(a) $\frac{dy}{dx}+y=x^2-2$ , $y=Ce^{-x}+x^2-2x$

(b) $x+y\frac{dy}{dx}=0$ , $x^2+y^2=1$

3. 변수 분리법을 이용하여 다음의 미분 방정식의 해를 구하라.

(a) $9y\frac{dy}{dx}+4x=0$ (b) $\frac{dy}{dx}=1+y^2$ (c) $\frac{dy}{dx}=-\frac{y}{x}$ , $y(1)=1$

(d) $\frac{dy}{dx}=3\cos 2x$ (e) $\frac{dy}{dx}=\frac{e^{-2x}}{y}$ (f) $\frac{dy}{dx}=3x^2e^{-y}$ , $y(0)=1$

4. 적분 인자를 사용하여 다음의 미분 방정식의 해를 구하라.

(a) $\frac{dy}{dx}+y=2x+5$ (b) $(2x^2+xy)dx+x^2dy=0$

(c) $\frac{dy}{dx}-\frac{y}{x}=x^2$ (d) $\frac{dy}{dx}+\frac{y}{x}=1$

(e) $\frac{dy}{dx}-3y=2$ (f) $x\frac{dy}{dx}+y=x^4$

(g) $\frac{dx}{dt}=t-tx$, $x(0)=0$

5. 다음의 미분 방정식의 해를 구하라.

(a) $\frac{d^2y}{dx^2}+\frac{dy}{dx}-2y=0$ (b) $\frac{d^2y}{dx^2}+4\frac{dy}{dx}+4y=0$

(c) $\frac{d^2y}{dx^2}-3\frac{dy}{dx}+2y=0$ (d) $\frac{d^2y}{dx^2}-16y=0$

(e) $\frac{d^2y}{dx^2}-6\frac{dy}{dx}+8y=x$ (f) $\frac{d^2y}{dx^2}-6\frac{dy}{dx}+8y=3\cos x$

6. 다음 선형 2차 상미분 방정식들에 대한 특수해를 구하라.

(a) $y'' + 8y' + 15y = 2\sin 5x$

(b) $y'' + 4y' + 3y = 2x^2 + x + 2$

(c) $y'' + 7y' + 10y = 5e^{2x}\sin 5x$

7. $y'' + 3y' + 2y = 2e^{5x}$의 일반해를 구하라.

# Solution

1. (a) $y=\frac{1}{3}x^3+c$ (b) $-xe^{-x}-e^{-x}+c$ (c) $\sin x-2\cos x+\frac{1}{\sqrt{2}}$

2. (a) $y=Ce^{-x}+x^2-2x$에서 $\frac{dy}{dx}=-Ce^{-x}+2x-2$이므로 $\frac{dy}{dx}+y=x^2-2$

   (b) $x^2+y^2=1$에서 $\frac{dy}{dx}=-\frac{x}{y}$ 이므로 $x+y\frac{dy}{dx}=x+y\left(-\frac{x}{y}\right)=0$

3. (a) $y^2=-\frac{4}{9}x^2+c$ (b) $y=\tan(x+c)$ (c) $xy=1$

   (d) $y=\frac{3}{2}\sin 2x+c$ (e) $y^2=-e^{-2x}+c$ (f) $y=\ln(x^3+e)$

4. (a) $y=2x+3+ce^{-x}$ (b) $y=-x-\frac{c}{x}$ (c) $y=\frac{1}{2}x^3+cx$

   (d) $y=\frac{1}{2}x+\frac{c}{x}$ (e) $y=-\frac{2}{3}+ce^{3x}$ (f) $y=\frac{1}{5}x^4+\frac{c}{x}$

   (g) $x=1-e^{-t^2/2}$

5. (a) $y=C_1e^x+C_2e^{-2x}$ (b) $y=(C_1+C_2x)e^{-2x}$ (c) $y=C_1e^x+C_2e^{2x}$

   (d) $y=C_1e^{4x}+C_2e^{-4x}$ (e) $y=C_1e^{2x}+C_2e^{4x}+\frac{1}{8}x+\frac{3}{32}$

   (f) $y=C_1e^{2x}+C_2e^{4x}-\frac{18}{85}\sin x+\frac{21}{85}\cos x$

6. (a) $y_P=-\frac{1}{85}\sin 5x-\frac{4}{85}\cos 5x$

   (b) $y_P=\frac{2}{3}x^2-\frac{13}{9}x+\frac{58}{27}$

   (c) $y_P=e^{2x}(\frac{15}{3034}\sin 5x-\frac{275}{3034}\cos 5x)$

7. $y=C_1e^{-x}+C_2e^{-2x}+\frac{1}{21}e^{5x}$

# 라플라스 변환

chapter 09



## 9.1 개요

라플라스 변환은 상미분 방정식의 해를 구하기 위한 효과적인 방법 중의 하나이다. 또한 라플라스 변환은 구분적 연속함수, 델타함수, 그리고 주기함수를 포함하는 공학 문제를 해결하는데 적용된다. 라플라스 변환은 편미분 방정식의 해를 구하는데도 이용된다.

## 9.2 라플라스 변환의 정의

$t \geq 0$에서 주어진 함수 $f(t)$의 라플라스 변환 $F(s)$는 다음과 같이 정의된다.

$$F(s) = \mathcal{L}\{f(t)\} = \int_0^\infty f(x) e^{-st} dt$$

[표 9.1]은 기본 함수와 라플라스 변환을 표로 정리한 것이다.

[표 9.1] 기본 함수와 라플라스 변환표

| $f(x)$ | $F(s)$ | $f(x)$ | $F(s)$ | $f(x)$ | $F(s)$ |
|---|---|---|---|---|---|
| $1$ | $\frac{1}{s}$ | $te^{at}$ | $\frac{1}{(s-a)^2}$ | $e^{at}\cos wt$ | $\frac{s-a}{(s-a)^2+w^2}$ |
| $t$ | $\frac{1}{s^2}$ | $t^n e^{at}$ | $\frac{n!}{(s-a)^{n+1}}$ | $t\sin wt$ | $\frac{2ws}{(s^2+w^2)^2}$ |
| $t^2$ | $\frac{2}{s^3}$ | $\sin wt$ | $\frac{w}{s^2+w^2}$ | $t\cos wt$ | $\frac{s^2-w^2}{(s^2+w^2)^2}$ |
| $t^n$ | $\frac{n!}{s^{n+1}}$ | $\cos wt$ | $\frac{s}{s^2+w^2}$ | $u(t)$ | $\frac{1}{s}$ |
| $e^{at}$ | $\frac{1}{s-a}$ | $e^{at}\sin wt$ | $\frac{w}{(s-a)^2+w^2}$ | $\delta(t)$ | $1$ |

## 9.2.1 상수의 라플라스 변환

$f(t)=A$이라 할 때, $f(t)$의 라플라스 변환은 다음과 같다.

$$F(s)=\mathcal{L}\{f(t)\}=\int_0^\infty A\cdot e^{-st}dt=-\frac{A}{s}e^{-st}\Big|_0^\infty=-\frac{A}{s}[0-1]=\frac{A}{s}$$

따라서 $f(t)=1$이면 $F(s)=\frac{1}{s}$이 된다.

## 9.2.2 선형함수의 라플라스 변환

$f(t)=t$이라 할 때, 이의 라플라스 변환은 다음과 같다.

$$F(s)=\mathcal{L}\{t\}=\int_0^\infty t\cdot e^{-st}dt=-t\frac{1}{s}e^{-st}\Big|_0^\infty+\frac{1}{s}\int_0^\infty e^{-st}dt=-\frac{1}{s^2}e^{-st}\Big|_0^\infty=\frac{1}{s^2}$$

## 9.2.3 n차 선형함수의 라플라스 변환

$f(t)=t^2$이라 할 때,

$$F(s)=\int_0^{\infty} t^2\cdot e^{-st}dt=-t^2\frac{1}{s}e^{-st}\Big|_0^{\infty}+\frac{2}{s}\underbrace{\int_0^{\infty} te^{-st}dt}_{\mathcal{L}\{t\}=\frac{1}{s^2}}=\frac{2}{s}\cdot\frac{1}{s^2}=\frac{2!}{s^3}$$

$f(t)=t^3$이라 할 때,

$$F(s)=\int_0^{\infty} t^3\cdot e^{-st}dt=-t^3\frac{1}{s}e^{-st}\Big|_0^{\infty}+\frac{3}{s}\underbrace{\int_0^{\infty} t^2e^{-st}dt}_{\mathcal{L}\{t^2\}=\frac{2!}{s^2}}=\frac{3}{s}\cdot\frac{2}{s^2}=\frac{3!}{s^3}$$

$f(t)=t^4$이라 할 때,

$$F(s)=\int_0^{\infty} t^4\cdot e^{-st}dt=-t^4\frac{1}{s}e^{-st}\Big|_0^{\infty}+\frac{4}{s}\underbrace{\int_0^{\infty} t^3e^{-st}dt}_{\mathcal{L}\{t^2\}=\frac{3!}{s^2}}=\frac{4}{s}\cdot\frac{3!}{s^2}=\frac{4!}{s^3}$$

이다.

이로부터 일반적인 규칙을 유도하면 $f(t)=t^n$일 때, 라플라스 변환은

$$F(s)=\mathcal{L}\{t^n\}=\frac{n!}{s^{n+1}}$$

이다.

### 9.2.4 지수함수의 라플라스 변환

$f(t)=e^{at}$이고, $a$가 상수라 할 때,

$$F(s)=\int_0^{\infty} e^{at}\cdot e^{-st}dt=\int_0^{\infty} e^{-(s-a)t}dt=-\frac{1}{s-a}e^{-(s-a)t}\Big|_0^{\infty}=\frac{1}{s-a}$$

이다. 따라서 $f(t)=e^{-at}$이면 $F(s)=\dfrac{1}{s+a}$가 된다.

### 9.2.5 선형함수와 지수함수의 곱에 의한 라플라스 변환

$f(t)=te^{at}$이라 할 때,

$$F(s)=\int_0^{\infty} te^{at}\cdot e^{-st}dt=\int_0^{\infty} te^{-(s-a)t}dt$$

$$= -\frac{t}{s-a}e^{-(s-a)t}\Big|_0^\infty + \frac{1}{s-a}\int_0^\infty e^{-(s-a)t}dt$$

$$= -\frac{1}{(s-a)^2}e^{-(s-a)t}\Big|_0^\infty = \frac{1}{(s-a)^2}$$

$f(t) = t^2 e^{at}$ 이라 할 때,

$$F(s) = \int_0^\infty t^2 e^{at} \cdot e^{-st}dt = \int_0^\infty t^2 e^{-(s-a)t}dt$$

$$= -\frac{t^2}{s-a}e^{-(s-a)t}\Big|_0^\infty + \frac{2}{s-a}\underbrace{\int_0^\infty te^{-(s-a)t}dt}_{\mathcal{L}\{te^{at}\} = \frac{1}{(s-a)^2}} = \frac{2!}{(s-a)^3}$$

$f(t) = t^3 e^{at}$ 이라 할 때,

$$F(s) = \mathcal{L}\{t^3 e^{at}\} = -\frac{t^3}{s-a}e^{-(s-a)t}\Big|_0^\infty + \frac{3}{s-a}\underbrace{\int_0^\infty t^2 e^{-(s-a)t}dt}_{\mathcal{L}\{t^2 e^{at}\} = \frac{2!}{(s-a)^3}} = \frac{3!}{(s-a)^4}$$

따라서 일반식을 유도하면 $F(s) = \mathcal{L}\{t^n e^{at}\} = \dfrac{n!}{(s-a)^{n+1}}$ 이며, $a$는 상수이다.

### 9.2.6 sin 함수의 라플라스 변환

$f(t) = \sin wt$ 이라 할 때,

$$F(s) = \int_0^\infty \sin wt \cdot e^{-st}dt = \int_0^\infty \frac{e^{jwt} - e^{-jwt}}{2j}e^{-st}dt$$

$$= \frac{1}{2j}\left\{\int_0^\infty e^{-(s-jw)t}dt - \int_0^\infty e^{-(s+jw)t}dt\right\}$$

$$= \frac{1}{2j}\left\{-\frac{1}{s-jw}e^{-(s-jw)t}\Big|_0^\infty + \frac{1}{s+jw}e^{-(s+jw)t}\Big|_0^\infty\right\}$$

$$= \frac{1}{2j}\left\{\frac{1}{s-jw} - \frac{1}{s+jw}\right\} = \frac{1}{2j}\left\{\frac{2jw}{s^2+w^2}\right\}$$

$$= \frac{w}{s^2+w^2}$$

### 9.2.7 cos 함수의 라플라스 변환

$f(t)=\cos wt$이라 할 때,

$$\begin{aligned}
F(s) &= \int_0^{\infty} \cos wt \cdot e^{-st}dt = \int_0^{\infty} \frac{e^{jwt}+e^{-jwt}}{2} e^{-st}dt \\
&= \frac{1}{2}\left\{\int_0^{\infty} e^{-(s-jw)t}dt + \int_0^{\infty} e^{-(s+jw)t}dt\right\} \\
&= \frac{1}{2}\left\{-\frac{1}{s-jw}e^{-(s-jw)t}\Big|_0^{\infty} - \frac{1}{s+jw}e^{-(s+jw)t}\Big|_0^{\infty}\right\} \\
&= \frac{1}{2}\left\{\frac{1}{s-jw}+\frac{1}{s+jw}\right\} = \frac{1}{2}\left\{\frac{2s}{s^2+w^2}\right\} \\
&= \frac{s}{s^2+w^2}
\end{aligned}$$

### 9.2.8 지수 함수와 sin 함수의 곱에 대한 라플라스 변환

$f(t)=e^{at}\sin wt$이라 할 때,

$$\begin{aligned}
F(s) &= \int_0^{\infty} [e^{at}\sin wt] \cdot e^{-st}dt = \int_0^{\infty} \frac{e^{jwt}-e^{-jwt}}{2j} e^{-(s-a)t}dt \\
&= \frac{1}{2j}\left\{\int_0^{\infty} e^{-[(s-a)-jw]t}dt - \int_0^{\infty} e^{-[(s-a)+jw]t}dt\right\} \\
&= \frac{1}{2j}\left\{-\frac{1}{(s-a)-jw}e^{-[(s-a)-jw]t}\Big|_0^{\infty} + \frac{1}{(s-a)+jw}e^{-[(s-a)+jw]t}\Big|_0^{\infty}\right\} \\
&= \frac{1}{2j}\left\{\frac{1}{(s-a)-jw}-\frac{1}{(s-a)+jw}\right\} \\
&= \frac{1}{2j}\left\{\frac{2jw}{(s-a)^2+w^2}\right\} \\
&= \frac{w}{(s-a)^2+w^2}
\end{aligned}$$

### 9.2.9 선형함수와 sin 함수의 곱에 대한 라플라스 변환

$f(t)=t\sin wt$이라 할 때,

$$F(s) = \int_0^\infty [t\sin wt] \cdot e^{-st} dt = \int_0^\infty t \frac{e^{jwt} - e^{-jwt}}{2j} e^{-st} dt$$

$$= \frac{1}{2j}\left\{\int_0^\infty te^{-(s-jw)t}dt - \int_0^\infty te^{-(s+jw)t}dt\right\}$$

$$= \frac{1}{2j}[-\frac{t}{s-jw}e^{-(s-jw)t}|_0^\infty + \int_0^\infty \frac{1}{s-jw}e^{-(s-jw)t}dt]$$

$$+\frac{1}{2j}[\frac{t}{s+jw}e^{-(s+jw)t}|_0^\infty - \int_0^\infty \frac{1}{s+jw}e^{-(s+jw)t}dt]$$

$$= \frac{1}{2j}\left\{\frac{1}{(s-jw)^2} - \frac{1}{(s+jw)^2}\right\} = \frac{1}{2j}\left\{\frac{4jws}{(s^2+w^2)^2}\right\}$$

$$= \frac{2ws}{(s^2+w^2)^2}$$

### 9.2.10 단위 계단 함수의 라플라스 변환

단위 계단 함수(unit step function)는 [그림 9.1(a)]와 같이 $t \geq 0$이면 단위값 1을, $t < 0$이면 0의 값을 가진다. 단위 계단 함수는 $u(t)$라고 쓰며, 다음과 같이 표현한다.

$$u(t) = \begin{cases} 1 & t \geq 0 \\ 0 & t < 0 \end{cases}$$

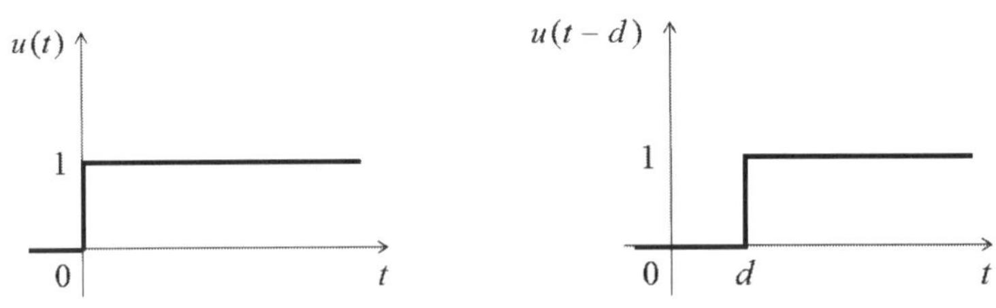


(a) 단위 계단 함수 $u(t)$ (b) 지연 함수 $u(t-d)$

**[그림 9.1]** 단위 계단 함수 $u(t)$와 지연 함수 $u(t-d)$

이제 $f(t) = u(t)$에 대한 라플라스 변환을 구해보자.

$$F(s) = \int_0^\infty [u(t)] \cdot e^{-st} dt = \int_0^\infty 1 \cdot e^{-st} dt = -\frac{1}{s}e^{-st}|_0^\infty = \frac{1}{s}$$

또한 [그림 9.1(b)]와 같이 단위 계단 함수를 $d$만큼 지연시킨 $u(t-d)$은 $t \geq d$에서 1의 값을 가지고, 그 외에는 0의 값을 가지므로 $f(t)=u(t-d)$에 대한 라플라스 변환은 다음과 같이 구할 수 있다.

$$F(s)=\int_{0}^{\infty}[u(t-d)]\cdot e^{-st}dt=\int_{d}^{\infty}1\cdot e^{-st}dt$$

$$=-\frac{1}{s}e^{-st}|_{d}^{\infty}=-\frac{1}{s}(0-e^{-sd})$$

$$=\frac{1}{s}e^{-sd}$$

**예제 9.1**

다음의 함수를 라플라스 변환하라.

(a) $3$ (b) $3t^2$ (c) $e^{-2t}$ (d) $t^2e^{3t}$

(e) $\sin 2t$ (f) $\cos 4t$ (g) $e^{-t}\sin 4t$ (h) $\sin\left(\frac{2t}{3}\right)$

(i) $u(t-2)$

**풀이.** (a) $\frac{3}{s}$ (b) $\frac{6}{s^3}$ (c) $\frac{1}{s+2}$ (d) $\frac{2}{(s-3)^3}$

(e) $\frac{2}{s^2+4}$ (f) $\frac{s}{s^2+16}$ (g) $\frac{4}{(s+1)^2+16}$ (h) $\frac{2/3}{s^2+(4/9)}$

(i) $\frac{1}{s}e^{-2s}$

### 9.2.11 델타 함수의 라플라스 변환

델타 함수(delta function)는 [그림 9.2(a)]와 같이 $t=0$에서 무한대의 값을 가지고, 그 외의 구간에서는 0의 값을 가진다. 이는 $\delta(t)$라고 쓰며, 임펄스 함수(impulse function)라고도 한다.

$$\delta(t)=\begin{cases}\infty & t=0\\ 0 & t\neq 0\end{cases}$$

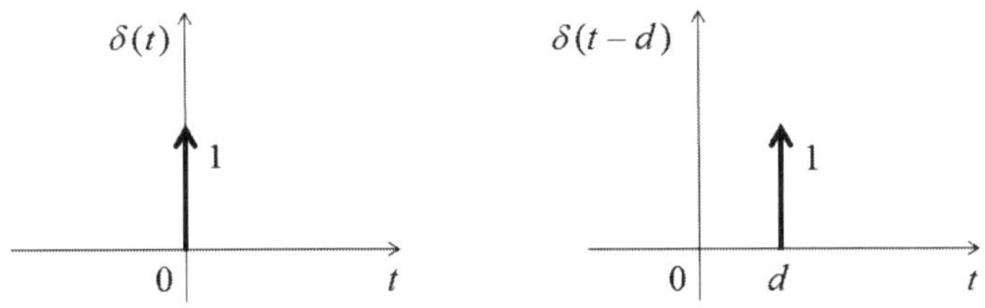


(a) 델타 함수 $\delta(t)$ (b) 지연 함수 $\delta(t-d)$

**[그림 9.2]** 델타 함수 $\delta(t)$와 지연 함수 $\delta(t-d)$

델타 함수는 폭이 0에 가까울만큼 작고, 크기가 무한대에 가까울 정도로 큰 직사각형으로 간주할 수 있다. 따라서 델타 함수의 면적은 1로 정의된다. 이러한 성질은 [그림 9.2(b)]와 같이 델타 함수를 지연한 경우에도 만족한다.

[그림 9.2]에서 화살표는 크기가 무한대라는 의미이며, 1은 델타 함수의 크기가 아닌 면적이 1임을 의미한다.

$$\int_{-\infty}^{\infty} \delta(t)dt = 1$$

$$\int_{-\infty}^{\infty} \delta(t-d)dt = 1$$

이 외에도 델타 함수는 중요한 적분 성질을 가진다.

먼저 임의의 함수 $f(t)$와 델타 함수 $\delta(t)$의 곱에 대해 살펴보자. [그림 9.3(a)]에서 알 수 있듯이 $\delta(t)$는 $t=0$일 때만 크기가 존재하므로 $f(t)$와의 곱의 결과는 $t=0$일 때만 값을 가지고 그 외는 0이다.

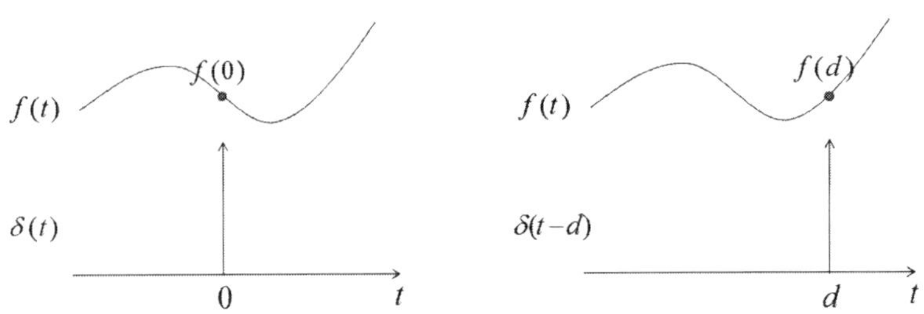


(a) $f(t)\delta(t)$ (b) $f(t)\delta(t-d)$

**[그림 9.3]** 임의의 함수와 델타 함수의 곱

따라서 다음의 적분 성질을 유도할 수 있다.

$$\int_{-\infty}^{\infty} \delta(t) f(t) dt = \int_{-\infty}^{\infty} f(0)\delta(t) dt = f(0)\int_{-\infty}^{\infty} \delta(t) dt = f(0)$$

마찬가지로 함수 $f(t)$와 델타 지연 함수 $\delta(t-d)$의 곱은 [그림 9.3(b)]와 같이 $\delta(t)$는 $t=d$에서만 크기가 정의되므로 다음의 적분 성질을 만족한다.

$$\int_{-\infty}^{\infty} \delta(t-d) f(t) dt = f(d)\int_{-\infty}^{\infty} \delta(t-d) dt = f(d)$$

이제 델타 함수의 적분 성질을 이용하여 라플라스 변환을 구해보자. $f(t)=\delta(t)$이라 할 때 델타 함수는 $t=0$에서만 값을 가지므로 라플라스 변환은 다음과 같이 계산될 수 있다.

$$F(s) = \int_{0}^{\infty} [\delta(t)]\cdot e^{-st} dt = \int_{0}^{\infty} [\delta(t)]\cdot e^{-s(0)} dt = e^{-s(0)}\int_{0}^{\infty} \delta(t) dt = 1$$

이다. 또한 $f(t)=\delta(t-d)$일 때

$$\begin{aligned} F(s) &= \int_{0}^{\infty} [\delta(t-d)]\cdot e^{-st} dt = \int_{0}^{\infty} [\delta(t-d)]\cdot e^{-s(d)} dt \\ &= e^{-sd}\int_{0}^{\infty} \delta(t-d) dt \\ &= e^{-sd} \end{aligned}$$

이다. 단 이 결과는 $0 \le d \le \infty$일 때만 $e^{-sd}$이고, 그 외의 구간에서는 0이 된다는 것을 주의하여야 한다. 즉 델타 함수의 값이 존재하는 $t$의 값이 적분 구간에 존재하는지의 여부에 따라 적분값이 결정되는 것이다.

**예제 9.2**

다음의 델타 함수의 적분을 구하라.

(a) $\int_{-\infty}^{\infty} \delta(t-1)e^{-2t}dt$ (b) $\int_{0}^{\infty} \delta(\frac{t}{2}+1)\cos 2t dt$

(c) $\int_{2}^{\infty} \delta(t+1)(t^2-t+1)dt$ (d) $\int_{-\infty}^{0} \delta(t+3)\log(t+5)dt$

**풀이.** (a) $\delta(t-1)$는 $t=1$일 때만 적분값이 존재하며, 이는 적분 구간 $-\infty$에서 $\infty$ 사이에 존재하므로 $\int_{-\infty}^{\infty} \delta(t-1)e^{-2t}dt = e^{-2(1)} = e^{-2}$

(b) $\delta(\frac{t}{2}+1)$는 $t=-2$일 때만 적분값이 존재하며, 이는 적분 구간 0에서 $\infty$ 사이에 존재하지 않으므로 $\int_{0}^{\infty} \delta(\frac{t}{2}+1)\cos 2t dt = 0$

(c) $\delta(t+1)$는 $t=-1$일 때만 적분값이 존재하며, 이는 적분 구간 2에서 $\infty$ 사이에 존재하지 않으므로 $\int_{2}^{\infty} \delta(t+1)(t^2-t+1)dt = 0$

(d) $\delta(t+3)$는 $t=-3$일 때만 적분값이 존재하며, 이는 적분 구간 $-\infty$에서 0 사이에 존재하므로 $\int_{-\infty}^{0} \delta(t+3)\log(t+5)\,dt = \log(-3+5) = \log(2)$

## 9.3 라플라스 변환의 성질

라플라스 변환은 여러 가지 유용한 성질을 가지고 있다. 이러한 성질은 복잡한 형태의 함수를 라플라스 변환하고자 할 때 주로 사용된다.

### 9.3.1 선형 정리

함수 $f_1(t)$와 $f_2(t)$가 시간 함수이고, $a, b$가 상수이면 다음의 식이 성립한다.

$$\mathcal{L}\{af_1(t) + bf_2(t)\} = aF_1(s) + bF_2(s)$$

이는 라플라스 변환이 선형성을 만족함을 의미한다.

**증명.** $\mathcal{L}\{af_1(t)+bf_2(t)\}=\int_0^\infty [af_1(t)+bf_2(t)]e^{-st}dt$

$$=\int_0^\infty af_1(t)e^{-st}dt+\int_0^\infty bf_2(t)e^{-st}dt$$

$$=a\int_0^\infty f_1(t)e^{-st}dt+b\int_0^\infty f_2(t)e^{-st}dt$$

$$=aF_1(s)+bF_2(s)$$

**예제 9.3**

$2\sin wt+3e^{-t}$의 라플라스 변환을 구하라.

**풀이.** $\mathcal{L}\{2\sin wt+3e^{-t}\}=2\mathcal{L}\{\sin wt\}+3\mathcal{L}\{e^{-t}\}$

$$=2\frac{w}{s^2+w^2}+3\frac{1}{s+1}$$

## 9.3.2 제 1 이동정리

$f(t)$의 라플라스 변환을 $F(s)$라 할 때

즉 $F(s)=\mathcal{L}\{f(t)\}=\int_0^\infty f(t)e^{-st}dt$라 할 때

$\mathcal{L}\{e^{at}f(t)\}=F(s-a)$

이 성립한다.

**증명.** $\mathcal{L}\{e^{at}f(t)\}=\int_0^\infty \{e^{at}f(t)\}e^{-st}dt$

$$=\int_0^\infty f(t)e^{-(s-a)t}dt$$

$$=F(s-a)$$

제 1 이동정리에 의해

$\mathcal{L}\{\sin wt\} = \dfrac{w}{s^2+w^2}$ 이므로 $\mathcal{L}\{e^{at}\sin wt\} = \dfrac{w}{(s-a)^2+w^2}$ 이며,

$\mathcal{L}\{\cos wt\} = \dfrac{s}{s^2+w^2}$ 이므로 $\mathcal{L}\{e^{at}\cos wt\} = \dfrac{s-a}{(s-a)^2+w^2}$ 가 됨을 쉽게 알 수 있다.

**예제 9.4**

$t^2e^{-3t}$ 일 때 라플라스 변환을 구하라.

**풀이.** 제 1이동정리를 이용할 때 $a=-3$, $f(t)=t^2$ 이므로 $F(s)=\dfrac{2!}{s^3}$ 이다. 따라서

$\mathcal{L}\{t^2e^{-3t}\} = F(s+3) = \dfrac{2}{(s+3)^3}$ 이다.

### 9.3.3 제 2 이동 정리

> $f(t)$ 가 라플라스 변환 $F(s)$ 를 가지면, 시간에 대한 이동 함수는
>
> $$\mathcal{L}\{f(t-a)u(t-a)\} = e^{-as}F(s)$$
>
> 이 성립한다.

**증명.** $\mathcal{L}\{f(t-a)u(t-a)\} = \int_0^{\infty}\{f(t-a)u(t-a)\}e^{-st}dt$ 에서

$t-a=t'$ 라 두면 $t=t'+a$ 이고 $dt=dt'$ 이다. 따라서

$$\mathcal{L}\{f(t-a)u(t-a)\} = \int_{-a}^{\infty}\{f(t')u(t')\}e^{-s(t'+a)}dt'$$

$$= \int_0^{\infty} f(t')e^{-s(t'+a)}dt'$$

$$= e^{-as}\int_0^{\infty} f(t')e^{-st'}dt' = e^{-as}F(s)$$

**예제 9.5**

다음 함수를 라플라스 변환하라.

$$f(t)=\begin{cases}1 & 0<t<\pi \\ 0 & \pi<t<2\pi \\ \sin t & t>2\pi\end{cases}$$

**풀이.** $f(t)=u(t)-u(t-\pi)+u(t-2\pi)\sin t$ 이므로

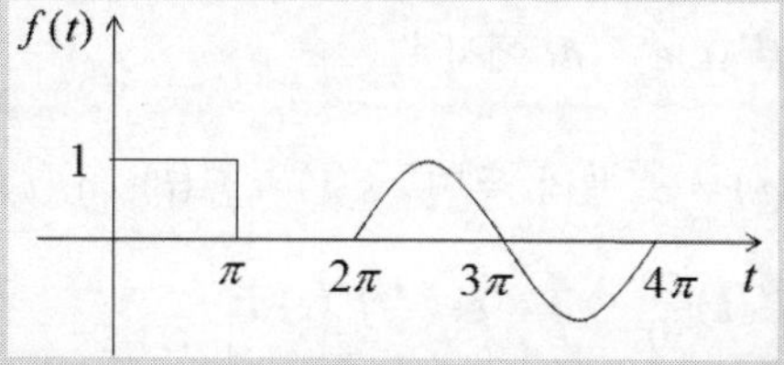


$F(s)=\mathcal{L}\{f(t)\}=\mathcal{L}\{u(t)-u(t-\pi)+u(t-2\pi)\sin t\}$ 이다.

따라서 $\mathcal{L}\{u(t)\}=\dfrac{1}{s}$ 가 되고

$$\mathcal{L}\{u(t-\pi)\}=e^{-\pi s}F(s)=e^{-\pi s}\frac{1}{s}$$

$\mathcal{L}\{u(t-2\pi)\sin t\}=\mathcal{L}\{u(t-2\pi)\sin(t-2\pi)\}$ 이므로

$f(t)=\sin(t-2\pi)$ 에서 $F(s)=\dfrac{e^{-2\pi s}}{s^2+1}$

따라서 $F(s)=\mathcal{L}\{u(t)-u(t-\pi)+u(t-2\pi)\}$

$$=\frac{1}{s}-\frac{e^{-\pi s}}{s}+\frac{e^{-2\pi s}}{s^2+1}$$

### 9.3.4 $n$차 미분 정리

$$\mathcal{L}\{f'(t)\}=sF(s)-f(0)$$
$$\mathcal{L}\{f''(t)\}=s^2F(s)-sf(0)-f'(0)$$
$$\vdots$$
$$\mathcal{L}\{f^{(n)}(t)\}=s^nF(s)-s^{n-1}f(0)-s^{n-2}f'(0)\cdots-f^{(n-1)}(0)$$

**증명.** $\mathcal{L}\{f'(t)\} = \int_0^\infty f'(t)e^{-st}dt$ 에서

$s'(t) = f'(t)$, $g(t) = e^{-st}$라 두면 $s(t) = f(t)$, $g'(t) = -se^{-st}$이다. 따라서

$$\begin{aligned}\mathcal{L}\{f'(t)\} &= e^{-st}f(t)\Big|_0^\infty + \int_0^\infty se^{-st}f(t)\,dt \\ &= [0 - f(0)] + sF(s) \\ &= sF(s) - f(0)\end{aligned}$$

$\mathcal{L}\{f''(t)\} = \int_0^\infty f''(t)e^{-st}dt$ 에서

$s'(t) = f''(t)$, $g(t) = e^{-st}$라 두면 $s(t) = f'(t)$, $g'(t) = -se^{-st}$이므로

$$\begin{aligned}\mathcal{L}\{f''(t)\} &= e^{-st}f'(t)\Big|_0^\infty + \int_0^\infty se^{-st}f'(t)\,dt \\ &= [0 - f'(0)] + s\mathcal{L}\{f'(t)\} \\ &= [0 - f'(0)] + s\{sF(s) - f(0)\} \\ &= s^2F(s) - sf(0) - f'(0)\end{aligned}$$

$\mathcal{L}\{f'''(t)\} = \int_0^\infty f'''(t)e^{-st}dt$ 에서

$s'(t) = f'''(t)$, $g(t) = e^{-st}$라 두면 $s(t) = f''(t)$, $g'(t) = -se^{-st}$이므로

$$\begin{aligned}\mathcal{L}\{f'''(t)\} &= e^{-st}f''(t)\Big|_0^\infty + \int_0^\infty se^{-st}f''(t)\,dt \\ &= [0 - f''(0)] + s\mathcal{L}\{f''(t)\} \\ &= [0 - f''(0)] + s\{s^2F(s) - sf(0) - f'(0)\} \\ &= s^3F(s) - s^2f(0) - sf'(0) - f''(0)\end{aligned}$$

$\vdots$

$\mathcal{L}\{f^{(n)}(t)\} = s^nF(s) - s^{s-1}f(0) - s^{n-1}f'(0) - \cdots - f^{(n-1)}(0)$임을 알 수 있다.

**예제 9.6**

$f(t)$의 라플라스 변환 $F(s)$가 주어져 있다.

$f(0) = 2$, $f'(0) = 3$, $f''(0) = -1$일 때 다음 함수를 라플라스 변환하라.

(a) $3f' - 2f$ (b) $2f'' - f' + 1$ (c) $f''' - f'$ (d) $2f''' - f'' + f' + 2f$

**풀이.** (a) $\mathcal{L}\{3f' - 2f\} = 3[sF(s) - f(0)] - 2[F(s)]$

$$= 3[sF(s) - 2] - 2[F(s)]$$
$$= (3s - 2)F(s) - 6$$

(b) $\mathcal{L}\{2f'' - f' + 1\} = 2[s^2F(s) - sf(0) - f'(0)] - [sF(s) - f(0)] + \frac{1}{s}$

$$= 2[s^2F(s) - 2s - 3] - [sF(s) - 3] + \frac{1}{s}$$
$$= (2s^2 - s)F(s) + (-4s - \frac{1}{4} + \frac{1}{s})$$

(c) $\mathcal{L}\{f''' - f'\} = [s^2F(s) - sf(0) - f'(0)] - [sF(s) - f(0)]$

$$= [s^2F(s) - 2s - 3] - [sF(s) - 2]$$
$$= (s^2 - s)F(s) + (-2s - 1)$$

(d) $\mathcal{L}\{2f''' - f'' + f' + 2f\} = 2[s^3F(s) - s^2f(0) - sf'(0) - f''(0)]$

$$- [s^2F(s) - sf(0) - f'(0)] + [sF(s) - f(0)] + 2F(s)$$
$$= 2[s^3F(s) - 2s^2 - 3s + 1] - [s^2F(s) - 2s - 3]$$
$$+ [sF(s) - 2] + 2F(s)$$
$$= (2s^3 - s^2 + s + 2)F(s) + (-4s^2 - 4s + 3)$$

## 9.3.5 적분정리

미분과 적분은 역과정이다. 따라서 미분한 함수의 변환이 함수의 변환에 s를 곱한 것에 대응되므로, 적분한 함수의 변환은 함수의 변환을 s로 나누는 것에 대응할 것이라 추측할 수 있다. 다음은 라플라스 변환의 적분성을 나타낸 것이다.

$f(t)$의 라플라스 변환을 $F(s)$라 할 때

$$\mathcal{L}\left\{\int_0^t f(\tau)d\tau\right\} = \frac{F(s)}{s}$$

이 성립된다.

**증명.** $\mathcal{L}\left\{\int_0^t f(\tau)d\tau\right\}=\int_0^\infty\left\{\int_0^t f(\tau)d\tau\right\}e^{-st}dt$ 에서 $s'(t)=e^{-st}$,

$g(t)=\left\{\int_0^t f(\tau)d\tau\right\}$라 두면 부분 적분에 의해

$s(t)=-\frac{1}{s}e^{-st},\ g'(t)=\frac{d}{dt}\left\{\int_0^t f(\tau)d\tau\right\}=f(t)$이므로

$$\begin{aligned}\mathcal{L}\left\{\int_0^t f(\tau)d\tau\right\}&=-\frac{1}{s}e^{-st}\left\{\int_0^t f(\tau)d\tau\right\}\Big|_0^\infty\pm\frac{1}{s}\int_0^\infty f(t)e^{-st}dt\\&=[0-0]+\frac{1}{s}F(s)\\&=\frac{1}{s}F(s)\end{aligned}$$

이다

**예제 9.7**

적분 정리를 이용하여 $F(s)=\frac{1}{s(s^2+w^2)}$ 일 때, $f(t)$를 구하라.

**풀이.** $\mathcal{L}\{\sin wt\}=\frac{w}{s^2+w^2}=w\left\{\frac{1}{s^2+w^2}\right\}$이므로 $\frac{1}{w}\mathcal{L}\{\sin wt\}=\frac{1}{s^2+w^2}$ 이다.

따라서

$$\mathcal{L}\left\{\frac{1}{s(s^2+w^2)}\right\}=\mathcal{L}\left\{\frac{1}{s}\cdot\frac{1}{(s^2+w^2)}\right\}=\frac{1}{w}\int_0^t \sin w\tau d\tau=\frac{1-\cos wt}{w^2}$$

### 9.3.6 초기치 정리

라플라스 변환 함수 $F(s)$를 알고 이 함수의 시간 함수 $f(t)$의 최종치와 초기치를 구하는 것은 매우 용이하다.

> $f(t)$와 $f'(t)$의 라플라스 변환이 가능하면
>
> $$\lim_{t\to 0}f(t)=\lim_{s\to\infty}sF(s)$$
>
> 이 성립된다.

**증명.** $\mathcal{L}\left\{\dfrac{df(t)}{dt}\right\}=\displaystyle\int_0^{\infty}\left\{\dfrac{df(t)}{dt}\right\}e^{-st}dt=[sF(s)-f(0)]$ 이므로

$$\lim_{s\to\infty}\mathcal{L}\left\{\frac{df(t)}{dt}\right\}=\lim_{s\to\infty}\int_0^{\infty}\left\{\frac{df(t)}{dt}\right\}e^{-st}dt=\lim_{s\to\infty}[sF(s)-f(0)]$$ 에서

$$0=\lim_{s\to\infty}[sF(s)]-f(0)$$

$$\lim_{s\to\infty}[sF(s)]=f(0)$$

따라서 $\displaystyle\lim_{s\to\infty}[sF(s)]=\lim_{t\to 0}[f(t)]$

### 9.3.7 최종치 정리

> $f(t)$와 $f'(t)$의 라플라스 변환이 가능하면
>
> $$\lim_{t\to\infty}f(t)=\lim_{s\to 0}sF(s)$$
>
> 이 성립된다.

**증명.** $\mathcal{L}\left\{\dfrac{df(t)}{dt}\right\}=\displaystyle\int_0^{\infty}\left\{\dfrac{df(t)}{dt}\right\}e^{-st}dt=[sF(s)-f(0)]$ 이므로

$$\lim_{s\to 0}\mathcal{L}\left\{\frac{df(t)}{dt}\right\}=\lim_{s\to 0}\int_0^{\infty}\left\{\frac{df(t)}{dt}\right\}e^{-st}dt=\lim_{s\to 0}[sF(s)-f(0)]$$ 에서

$$f(t)\Big|_0^{\infty}=\lim_{s\to 0}[sF(s)]-f(0)$$

$$f(\infty)-f(0)=\lim_{s\to 0}[sF(s)]-f(0)$$

$$\lim_{s\to 0}[sF(s)]=f(\infty)$$

따라서 $\displaystyle\lim_{s\to 0}[sF(s)]=\lim_{t\to\infty}[f(t)]$

**예제 9.8**

최종치 정리를 이용하여 다음 함수의 최종값을 구하라.

(a) $f(t)=e^{-t}\cos t$ (b) $f(t)=e^{-t}+2$ (c) $f(t)=e^{-2t}+e^{-t}$

**풀이.** (a) $\lim_{t\to\infty} e^{-t}\cos t=0$ 또는 $F(s)=\dfrac{s+1}{(s+1)^2+1}$ 이므로

$$\lim_{s\to 0} sF(s)=\lim_{s\to 0}\frac{s(s+1)}{(s+1)^2+1}=0$$

(b) $\lim_{t\to\infty} e^{-t}+2=2$ 또는 $F(s)=\dfrac{1}{s+1}+\dfrac{2}{s}$ 이므로

$$\lim_{s\to 0} sF(s)=\lim_{s\to 0}\left(\frac{s}{s+1}+2\right)=2$$

(c) $\lim_{t\to\infty}(e^{-2t}+e^{-t})=0$ 또는 $F(s)=\dfrac{1}{s+2}+\dfrac{1}{s+1}$ 이므로

$$\lim_{s\to 0} sF(s)=\lim_{s\to 0}\left(\frac{s}{s+2}+\frac{s}{s+1}\right)=0$$

## 9.4 역라플라스 변환

시간 함수 $f(t)$의 라플라스 변환이 $F(s)$일 때 역으로 $F(s)$에서 시간 함수 $f(t)$를 구할 수 있다. 이를 역라플라스 변환(inverse Laplace transform)이라 하며, $\mathcal{L}^{-1}$로 표기한다.

$$f(t)=\mathcal{L}^{-1}\{F(s)\}$$

**예제 9.9**

다음에 주어진 함수 $F(s)$의 역라플라스 변환을 구하시오.

(a) $\dfrac{10}{s}$ (b) $\dfrac{s}{s^2+9}$ (c) $\dfrac{5}{s^2+3}$ (d) $\dfrac{2}{s-2}$ (e) $\dfrac{s+1}{s^2+1}$

**풀이.** [표 9.1]로부터

(a) 10

(b) $F(s)=\frac{s}{s^2+9}=\frac{s}{s^2+(3)^2}$ 이므로 $f(t)=\cos 3t$

(c) $F(s)=\frac{5}{s^2+3}=\frac{(5/\sqrt{3})\sqrt{3}}{s^2+(\sqrt{3})^2}$ 이므로 $f(t)=\frac{5}{\sqrt{3}}\sin\sqrt{3}t$

(d) $F(s)=\frac{2}{s-2}=2\frac{1}{s-2}$ 이므로 $f(t)=2e^{2t}$

(e) $F(s)=\frac{s+1}{s^2+1}=\frac{s}{s^2+1}+\frac{1}{s^2+1}$ 이므로 $f(t)=\cos t+\sin t$

**예제 9.10**

다음에 주어진 함수 $F(s)$의 역라플라스 변환을 구하시오.

(a) $\frac{10}{(s-4)^3}$ (b) $\frac{4}{(s+1)^2+4}$ (c) $\frac{2s+3}{s^2+2s+2}$ (d) $\frac{s+2}{2s^2+4s+5}$

**풀이.** [표 9.1]로부터

(a) $F(s)=\frac{10}{(s-4)^3}=\frac{10}{2!}\frac{2!}{(s-4)^3}$ 이므로 $f(t)=5t^2e^{4t}$

(b) $F(s)=\frac{4}{(s+1)^2+4}=2\frac{2}{(s+1)^2+2^2}$ 이므로 $f(t)=2e^{-t}\sin 2t$

(c) $F(s)=\frac{2s+3}{s^2+2s+2}=\frac{2(s+1)+1}{(s+1)^2+1}=\frac{2(s+1)}{(s+1)^2+1}+\frac{1}{(s+1)^2+1}$ 이므로

$f(t)=2e^{-t}\cos t+e^{-t}\sin t$

(d) $F(s)=\frac{s+2}{2s^2+4s+5}=\frac{(s+1)+1}{2(s+1)^2+3}=\frac{(s+1)}{2(s+1)^2+3}+\frac{1}{2(s+1)^2+3}$

$$=\frac{1}{2}\frac{(s+1)}{(s+1)^2+(3/2)}+\frac{1}{2}\frac{1}{(s+1)^2+(3/2)}$$

$$=\frac{1}{2}\frac{(s+1)}{(s+1)^2+(\sqrt{3/2})^2}+\frac{1}{2}\frac{\sqrt{2/3}\cdot\sqrt{3/2}}{(s+1)^2+(\sqrt{3/2})^2}$$

이므로 $f(t)=\frac{1}{2}e^{-t}\cos\sqrt{3/2}\,t+\frac{\sqrt{2}}{2\sqrt{3}}e^{-t}\sin\sqrt{3/2}\,t$

예제 9.10에서 보는 바와 같이 $F(s)$는 $s$에 관한 분수 다항식으로 표시할 수 있다.

$$F(s)=\frac{P(s)}{Q(s)}=\frac{a_ms^m+a_{m-1}s^{m-1}+\cdots+a_1s+a_0}{b_ns^n+b_{n-1}s^{n-1}+\cdots+b_1s+b_0}$$

여기서 $n > m$이면 진분수이고, $n \leq m$이면 가분수이다. 따라서 복잡한 분수식이 주어지면 분수식을 부분 분수로 전개한 후 각 부분 분수에 대한 라플라스 변환을 구하여 합성하면 된다.

**예제 9.11**

$F(s)=\dfrac{2s+3}{s^2+3s+2}$일 때 $f(t)$를 구하라.

**풀이.** $F(s)=\dfrac{2s+3}{s^2+3s+2}=\dfrac{2s+3}{(s+1)(s+2)}=\dfrac{A}{(s+1)}+\dfrac{B}{(s+2)}$에서

$A=1, B=1$이므로

$=\dfrac{1}{(s+1)}+\dfrac{1}{(s+2)}$ 이다.

따라서 $\mathcal{L}^{-1}\{F(s)\}=e^{-t}+e^{-2t}$이다.

**예제 9.12**

$F(s)=\dfrac{s+2}{(s+1)^2}$일 때 $f(t)$를 구하라.

**풀이.** $F(s)=\dfrac{s+2}{(s+1)^2}=\dfrac{A}{(s+1)}+\dfrac{B}{(s+1)^2}$에서 $A=1, B=1$이므로

$=\dfrac{1}{(s+1)}+\dfrac{1}{(s+1)^2}$ 이다.

따라서 $f(t)=\mathcal{L}^{-1}\{F(s)\}=e^{-t}+te^{-t}$이다.

**예제 9.13**

$F(s)=\dfrac{2s+3}{s^2+6s+13}$일 때 $f(t)$를 구하라.

**풀이.** $s^2+6s+13=0$에서 $s=\dfrac{-6\pm\sqrt{36-52}}{2}=\dfrac{-6\pm j4}{2}=-3\pm j2$

따라서 $F(s)=\dfrac{2s+3}{s^2+6s+13}=\dfrac{A}{[s-(-3+j2)]}+\dfrac{B}{[s-(-3-j2)]}$ 이므로

$A=1+j0.75, B=1-j0.75$가 되고

$$F(s)=\frac{1+j0.75}{[s-(-3+j2)]}+\frac{1-j0.75}{[s-(-3-j2)]}$$

이를 역라플라스 변환하면

$$\begin{aligned}f(t)&=(1+j0.75)e^{(-3+j2)t}+(1-j0.75)e^{(-3-j2)t}\\&=(1+j0.75)e^{-3t}e^{j2t}+(1-j0.75)e^{-3t}e^{-j2t}\\&=e^{-3t}[(1+j0.75)e^{j2t}+(1-j0.75)e^{-j2t}]\\&=e^{-3t}[(1+j0.75)(\cos 2t+j\sin 2t)+(1-j0.75)(\cos 2t-j\sin 2t)]\\&=e^{-3t}(2\cos 2t-1.5\sin 2t)\end{aligned}$$

신호 처리에서 신호나 시스템의 특성을 알기 위한 연산으로서 컨벌루션 연산이 있다. 컨벌루션(convolution) 연산은 주로 시스템의 임펄스 응답을 알고 이로부터 임의의 입력에 대한 시스템의 응답을 구하는데 많이 사용된다.

시간 함수 $f_1(t)$와 $f_2(t)$가 주어졌을 때 컨벌루션 연산은 다음과 같이 정의된다.

$$f_1(t)*f_2(t)=\int_0^t f_1(\tau)f_2(t-\tau)d\tau$$

컨벌루션 연산은 교환 법칙이 성립한다. 이 교재에서는 증명은 생략하는 것으로 한다.

$$f_1(t)*f_2(t)=f_2(t)*f_1(t)$$

**예제 9.14**

$f_1(t)=e^{-2t}$, $f_2(t)=e^{-t}$일 때 $f_1(t)*f_2(t)$를 구하라.

**풀이.** $f_1(t)*f_2(t)=e^{-2t}*e^{-t}=\int_0^t e^{-2\tau}e^{-(t-\tau)}d\tau=\int_0^t e^{-\tau}e^{-t}d\tau=e^{-t}\int_0^t e^{-\tau}d\tau$

$$=e^{-t}\left[-e^{-\tau}\right]_0^t=e^{-t}(1-e^{-t})=e^{-t}-e^{-2t}$$

컨벌루션 정리(convolution theorm)는 컨벌루션 연산을 라플라스 변환한 것으로서 다음과 같이 시간 영역 $t$에서 두 시간 함수의 컨벌루션은 $s$ 영역에서 두 신호의 라플라스 변환을 곱한 것과 같다.

> $f(t)$와 $f'(t)$의 라플라스 변환이 가능하고 각각을 $F_1(s), F_2(s)$라 하면
>
> $$\mathcal{L}\{f_1(t)*f_2(t)\}=F_1(s)F_2(s)$$
>
> 이 성립된다.

따라서 컨벌루션 정리는 임의의 신호의 라플라스 변환값 $F(s)$을 알고 있을 때 시간 영역에서의 함수 $f(t)$를 보다 간단하게 구하고자 할 때 사용된다.

**예제 9.15**

컨벌루션 정리 $\mathcal{L}\{f_1(t)*f_2(t)\}=F_1(s)F_2(s)$를 증명하라.

**증명.** 두 시간 함수 $f_1(t)$와 $f_2(t)$의 컨벌루션 적분은 다음과 같이 정의된다.

$$f_1(t)*f_2(t)=\int_0^t f_1(\tau)f_2(t-\tau)d\tau=\int_0^t f_2(\tau)f_1(t-\tau)d\tau$$

따라서 $\mathcal{L}\{f_1(t)*f_2(t)\}=\int_0^\infty\left\{\int_0^t f_1(\tau)f_2(t-\tau)d\tau\right\}e^{-st}dt$ 이다.

여기서 $t-\tau=t'$라 두면 $dt=dt'$이고 $t=0\rightarrow t'=-\tau$, $t=\infty\rightarrow t'=\infty$가 된다.

따라서

$$\mathcal{L}\{f_1(t)*f_2(t)\} = \int_{-\tau}^{\infty}\left\{\int_0^t f_1(\tau)f_2(t')d\tau\right\}e^{-s(t'+\tau)}dt'$$
$$= \int_0^t f_1(\tau)e^{-s\tau}d\tau\int_{-\tau}^{\infty} f_2(t')e^{-st'}dt'$$

가 된다. 그러나 라플라스 변환은 $t \geq 0$에 대해서만 정의되므로

$$\mathcal{L}\{f_1(t)*f_2(t)\} = \int_0^t f_1(\tau)e^{-s\tau}d\tau\int_{-\tau}^{\infty} f_2(t')e^{-st'}dt'$$
$$= \int_0^t f_1(\tau)e^{-s\tau}d\tau\int_0^{\infty} f_2(t')e^{-st'}dt'$$
$$= F_1(s)F_2(s)$$

**예제 9.16**

컨벌루션 정리를 사용하여 다음 함수를 역라플라스 변환하라.

(a) $\dfrac{1}{s^2(s+1)}$ (b) $\dfrac{1}{(s^2+1)^2}$ (c) $\dfrac{1}{(s+3)(s-2)}$

**풀이.** (a) $F_1(s) = \dfrac{1}{s^2}$, $F_2(s) = \dfrac{1}{s+1}$ 이므로 $f_1(t) = t$, $F_2(s) = e^{-t}$

따라서 $f_1(t)*f_2(t) = t*e^{-t} = \int_0^t \tau e^{-(t-\tau)}d\tau = e^{-t}\int_0^t \tau e^{\tau}d\tau$

$$= e^{-t}\left[(\tau e^{\tau})\Big|_0^t - \int_0^t e^{\tau}d\tau\right] = e^{-t}\left[te^t - e^{\tau}\Big|_0^t\right]$$
$$= e^{-t}[te^t - (e^t - 1)]$$
$$= t - 1 + e^{-t}$$

(b) $F_1(s) = \dfrac{1}{s^2+1}$, $F_2(s) = \dfrac{1}{s^2+1}$ 이므로 $f_1(t) = \sin t$, $F_2(s) = \sin t$

따라서 $f_1(t)*f_2(t) = \sin t*\sin t = \int_0^t \sin\tau\sin(t-\tau)d\tau$

$$= -\frac{1}{2}\int_0^t [\cos(t) - \cos(2\tau - t)]d\tau$$
$$= -\frac{1}{2}\left[\tau\cos t\Big|_0^t - \frac{1}{2}\sin(2\tau - t)\Big|_0^t\right]$$
$$= -\frac{1}{2}\left[t\cos t - \frac{1}{2}(\sin t + \sin t)\right]$$

$$= -\frac{1}{2}[t\cos t - \sin t]$$

(c) $F_1(s) = \dfrac{1}{s+3}$, $F_2(s) = \dfrac{1}{s-2}$ 이므로 $f_1(t) = e^{-3t}$, $F_2(s) = e^{2t}$

따라서 $f_1(t) * f_2(t) = e^{-3t} * e^{2t} = \displaystyle\int_0^t e^{-3\tau} e^{2(t-\tau)} d\tau$

$$= e^{2t} \int_0^t e^{-5\tau} d\tau$$

$$= -\frac{1}{5} e^{2t} e^{-5\tau} \Big|_0^t = -\frac{1}{5} e^{2t} [e^{-5t} - 1]$$

$$= -\frac{1}{5}[e^{-3t} - e^{2t}]$$

## 9.5 미분 방정식의 해

라플라스 변환은 미분 방정식의 해를 구하기 위한 유용한 도구이다. [그림 9.4]와 같이 미분 방정식에 라플라스 변환을 가하면 미분 방정식은 대수 방정식으로 바뀌게 된다. 이때 대수 방정식의 해를 구한 후 다시 역변환을 하면 미분 방정식의 해가 구해진다.

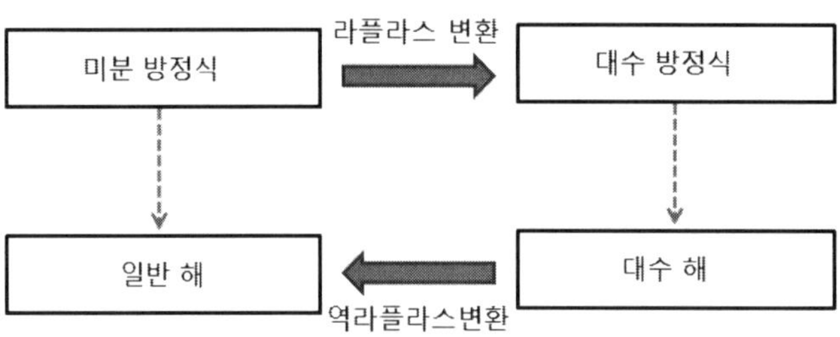


**[그림 9.4]** 미분 방정식의 해를 구하는 단계

이제 라플라스 변환을 사용하여 2계 상수계수 비동차 미분 방정식의 해를 단계적으로 구해 보자. 여기서 $a, b$는 상수이다.

$$y'' + ay' + by = r(t), \quad y(0) = K_0, \ y'(0) = K_1$$

먼저 $Y(s) = \mathcal{L}\{y(t)\}$, $R = \mathcal{L}\{r(t)\}$이라 하면 미분정리에 의해

$$[s^2 Y(s) - sy(0) - y'(0)] + a[sY(s) - y(0)] + bY(s) = R(s)$$

이다. 여기에 초기값 $y(0) = K_0$와 $y'(0) = K_1$을 대입하면

$$[s^2 Y(s) - K_0 s - K_1] + a[sY(s) - K_0] + bY(s) = R(s)$$

이므로 정리하면

$$(s^2 + as + b)Y(s) = K_0 s + K_1 + aK_0 + R(s)$$

가 된다.

다음은 위의 대수 방정식을 풀어서 $Y(s)$를 구한다.

$$Y(s) = \frac{K_0 s + K_1 + aK_0 + R(s)}{(s^2 + as + b)}$$

이때 대부분의 경우 부분 분수 전개를 이용하여 역변환 가능한 형태로 만든다. 마지막으로 $Y(s)$의 역변환을 통해 미분 방정식의 해 $y(t)$를 구한다.

$$y(t) = \mathcal{L}^{-1}\{Y(s)\}$$

**예제 9.17**

라플라스 변환을 이용하여 다음의 미분 방정식의 해를 구하라.

$$y'' + 2y' + y = e^{-t},\ y(0) = -1,\ y'(0) = 1$$

**풀이.** $Y(s) = \mathcal{L}\{f(t)\}$라 두고, 주어진 미분 방정식을 라플라스 변환하여 대수 방정식으로 바꾼다.

$$[s^2 Y(s) - sy(0) - y'(0)] + 2[sY(s) - y(0)] + Y(s) = \frac{1}{s+1}$$

여기에 초기값 $y(0) = -1,\ y'(0) = 1$을 대입하면 다음과 같다.

$$[s^2 Y(s) + s - 1] + 2[sY(s) + 1] + Y(s) = \frac{1}{s+1}$$

이를 정리하면

$$(s^2+2s+1)Y(s)=\frac{1}{s+1}-s+1-2=\frac{1}{s+1}-(s+1)$$

이므로 $Y(s)$는 다음과 같다.

$$Y(s)=\frac{1}{(s+1)^3}-\frac{1}{(s+1)}$$

따라서 $Y(s)$를 역변환하면 미분 방정식의 해는 아래와 같다.

$$y(t)=\frac{1}{2}t^2e^{-t}-e^{-t}$$

**예제 9.18**

라플라스 변환을 이용하여 다음의 미분 방정식의 해를 구하라.

$$y'+3y=10\sin t,\ y(0)=0$$

**풀이.** 주어진 식을 라플라스 변환하면

$$[sY(s)-y(0)]+3Y(s)=\frac{10}{s^2+1}$$

이며, 여기에 초기값 $y(0)=0$을 대입하면

$$sY(s)+3Y(s)=\frac{10}{s^2+1}$$

가 된다. 이제 위의 식을 정리하면

$$Y(s)=\frac{10}{(s^2+1)(s+3)}=\frac{1}{(s+3)}+\frac{-s+3}{(s^2+1)}$$

이다. 따라서

$$y(t)=e^{-3t}-\cos t+3\sin t$$

## 9.6 라플라스 변환의 응용

**예제 9.19**

RC 직렬 회로에 $v(t)=20\sin 2t$를 인가하였을 때 회로 전류 $i(t)$를 구하라. 단 $R=2$ [Ω], $C=0.25$[F]이다.

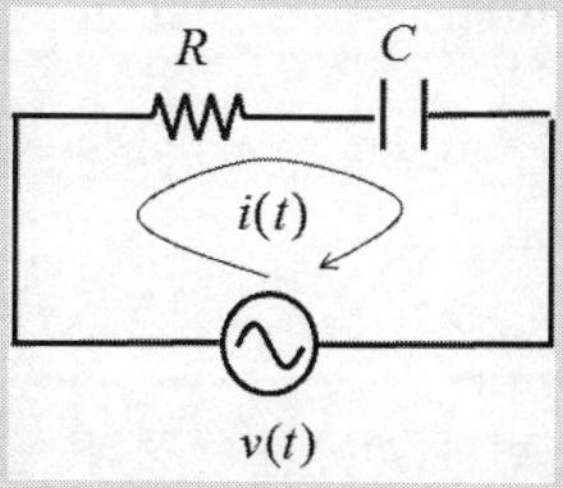


**풀이.** RC 직렬 회로의 회로 방정식은 다음과 같다.

$$20\sin 2t= 2i(t)+4\int i(t)dt$$

이제 회로 방정식을 라플라스 변환하면

$$\frac{40}{s^2+4}= 2I(s)+\frac{4I(s)}{s}$$

이므로 이를 정리하면

$$\frac{40}{s^2+4}=\left(2+\frac{4}{s}\right)I(s)$$

이다. 따라서

$$I(s)=\frac{20s}{(s^2+4)(s+2)}=\frac{5s+10}{s^2+4}+\frac{-5}{s+2}$$

이므로

$$i(t)=5\cos 2t+5\sin 2t-5e^{-2t}$$

# Exercises

1. $\mathcal{L}\{f(t)\}=F(s)$ 일 때, $\mathcal{L}\left\{f(\frac{t}{a})\right\}=aF(as)$ 임을 증명하라.

2. 다음 함수의 라플라스 변환을 구하라.

(a) $u(t+2)$ (b) $1-\sin wt$ (c) $e^{a-bt}$

(d) $\sin 2t\cos 2t$ (e) $\sin\pi t$ (f) $(t-1)^2u(t-1)$

(g) $3\delta(t-1)$ (h) $te^t\sin t$

3. $\frac{df(t)}{dt}+f(t)=1$ 의 라플라스 변환 $F(s)$ 를 구하라. 단 $f(0)=0$ 이다.

4. 다음 함수의 역라플라스 변환을 구하라.

(a) $F(s)=\frac{2}{s+3}$ (b) $F(s)=\frac{2}{(s+3)^2+4}$

(c) $F(s)=\frac{s+2}{s^2}+2s+3$ (d) $F(s)=\frac{s+2}{(s+1)^2}$

(e) $F(s)=\frac{0.1s+0.9}{s^2+3.24}$ (f) $F(s)=\frac{-s-10}{s^2-s-2}$

(g) $F(s)=\frac{2s^3}{s^4-1}$ (h) $F(s)=\frac{s}{(s+\frac{1}{2})^2+1}$

5. 다음의 초기값 문제를 푸시오.

(a) $y'-5y=1.5e^{-4t},\ y(0)=1$

(b) $y''+ay'-2a^2y=0,\ y(0)=6,\ y'(0)=0$

(c) $y''+y=2\cos t,\ y(0)=3,\ y'(0)=4$

(d) $y''+2y'-3y=6e^{-2t},\ y(0)=2,\ y'(0)=-14$

(e) $y(t)=1+\int_0^t y(\tau)d\tau$

6. 라플라스 변환을 이용하여 $v(t)=t$, $i(0)=0$일 때 RL 회로의 전류 $i(t)$를 구하라.

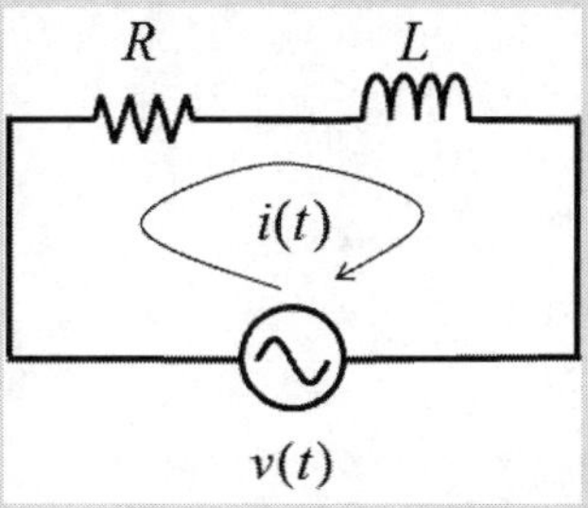

# Solution

1. $\mathcal{L}\left\{f\left(\frac{t}{a}\right)\right\}=\int_0^\infty f\left(\frac{t}{a}\right)e^{-st}dt$ 에서 $\frac{t}{a}=t'$ 라 두면 $t=at'$ 이므로 $dt=adt'$ 이다.

   또한 $t=0\to t'=0$, $t=\infty\to t'=\infty$ 이므로

$$\begin{aligned}\mathcal{L}\left\{f\left(\frac{t}{a}\right)\right\}&=\int_0^\infty f\left(\frac{t}{a}\right)e^{-st}dt\\&=\int_0^\infty f(t')e^{-s(at')}(adt')\\&=a\int_0^\infty f(t')e^{-(as)t'}dt'\\&=aF(as)\end{aligned}$$

   가 된다.

2. (a) $\frac{1}{s}$ (b) $\frac{1}{s}-\frac{w}{s^2+w^2}$ (c) $\frac{e^a}{s+b}$ (d) $\frac{2}{s^2+16}$

   (e) $\frac{\pi}{s^2+\pi^2}$ (f) $\frac{2}{s^3}e^{-s}$ (g) $3e^{-s}$ (h) $\frac{2(s-1)}{(s^2-2s+2)^2}$

3. $F(s)=\frac{1}{s(s+1)}$

4. (a) $2e^{-3t}$ (b) $e^{-3t}\sin 2t$ (c) $e^{-t}\cos t+e^{-t}\sin t$ (d) $e^{-t}(1+t)$

   (e) $0.1\cos\sqrt{3.24}\,t+\frac{0.9}{\sqrt{3.24}}\sin\sqrt{3.24}\,t$ (f) $3e^{-t}-4e^{2t}$ (g) $\cos t+e^{-t}+e^{t}$

   (h) $e^{-\frac{1}{2}t}(\cos t-\frac{1}{2}\sin t)$

5. (a) $y=\frac{1}{9}(-0.5e^{5t}+9.5e^{-4t})$ (b) $(2ay+6)+2aye^{-at}$

   (c) $y=3\cos t+4\sin t+t\sin t$ (d) $y=-\frac{3}{2}e^{t}+2e^{-3t}+\frac{3}{2}e^{-2t}$ (e) $y=e^{t}$

6. RL 직렬 회로 방정식 $v(t)=t=Ri(t)+L\frac{di(t)}{dt}$ 에서 이를 라플라스 변환하면

$$\frac{1}{s^2}=RI(s)+L(sI(s)-i(0))$$

$$=RI(s)+sLI(s)=L\left(s+\frac{R}{L}\right)I(s)$$ 이므로

$$I(s)=\frac{1}{Ls^2\left(s+\frac{R}{L}\right)}$$ 가 된다.

따라서 $i(t)=-\left(\frac{L}{R}\right)^2+\frac{L}{R}t+\left(\frac{L}{R}\right)^2e^{-\frac{R}{L}t}$ 이다.

chapter 10

# 퓨리에 급수



## 10.1 개요

퓨리에 급수는 신호를 주파수 영역으로 변환함으로써 신호를 보다 더 쉽게 조작하거나 해석할 수 있도록 해 준다. 퓨리에 급수는 필터설계, 진동해석, 음성처리, 신호처리와 영상처리, 그리고 데이터 압축 등에 많이 사용된다. 예를들어 분광기를 통해 별에서 방사하는 빛의 주파수를 분해함으로써 별을 구성하는 화학 성분을 알아내는데 사용하며, 전송 신호의 스펙트럼을 이용하여 통신 시스템의 설계를 최적화할 수 있다.

## 10.2 주기신호

물리학이나 공학에서는 음의 진동이나 전파의 파동과 같이 주기적인 현상을 많이 접하게 된다. 특히 주기 신호는 신호처리 및 영상처리 등 모든 공학 분야에서 접하게 되는 매우 중요한 요소이다.

주기 신호는 [그림 10.1]과 같이 주기라고 하는 시간 간격 동안 신호 특성이 계속해서 반복된다.

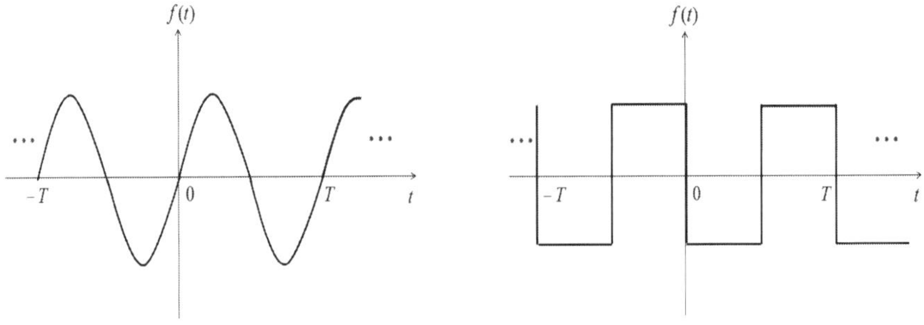


(a) 정현파 (b) 구형파

**[그림 10.1]** 주기 함수

따라서 주기 신호는 다음과 같이 표현할 수 있다. 이때 $f(t)$는 주기 $T$인 주기 신호라 한다.

$$f(t) = f(t+nT), \text{ 단 } n\text{은 정수}$$

또한 2장에서 설명한 바와 같이 두 개의 주기 신호를 합하면 [그림 10.2]와 같이 새로운 주기 함수가 생성됨을 알 수 있다.

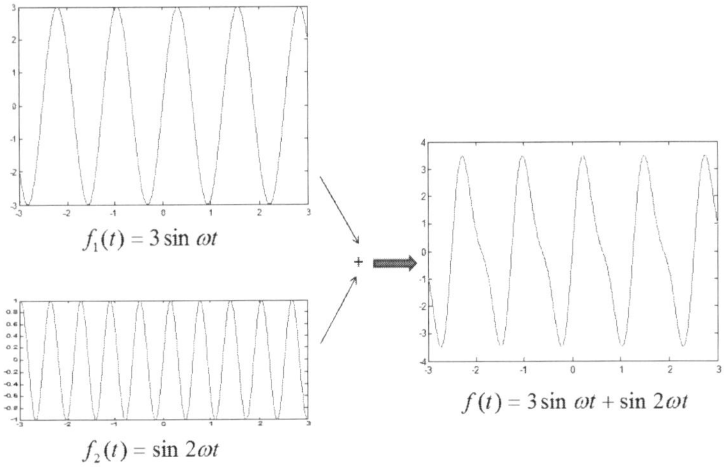


**[그림 10.2]** 주기 신호의 합성

## 10.3 퓨리에 급수

### 10.3.1 삼각함수의 퓨리에 급수

[그림 10.2]에서 살펴본 바와 같이 여러 개의 주기 함수를 합성하면 새로운 주기 함수가 생성된다. 이는 역으로 주기 신호는 여러 개의 주기 신호의 합으로 구성됨을 의미한다. 실제로 모든 주기 신호는 무수히 많은 사인파와 코사인파의 합성으로 정확히 표현될 수 있으며, 이와 같이 주기 신호를 급수로 표현한 것을 퓨리에 급수(Fourier series)라 한다.

주기 $T$인 주기 함수 $f(t)$를 퓨리에 급수로 나타내면 다음과 같다.

$$
\begin{aligned}
f(t) &= A_0 + A_1 \sin w_0 t + A_2 \sin 2w_0 t + \cdots \\
&\quad + B_1 \cos w_0 t + B_2 \cos 2w_0 t + \cdots \\
&= A_0 + \sum_{n=1}^{\infty} A_n \sin n w_0 t + \sum_{n=1}^{\infty} B_n \cos n w_0 t
\end{aligned} \tag{1}
$$

여기서 $w_0$는 주기 함수의 기본 각주파수로서 주기 $T$ 및 진동수 $f_0$와의 관계는 다음과 같다.

$$w_0 = \frac{2\pi}{T} = 2\pi f_0$$

또한 $A_0,\ A_n,\ B_n (n = 1, 2, \ldots)$는 상수로서 퓨리에 계수(Fourier coefficient)라고 한다.

### 10.3.2 퓨리에 급수의 계수 : $A_0$

퓨리에 계수 가운데 $A_0$의 값을 계산해 보자. 먼저 식 (1)의 퓨리에 급수를 한 주기 동안 적분하면 다음과 같다.

$$\int_0^T f(t)dt = \int_0^T \left[ A_0 + \sum_{n=1}^{\infty} A_n \sin nw_0 t + \sum_{n=1}^{\infty} B_n \cos nw_0 t \right] dt$$
$$= \int_0^T A_0 dt = A_0 T$$

따라서 위의 식을 $A_0$에 관해 풀면 다음과 같다.

$$A_0 = \frac{1}{T}\int_0^T f(t)dt$$

결과적으로 $A_0$는 주기 함수의 한주기 동안의 평균치임을 알 수 있으며, 이를 직류 성분이라고도 한다.

### 10.3.3 퓨리에 급수의 계수 : $A_n$

이제 퓨리에 계수 $A_n$의 값을 구하기 위해 식 (1)의 양변에 $\sin nw_0 t$를 곱하고 한주기 동안 적분하면 다음과 같다.

$$\int_0^T f(t)\sin nw_0 t dt = \int_0^T A_0 \sin nw_0 t dt + \sum_{n=1}^{\infty}\int_0^T A_n \sin^2(nw_0 t)dt$$
$$+ \sum_{n=1}^{\infty}\int_0^T B_n \sin nw_0 t \cos nw_0 t dt \qquad (2)$$

여기서 우변의 각 항은 각각 다음과 같이 된다.

$$\int_0^T A_0 \sin nw_0 t dt = 0$$
$$\int_0^T A_n \sin^2(nw_0 t)dt = \frac{A_n}{2}\int_0^T [1 - \cos(2nw_0 t)]dt = \frac{A_n}{2}T$$
$$\int_0^T B_n \sin nw_0 t \cos nw_0 t dt = \frac{B_n}{2}\int_0^T \sin(2nw_0 t)dt = 0$$

이 된다. 따라서 이들을 식 (2)에 대입하면 $A_n$는 다음과 같다.

$$A_n = \frac{2}{T}\int_0^T f(t)\sin nw_0 tdt, \quad n = 1, 2, ...$$

### 10.3.4 퓨리에 급수의 계수 : $B_n$

마지막으로 퓨리에 계수 $B_n$을 구하기 위해 같은 방법으로 식 (1)의 양변에 $\cos nw_0t$를 곱하고 한 주기 동안 적분하면 다음과 같다.

$$\int_0^T f(t)\cos nw_0 tdt = \int_0^T A_0 \cos nw_0 tdt + \sum_{n=1}^{\infty}\int_0^T A_n \sin nw_0 t cos nw_0 tdt$$
$$+ \sum_{n=1}^{\infty}\int_0^T B_n \cos^2(nw_0t)dt \qquad (3)$$

위의 식에서 우변의 각 항은 다음과 같이 계산된다.

$$\int_0^T A_0 \cos nw_0 tdt = 0$$

$$\int_0^T A_n \sin nw_0 t cos nw_0 tdt = \frac{A_n}{2}\int_0^T \sin(2nw_0t)dt = 0$$

$$\int_0^T B_n \cos^2(nw_0t)dt = \frac{B_n}{2}\int_0^T [1 + \cos 2nw_0t]\,dt = \frac{B_n}{2}T$$

따라서 이들을 식 (3)에 대입하면 $B_n$은 다음과 같이 된다.

$$B_n = \frac{2}{T}\int_0^T f(t)\, con w_0 tdt, \quad n = 1, 2, ...$$

**예제 10.1**

그림과 같은 주기 함수의 퓨리에 계수를 구하라.

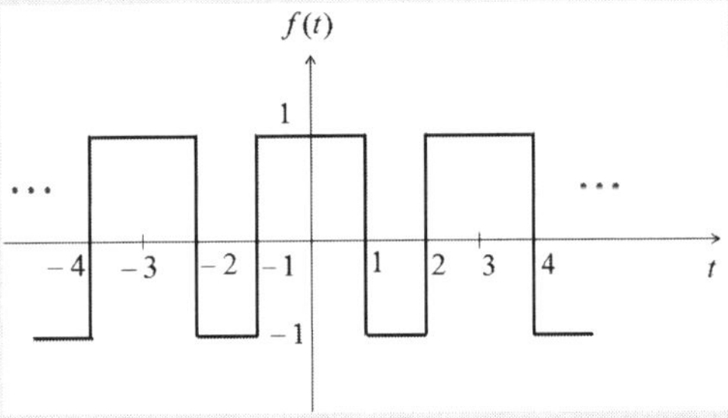


**풀이.** 그림에서 한 주기가 $T=3(t=-1$에서 $t=2$까지로 가정)이므로

$$A_0=\frac{1}{T}\int_0^T f(t)dt=\frac{1}{3}\int_{-1}^{2} f(t)dt=\frac{1}{3}\left[\int_{-1}^{1} 1dt+\int_1^2 -1dt\right]$$

$$=\frac{1}{3}\left[t|_{-1}^{1}-t|_1^2\right]=\frac{1}{3}[(1+1)-(2-1)]=\frac{1}{3}$$

$$A_n=\frac{2}{T}\int_0^T f(t)\sin nw_0 t=\frac{2}{3}\left[\int_{-1}^{1}\sin nw_0 tdt-\int_1^2 \sin nw_0 t\right]$$

$$=\frac{2}{3}\left[\frac{-1}{nw_0}\cos nw_o t|_{-1}^{1}+\frac{1}{nw_0}\cos nw_o t|_1^2\right]$$

$$=\frac{2}{3}\left[0+\frac{1}{nw_0}(\cos 2nw_o-\cos nw_0)\right]$$

$$=\frac{2}{3}\left[0+\frac{1}{n(2\pi/T)}(\cos 2n\frac{2\pi}{T}-\cos n\frac{2\pi}{T})\right]$$

$$=\frac{2}{3}\left[0+\frac{1}{n(2\pi/3)}(\cos 2n\frac{2\pi}{3}-\cos n\frac{2\pi}{3})\right]$$

$$=\frac{1}{n\pi}(\cos\frac{4n\pi}{3}-\cos\frac{2n\pi}{3})\ =0 \qquad , n=1,2,\ldots$$

$$B_n=\frac{2}{T}\int_0^T f(t)\cos nw_0 t=\frac{2}{3}\left[\int_{-1}^{1}\cos nw_0 tdt-\int_1^2 \cos nw_0 t\right]$$

$$=\frac{2}{3}\left[\frac{1}{nw_0}\sin nw_o t|_{-1}^{1}-\frac{1}{nw_0}\sin nw_o t|_1^2\right]$$

$$=\frac{2}{3}\left[\frac{1}{nw_0}(2\sin nw_0)-\frac{1}{nw_0}(\sin 2nw_o-\sin nw_0)\right]$$

$$=\frac{2}{3}\left[\frac{1}{n(2\pi/3)}(2\sin n\frac{2\pi}{3})-\frac{1}{n(2\pi/3)}(\sin 2n\frac{2\pi}{3}-\sin n\frac{2\pi}{3})\right]$$

$$=\frac{2}{3}\left[\frac{3}{n\pi}\sin\frac{2n\pi}{3}+0\right]\ =\frac{2}{n\pi}\sin\frac{2n\pi}{3} \qquad , n=1,2,\ldots$$

# 10.4 퓨리에 급수의 또 다른 표현식

## 10.4.1 삼각함수 형태의 퓨리에 급수

식 (1)의 퓨리에 급수는 삼각 함수 합성을 이용하여 단일 형태의 삼각함수로 표현할 수 있다.

$$f(t) = A_0 + \sum_{n=1}^{\infty} A_n \sin nw_0 t + \sum_{n=1}^{\infty} B_n \cos nw_0 t$$

$$= A_0 + \sum_{n=1}^{\infty} (A_n \sin nw_0 t + B_n \cos nw_0 t)$$

여기서 $A_n \sin nw_0 t + B_n \cos nw_0 t = D_n \sin(nw_0 t + \theta_n)$라 두면

$$A_n \sin nw_0 t + B_n \cos nw_0 t = D_n(\sin nw_0 t \cos\theta_n + \cos nw_0 t \sin\theta_n)$$

이므로

$$A_n = D_n \cos\theta_n$$
$$B_n = D_n \sin\theta_n$$

가 되고, 이로부터

$$D_n = \sqrt{A_n^2 + B_n^2}\,,\ \theta_n = \tan^{-1}\left(\frac{B_n}{A_n}\right)$$

이 된다. 따라서 퓨리에 급수를 단일 삼각 함수 형태로 표현하면 다음과 같다.

$$f(t) = A_0 + \sum_{n=1}^{\infty} (A_n \sin nw_0 t + B_n \cos nw_0 t)$$

$$= D_n \sin(nw_0 t + \theta_n)$$

단 $D_n = \sqrt{A_n^2 + B_n^2}\,,\ \theta_n = \tan^{-1}\frac{B_n}{A_n},\ n = 1, 2, \ldots$

이 식에서 $n=1$인 경우의 주파수 $w_0$를 기본파라 하고, $n=2$인 경우의 주파수 $2w_0$를 제 2고조파라 한다. 이와같이 주기함수는 직류 성분과 기본파 및 무수

히 많은 고조파로 분해할 수 있으며, 이러한 분해를 퓨리에 분석(Fourier analysis)이라 한다.

### 10.4.2 지수 함수 형태의 퓨리에 급수

지수 함수로 표현된 신호는 시스템 응답이나 신호처리에 있어서 계산이 매우 간단해 진다. 따라서 주기 신호가 시스템에 입력될 때 퓨리에 급수를 지수 함수형으로 표현하는 것이 효과적일 수 있다.

식 (1)의 삼각함수 형태의 퓨리에 급수를 다시 한번 더 써 보면 다음과 같다.

$$f(t) = A_0 + \sum_{n=1}^{\infty} A_n \sin nw_0 t + \sum_{n=1}^{\infty} B_n \cos nw_0 t$$

여기에 오일러 공식

$$\sin x = \frac{e^{ix} - e^{-ix}}{2i}, \quad \cos x = \frac{e^{ix} + e^{-ix}}{2}$$

을 적용시키면 퓨리에 급수는 지수 형태로 표현할 수 있다.

$$\begin{aligned} f(t) &= A_0 + \sum_{n=1}^{\infty} A_n \left( \frac{e^{inw_0 t} - e^{-inw_0 t}}{2i} \right) + \sum_{n=1}^{\infty} B_n \left( \frac{e^{inw_0 t} + e^{-inw_0 t}}{2} \right) \\ &= A_0 + \sum_{n=1}^{\infty} \left( \frac{B_n - iA_n}{2} \right) e^{inw_0 t} + \sum_{n=1}^{\infty} \left( \frac{B_n + iA_n}{2} \right) e^{-inw_0 t} \end{aligned}$$

여기서 $C_0 = A_0$

$$C_n = \frac{1}{2}(B_n - iA_n)$$

$$C_{-n} = \frac{1}{2}(B_n + iA_n)$$

라 두면

$$\begin{aligned} f(t) &= C_0 + \sum_{n=1}^{\infty} C_n e^{inw_0 t} + \sum_{n=1}^{\infty} C_{-n} e^{-inw_0 t} \\ &= \sum_{n=-\infty}^{\infty} C_n e^{inw_0 t}, \quad n = \ldots, -1, 0, 1, \ldots \end{aligned} \tag{4}$$

와 같이 간단히 표현된다.

이때 퓨리에 계수 $C_n$은 식 (4)의 양변에 $e^{-inw_0 t}$를 곱하고 한주기에 대해 적분함으로써 구할 수 있다.

$$\int_0^T f(t)e^{-inw_0t}dt = \sum_{n=-\infty}^{\infty}\int_0^T C_n e^{inw_0t}e^{-inw_0t}dt$$
$$= \sum_{n=-\infty}^{\infty} C_n T$$

따라서 퓨리에 계수 $C_n$는 다음과 같이 된다.

$$C_n = \frac{1}{T}\int_0^T f(t)e^{-inw_0t}dt,\ n = \dots, -1, 0, 1, \dots$$

$$f(t) = \sum_{n=-\infty}^{\infty} C_n e^{inw_0t}$$

단 $C_n = \frac{1}{T}\int_0^T f(t)e^{-inw_0t}dt,\ n = \dots, -1, 0, 1, \dots$

**예제 10.2**

다음의 주기 함수에 대해 지수 형태의 퓨리에 계수를 구하라.

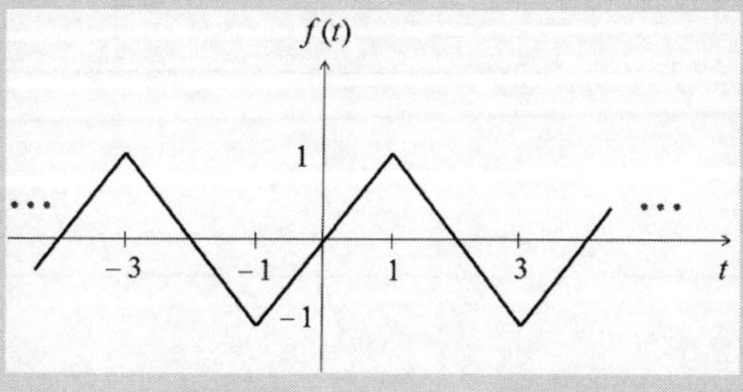


**풀이.** $f(t) = \begin{cases} t & -1 \le t \le 1 \\ -t+2 & 1 \le t \le 3 \end{cases}$ 이고, 주기 $T=4$이므로 $w_0 = \frac{2\pi}{T} = \frac{2\pi}{4} = \frac{\pi}{2}$

$$C_n = \frac{1}{T}\int_0^T f(t)e^{-inw_0t}dt = \frac{1}{4}\int_0^4 f(t)e^{-inw_0t}dt$$
$$= \frac{1}{4}\left[\int_{-1}^{1} te^{-inw_0t}dt + \int_1^3 (-t+2)e^{-inw_0t}dt\right]$$

$$=\frac{1}{4}\left\{\frac{-1}{inw_0}\left[e^{-inw_0}+e^{inw_0}\right]+\frac{1}{(nw_0)^2}\left[e^{-inw_0}-e^{inw_0}\right]\right\}$$

$$+\frac{1}{4}\left\{\frac{1}{inw_0}\left[e^{-i3nw_0}+e^{-inw_0}\right]-\frac{1}{(nw_0)^2}\left[e^{-i3nw_0}-e^{-inw_0}\right]\right\}$$

$$=\frac{1}{4}\left\{\frac{1}{inw_0}\left[e^{-i3nw_0}-e^{inw_0}\right]+\frac{1}{(nw_0)^2}\left[2e^{-inw_0}-e^{inw_0}-e^{-i3nw_0}\right]\right\}$$

$$=\frac{1}{4}\left\{\frac{1}{inw_0}\left[e^{-i\frac{3n\pi}{2}}-e^{i\frac{n\pi}{2}}\right]+\frac{1}{(nw_0)^2}\left[2e^{-i\frac{n\pi}{2}}-e^{i\frac{n\pi}{2}}-e^{-i\frac{3n\pi}{2}}\right]\right\}$$

$$=\frac{1}{4}\left\{\frac{1}{(nw_0)^2}\left[-4i\sin\frac{n\pi}{2}\right]\right\}$$

$$=-i\frac{\sin(n\pi/2)}{(n\pi/2)^2}$$

## 10.5 대칭성

### 10.5.1 우함수의 퓨리에 급수

코사인파와 같이 신호가 다음의 조건을 만족하면 원점에 대한 우함수(even function)라 한다.

$$f(t)=f(-t)$$

이제 우함수에 대한 퓨리에 계수 $A_0$, $A_n$, $B_n$을 구해보자.

$$A_0=\frac{1}{T}\int_0^T f(t)dt=\frac{1}{T}\left[\int_{-T/2}^{0} f(t)dt+\int_0^{T/2} f(t)dt\right]$$

$$=\frac{1}{T}\left[\int_0^{T/2} f(-t)dt+\int_0^{T/2} f(t)dt\right]$$ 이고 $f(t)=f(-t)$이므로

$$= \frac{2}{T}\int_0^{T/2} f(t)dt$$

$$A_n = \frac{2}{T}\int_{-T/2}^{T/2} f(t)\sin nw_0 t\, dt = \frac{2}{T}\left[\int_{-T/2}^{0} f(t)\sin nw_0 t\, dt + \int_0^{T/2} f(t)\sin nw_0 t\, dt\right]$$

$$= \frac{2}{T}\left[\int_0^{T/2} f(-t)\sin nw_0(-t)\, dt + \int_0^{T/2} f(t)\sin nw_0 t\, dt\right]$$

이며, $f(t) = f(-t)$, $\sin nw_0(-t) = -\sin nw_0 t$ 이므로

$$= \frac{2}{T}\left[-\int_0^{T/2} f(t)\sin nw_0 t\, dt + \int_0^{T/2} f(t)\sin nw_0 t\, dt\right]$$

$$= 0$$

$$B_n = \frac{2}{T}\int_{-T/2}^{T/2} f(t)\cos nw_0 t\, dt = \frac{2}{T}\left[\int_{-T/2}^{0} f(t)\cos nw_0 t\, dt + \int_0^{T/2} f(t)\cos nw_0 t\, dt\right]$$

$$= \frac{2}{T}\left[\int_0^{T/2} f(-t)\cos nw_0(-t)\, dt + \int_0^{T/2} f(t)\cos nw_0 t\, dt\right]$$

이며, $f(t) = f(-t)$, $\cos nw_0(-t) = \cos nw_0 t$ 이므로

$$= \frac{2}{T}\left[\int_0^{T/2} f(t)\cos nw_0 t\, dt + \int_0^{T/2} f(t)\cos nw_0 t\, dt\right]$$

$$= \frac{4}{T}\int_0^{T/2} f(t)\cos nw_0 t\, dt,\ n = 1, 2, 3, \ldots$$

가 된다. 따라서 우함수의 경우 $A_n$은 0이므로 구할 필요가 없고, $A_n$, $B_n$을 계산할 때는 반주기만 적분하여 2배하여 주면 된다.

> $f(t)$가 우함수일 경우 퓨리에 급수는 다음과 같다.
>
> $$f(t) = A_0 + \sum_{n=1}^{\infty} B_n \cos nw_0 t$$
>
> 단, $A_0 = \dfrac{2}{T}\displaystyle\int_0^{T/2} f(t)dt$
>
> $B_n = \dfrac{4}{T}\displaystyle\int_0^{T/2} f(t)\cos nw_0 t\, dt,\ n = 1, 2, 3, \ldots$

**예제 10.3**

다음에 주어진 함수의 퓨리에 급수를 구하라.

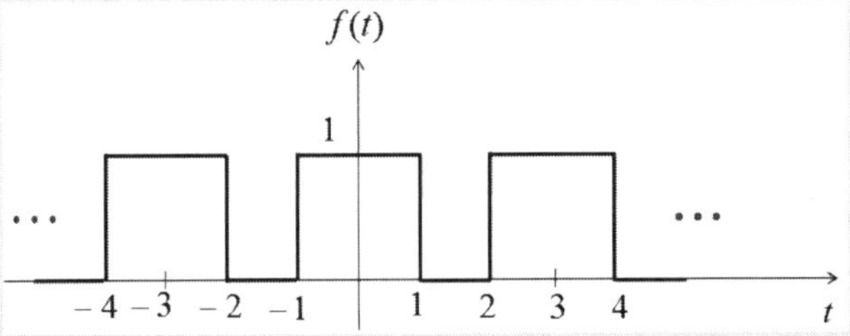


**풀이.** $f(t)$의 주기는 $T=3$이므로 $w_0=\frac{2\pi}{T}=\frac{2\pi}{3}$이며, 우함수이므로 $A_n=0$이다. 따라서 다음과 같이 $A_0$, $B_n$만 구한다.

즉 $$A_0=\frac{2}{T}\int_0^{T/2}f(t)dt=\frac{2}{3}\int_{-1}^{1}1dt=\frac{2}{3}t\Big|_{-1}^{1}=\frac{4}{3}$$

$$B_n=\frac{4}{T}\int_0^{T/2}f(t)\cos nw_0t\,dt=\frac{4}{3}\int_{-1}^{1}1\cdot\cos nw_0t\,dt$$

$$=\frac{4}{3}\left(\frac{1}{nw_0}\right)\sin(nw_0)t\Big|_{-1}^{1}=\frac{4}{3}\left(\frac{1}{nw_0}\right)[2\sin nw_0]$$

$$=\frac{4}{n\pi}\sin\frac{2n\pi}{3},\ n=1,2,\ldots$$

따라서

$$f(t)=\frac{4}{3}+\sum_{n=1}^{\infty}\left(\frac{4}{n\pi}\sin\frac{2n\pi}{3}\right)\cos n\left(\frac{2\pi}{3}\right)t$$

이다.

## 10.5.2 기함수의 퓨리에 급수

사인파와 같이 신호가 다음의 조건을 만족하면 원점에 대한 기함수(odd function)라 한다.

$$f(t)=-f(-t)$$

우함수의 경우와 마찬가지 방법으로 기함수에 대한 퓨리에 계수 $A_0$, $A_n$, $B_n$을 구해보자.

$$A_0 = \frac{1}{T}\int_0^T f(t)dt = \frac{1}{T}\left[\int_{-T/2}^0 f(t)dt + \int_0^{T/2} f(t)dt\right]$$

$$= \frac{1}{T}\left[\int_0^{T/2} f(-t)dt + \int_0^{T/2} f(t)dt\right] \text{ 이고 } f(-t) = -f(t) \text{이므로}$$

$$= 0$$

$$A_n = \frac{2}{T}\int_{-T/2}^{T/2} f(t)\sin nw_0 t\,dt = \frac{2}{T}\left[\int_{-T/2}^0 f(t)\sin nw_0 t\,dt + \int_0^{T/2} f(t)\sin nw_0 t\,dt\right]$$

$$= \frac{2}{T}\left[\int_0^{T/2} f(-t)\sin nw_0(-t)\,dt + \int_0^{T/2} f(t)\sin nw_0 t\,dt\right]$$

이며, $f(-t) = -f(t)$, $\sin nw_0(-t) = -\sin nw_0 t$이므로

$$= \frac{2}{T}\left[\int_0^{T/2} f(t)\sin nw_0 t\,dt + \int_0^{T/2} f(t)\sin nw_0 t\,dt\right]$$

$$= \frac{4}{T}\int_0^{T/2} f(t)\sin nw_0 t\,dt \ , \quad n = 1, 2, 3, \ldots$$

$$B_n = \frac{2}{T}\left[\int_{-T/2}^0 f(t)\cos nw_0 t\,dt + \int_0^{T/2} f(t)\cos nw_0 t\,dt\right]$$

$$= \frac{2}{T}\left[\int_0^{T/2} f(-t)\cos nw_0(-t)\,dt + \int_0^{T/2} f(t)\cos nw_0 t\,dt\right]$$

이며, $f(t) = -f(-t)$, $\cos nw_0(-t) = \cos nw_0 t$이므로

$$= \frac{2}{T}\left[-\int_0^{T/2} f(t)\cos nw_0 t\,dt + \int_0^{T/2} f(t)\cos nw_0 t\,dt\right]$$

$$= 0$$

가 된다. 따라서 우함수의 경우 $A_0$와 $A_n$은 0이므로 구하지 않고, $B_n$을 계산할 때는 반주기만 적분하여 2배하여 주면 된다.

> $f(t)$가 기함수일 경우 퓨리에 급수는 다음과 같다.
>
> $$f(t) = \sum_{n=1}^{\infty} A_n \sin nw_0 t$$
>
> 단, $A_n = \dfrac{4}{T}\displaystyle\int_0^{T/2} f(t)\sin nw_0 t\,dt$, $n = 1, 2, 3, \ldots$

**예제 10.4**

다음 함수의 퓨리에 급수를 구하라.

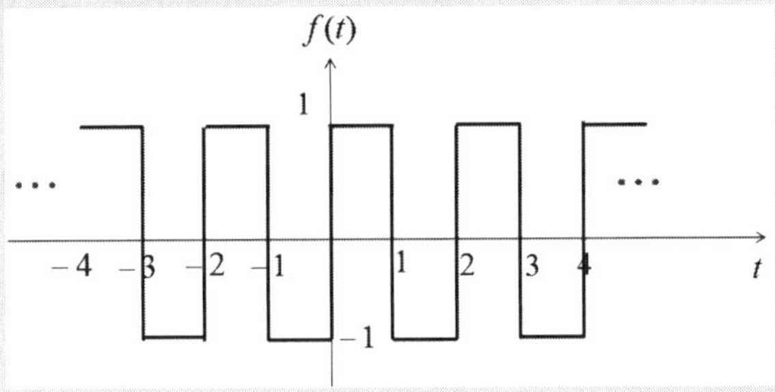


**풀이.** $f(t)$의 주기는 $T=2$이므로 $w_0=\frac{2\pi}{T}=\pi$이고, 기함수이므로 $A_n$만 구하면된다.

$$A_n=\frac{4}{T}\int_0^{T/2}f(t)\sin nw_0t\,dt=\frac{4}{2}\int_0^1 1\cdot\sin nw_0t\,dt$$

$$=2\left(\frac{-1}{nw_0}\right)\cos nw_0t\Big|_0^1=2\left(\frac{-1}{nw_0}\right)[\cos nw_0-1]$$

$$=2\left(\frac{-1}{n\pi}\right)[\cos n\pi-1],$$

이다. 그러나 $\cos n\pi$는 $n$이 짝수이면 1, $n$이 홀수이면 -1이다.

따라서 $A_n=\begin{cases}0 & n:\text{짝수일때}\\ \frac{4}{n\pi} & n:\text{홀수일때}\end{cases}$

가 되고, 퓨리에 급수는 다음과 같다.

$$f(t)=\sum_{n=1,n\text{은 홀수}}^{\infty}\frac{4}{n\pi}\sin n\pi t$$

## 10.6 퓨리에 변환

퓨리에 급수는 주기 신호를 해석하는 중요한 도구이나 비주기 신호는 해석하지 못한다. 따라서 주기 신호뿐만 아니라 비주기 신호를 분석하기 위해서는 퓨리에 변환을 사용해야 한다. 단 퓨리에 급수는 신호를 시간 영역에서 나타나는 대신 퓨리에 변환은 신호를 주파수 영역에서 나타낸다.

비주기 신호는 주기가 무한대이므로 퓨리에 급수식에서 $T \to \infty$로 두고 전개하면 다음과 같이 신호 $f(t)$에 대한 퓨리에 변환 $F(w)$을 구할 수 있다. $f(t)$에 대한 퓨리에 변환은 $\Im[f(t)]$로 표기하기도 한다.

$$F(w) = \Im[f(t)] = \int_{-\infty}^{\infty} f(t) e^{-iwt} dt$$

역으로 퓨리에 변환이 주어지면 다음과 같은 역변환을 통해 시간 영역의 신호를 복구할 수 있다. $F(w)$에 대한 퓨리에 역변환은 $\Im^{-1}[F(w)]$로 표기하기도 한다.

$$f(t) = \Im^{-1}[F(w)] = \frac{1}{2\pi} \int_{-\infty}^{\infty} F(w) e^{iwt} dw$$

그러나 모든 신호가 퓨리에 변환이 존재하는 것은 아니다. 신호 $f(t)$의 퓨리에 변환 $F(w)$가 존재하려면 다음의 조건이 만족되어야 한다.

$$\int_{-\infty}^{\infty} |f(t)| dt < \infty$$

이는 퓨리에 변환이 존재하려면 신호의 에너지가 유한이어야 함을 의미한다. 그러나 이는 충분 조건에 해당하며 필요 조건은 아니므로 이 조건을 만족하지 않더라도 퓨리에 변환이 존재하는 신호들도 있다.

**예제 10.5**

다음의 신호를 퓨리에 변환하고 스펙트럼을 도시하라.

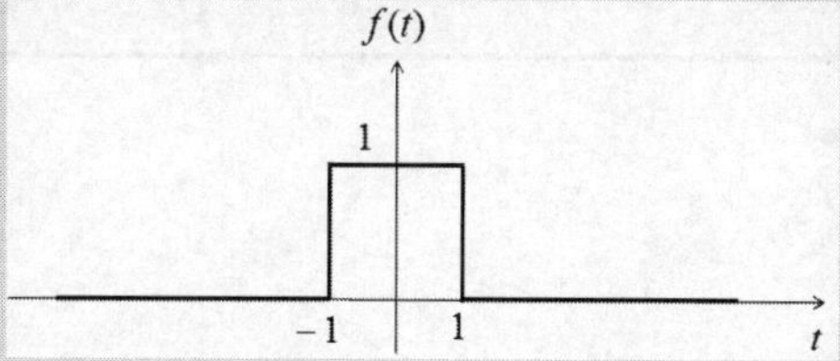

**풀이.** $F(w) = \int_{-\infty}^{\infty} f(t)e^{-iwt}dt = \int_{-1}^{1} 1 \cdot e^{-iwt}dt$

$$= \frac{-1}{iw}e^{-iwt}\Big|_{-1}^{1} = \frac{-1}{iw}[e^{-iw} - e^{iw}]$$

$$= \frac{-1}{iw}[(\cos w - i\sin w) - (\cos w - i\sin w)]$$

$$= \frac{-1}{iw}[-2i\sin w] = \frac{2}{w}\sin w = 2\frac{\sin w}{w}$$

$$= 2Sa(w)$$

여기서 $Sa(x)$는 표본 함수(sampling function)로서 $Sa(x) = \frac{\sin x}{x}$로 정의된다.

이를 스펙트럼 상에 도시하면 다음과 같다.

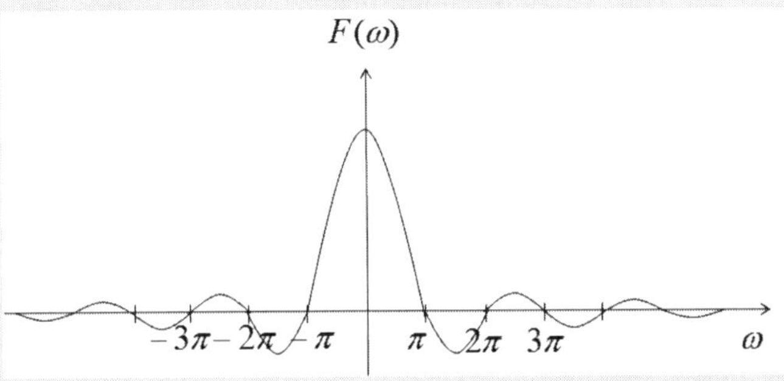


그림으로부터 알 수 있는 것은 비주기 함수는 스펙트럼 상에서는 항상 연속적이라는 것이다. 이는 기본파의 정수배의 주파수 성분을 갖는 주기 신호와는 달리 비주기 신호는 모든 주파수 성분을 포함하고 있기 때문이다.

또한 스펙트럼의 포락선으로부터 이 비주기 신호는 주파수 $-\pi$에서 $\pi$ 사이에서 많은 정보를 담고 있고, 고주파로 갈수록 점차적으로 정보가 작음을 알 수 있다. 즉 저주파 정보가 가장 많고 고주파 정보는 작음을 의미한다. 이러한 사실은 신호 압축에서 정보량이 적은 고주파 부분을 없앰으로써 데이터량을 줄이는데 사용될 수 있다. 또한 필터 설계시 원하는 주파수 영역만을 통과시키거나 차단할 때도 활용할 수 있다. 이와같이 퓨리에 변환을 통해 신호를 주파수 영역에서 해석하는 것은 시간 영역에서 신호를 해석하는 것보다 더 유용한 정보를 제공해 준다.

**예제 10.6**

델타 함수를 퓨리에 변환하고 스펙트럼을 도시하라.

**풀이.** $F(w)=\int_{-\infty}^{\infty} f(t)e^{-iwt}dt=\int_{-\infty}^{\infty}\delta(t)e^{-iwt}dt=1$

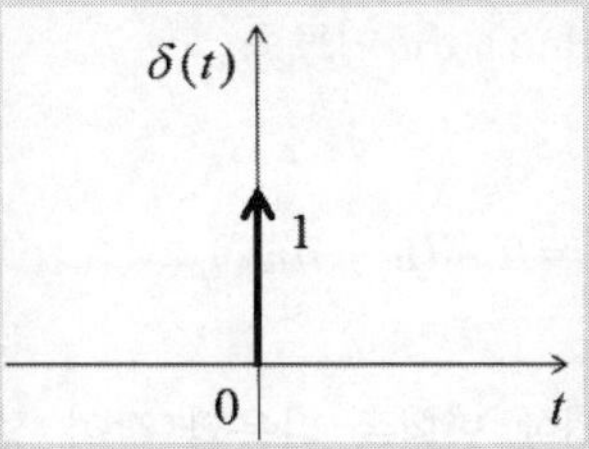


(a) 델타 함수

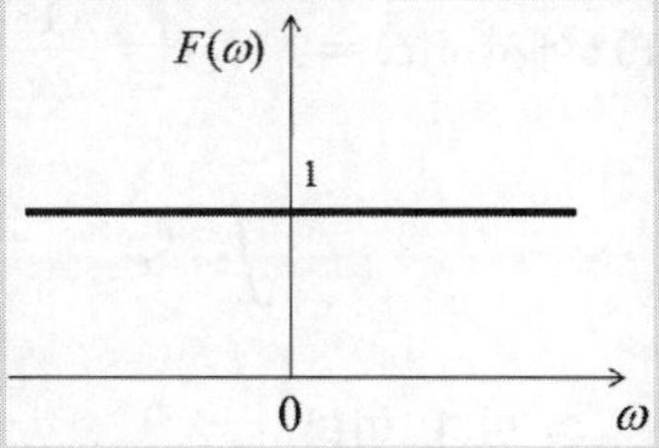


(b) 델타 함수의 스펙트럼

퓨리에 변환 결과 델타 함수는 상수 1로 변환되었으며, 이로부터 상수 1을 역 퓨리에 변환하면 델타 함수가 됨을 예측할 수 있다. 즉

$$f(t)=\Im^{-1}[F(w)]=\frac{1}{2\pi}\int_{-\infty}^{\infty}F(w)e^{iwt}dw \ \text{ 로부터}$$

$$\delta(t)=\Im^{-1}[1]=\frac{1}{2\pi}\int_{-\infty}^{\infty}1\cdot e^{iwt}dw$$

임을 알 수 있다.

## 10.7 주기 신호의 퓨리에 변환

앞 절에서 살펴본 바와 같이 주기 신호를 지수 함수 형태의 퓨리에 급수로 전개하면 다음과 같다.

$$f(t)=\sum_{n=-\infty}^{\infty}C_n e^{inw_0t}$$

이제 주기 신호의 스펙트럼을 살펴보기 위해 이를 퓨리에 변환해 보자.

$$F(w) = \int_{-\infty}^{\infty} \sum_{n=-\infty}^{\infty} C_n e^{inw_0 t} e^{-iwt} dt$$
$$= \sum_{n=-\infty}^{\infty} C_n \int_{-\infty}^{\infty} e^{i(w-nw_0)t} dt$$

예제 10.6에서 $\delta(t) = \mathfrak{I}^{-1}[1] = \frac{1}{2\pi}\int_{-\infty}^{\infty} 1 \cdot e^{iwt} dw$ 이므로

$$\int_{-\infty}^{\infty} e^{i(w-nw_0)t} dt = 2\pi\delta(w-nw_0)$$

임을 알 수 있다. 따라서 주기 신호의 퓨리에 변환은 다음과 같이 정리된다.

$$F(w) = 2\pi \sum_{n=-\infty}^{\infty} C_n \delta(w - nw_0 t)$$

위의 식에서 알 수 있는 것은 주기 신호의 스펙트럼은 $w = nw_0$의 주파수에 크기 $2\pi C_n$을 갖는 무한개의 델타 함수들로 구성된다. 따라서 비주기 신호와는 달리 주기 신호의 스펙트럼은 항상 불연속이다.

**예제 10.7**

주기 $T$인 단위 델타 함수열 $\sum_{n=-\infty}^{\infty} \delta(t-nT)$의 퓨리에 변환을 구하고 스펙트럼을 도시하라.

**풀이.** 주기 신호의 퓨리에 변환은 $F(w) = 2\pi \sum_{n=-\infty}^{\infty} C_n \delta(w - nw_0 t)$ 이므로 $C_n$을 먼저 계산하면

$$C_n = \frac{1}{T}\int_0^T f(t) e^{-inw_0 t} dt = \frac{1}{T}\int_0^T [\sum_{n=-\infty}^{\infty} \delta(t-nT)] e^{-inw_0 t} dt$$
$$= \frac{1}{T}\int_0^T \delta(t) e^{-inw_0 t} dt$$

$$= \frac{1}{T}$$

가 된다. 따라서

$$F(w) = 2\pi \sum_{n=-\infty}^{\infty} C_n \delta(w - nw_0 t)$$

$$= \frac{2\pi}{T} \sum_{n=-\infty}^{\infty} \delta(w - nw_0 t)$$

$$= w_0 \sum_{n=-\infty}^{\infty} \delta(w - nw_0 t)$$

이다. 즉 주기가 $T$인 크기 1의 델타 함수열의 퓨리에 변환은 주기가 $w_0$이며 크기가 $w_0$인 델타 함수열이 된다. 이를 스펙트럼에 도시하면 다음과 같다.

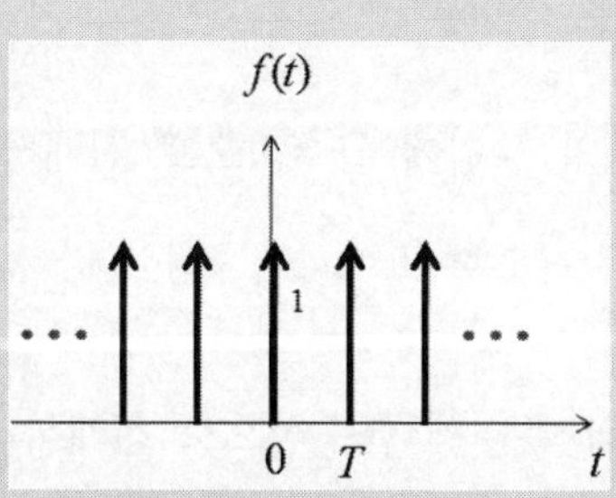


(a) 델타 함수열

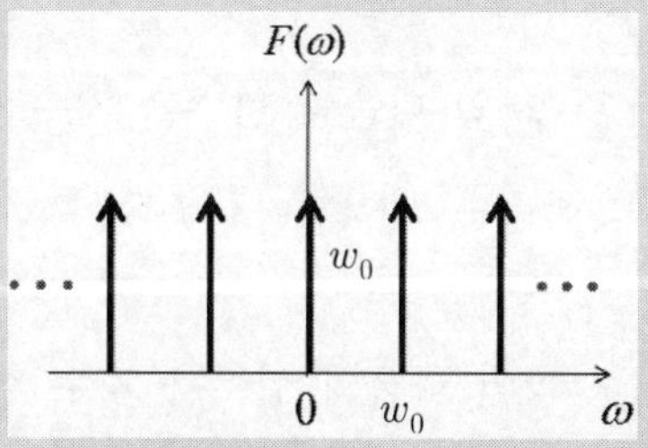


(b) 델타 함수열의 스펙트럼

# Exercises

1. $f(t)=4t^3$가 우함수임을 증명하라.

2. $f(t)=t\cos 2t$가 우함수인지 기함수인지를 판별하라.

3. 주기 $T=6$인 다음의 함수를 삼각함수 형태의 퓨리에 급수식으로 전개하라.

$$f(t)=\begin{cases}0 & -3<t<0 \\ 1 & 0<t<3\end{cases}$$

4. 주기 $T=2\pi$인 다음의 함수를 지수 형태의 퓨리에 급수식으로 전개하라.

$$f(t)=2\cos t,\ 0<t<2\pi$$

5. 주기 $T=2$인 다음의 함수를 지수 형태의 퓨리에 급수식으로 전개하라.

$$f(t)=e^t,\ -1<t<1$$

6. 다음의 함수를 퓨리에 변환하라.

$$f(t)=u(t)e^{-t}$$

여기서 $u(t)$는 단위 계단 함수이다.

# Solution

1. $f(t)=4t^3$이므로, $f(-t)=4(-t)^3=-4t^3$이다.

   따라서 $f(t)=-f(t)$이므로 기함수에 해당한다.

2. $f(t)=t\cos 2t$이므로, $f(-t)=(-t)\cos(-2t)=-t\cos 2t$이다.

   따라서 $f(t)=-f(t)$이므로 기함수에 해당한다.

3. $A_0=\frac{1}{T}\int_0^T f(t)dt=\frac{1}{6}\left[\int_0^3 1dt\right]=\frac{1}{6}(3)=\frac{1}{2}$

   $A_n=\frac{2}{T}\int_0^T f(t)\sin nw_0 tdt=\frac{2}{6}\int_0^3 1\cdot\sin\frac{n\pi}{3}tdt$

   $=\frac{1}{3}\left(\frac{-3}{n\pi}\right)\cos\frac{n\pi}{3}t\Big|_0^3$

   $=\frac{-1}{n\pi}[\cos n\pi-1]$ 이므로 $n$이 짝수이면 $A_n=0$, 홀수이면 $A_n=\frac{2}{n\pi}$

   $B_n=\frac{2}{6}\int_0^3 1\cdot\cos\frac{n\pi}{3}tdt$

   $=\frac{1}{3}\left(\frac{3}{n\pi}\right)\sin\frac{n\pi}{3}t\Big|_0^3$

   $=\frac{1}{n\pi}[\sin n\pi]=0$

   이므로 $f(t)=\frac{1}{2}+\sum_{n=\text{홀수}}^{\infty}\frac{2}{n\pi}\sin\frac{n\pi}{3}t$

4. $C_n=\frac{1}{T}\int_0^T f(t)e^{-inw_0t}dt=\frac{1}{2\pi}\int_0^{2\pi}2\cos te^{-in\left(\frac{2\pi}{2\pi}\right)t}dt$

   $=\frac{1}{\pi}\int_0^{2\pi}\left(\frac{e^{it}+e^{-it}}{2}\right)e^{-int}dt$

   $=\frac{1}{2\pi}\int_0^{2\pi}\left[e^{-i(n-1)t}+e^{-i(n+1)t}\right]dt$

$$=\frac{1}{2\pi}\left[\frac{-1}{i(n-1)}e^{-i(n-1)t}+\frac{-1}{i(n+1)}e^{-i(n+1)t}\right]_{0}^{2\pi}$$

$$=\frac{1}{2\pi}\left[\frac{-1}{i(n-1)}e^{-i(n-1)2\pi}+\frac{1}{i(n-1)}+\frac{-1}{i(n+1)}e^{-i(n+1)2\pi}+\frac{1}{i(n+1)}\right]$$

이므로 $f(t)=\sum_{n=-\infty}^{\infty}C_n e^{int}$

5. $C_n=\frac{1}{T}\int_0^T f(t)e^{-inw_0t}dt=\frac{1}{2}\int_0^2 e^t e^{-in\left(\frac{2\pi}{2}\right)t}dt$

$$=\frac{1}{2}\int_0^2 e^{-(in\pi-1)t}dt$$

$$=\frac{1}{2}\frac{-1}{(in\pi-1)}e^{-(in\pi-1)t}\Big|_0^2$$

$$=\frac{1}{2}\frac{-1}{(in\pi-1)}\left[e^{-2(in\pi-1)}-1\right],\quad n=...,-1,0,1,...$$

이므로 $f(t)=\sum_{n=-\infty}^{\infty}C_n e^{in\pi t}$

6. $F(w)=\int_{-\infty}^{\infty}u(t)e^{-t}e^{-iwt}dt$

$$=\int_0^{\infty}e^{-t}e^{-iwt}dt=\int_0^{\infty}e^{-(1+iw)t}dt$$

$$=-\frac{1}{1+iw}e^{-(1+iw)t}\Big|_0^{\infty}=-\frac{1}{1+iw}[0-1]$$

$$=\frac{1}{1+iw}$$

# 찾아보기

**| 저자 약력 |**

박태희

· 부산대학교 전자공학과 공학박사
· 동명대학교 정보통신공학과 겸임교수
· 현 동명대학교 메카트로닉스공학과 전임교수

정가 15,000원

**공업수학의 이해**

2011년 6월 20일 초판 인쇄
2013년 2월 25일 수정판 발행
저 자 : 박 태 희
발행자 : 우 명 찬 · 송 준
발행처 : 홍릉과학출판사
주 소 : ㊗142-885 서울시 강북구 인수동 455-60
등 록 : 1976년 10월 21일 제5-66호
전 화 : (02)999-2274 ~ 5, 996-8341, 903-7037
팩 스 : (02)905-6729
ISBN : 978-89-7283-918-7
e-mail: hongpub@hongpub.co.kr
http://www.hongpub.co.kr

저자와의 협의하에 인지생략